Gifte in unserer Umwelt

Otfried Strubelt

Gifte in unserer Umwelt

Toxische Gefahren von Arsen bis Zyankali

Deutsche Verlags-Anstalt · Stuttgart

CIP-Titelaufnahme der Deutschen Bibliothek

Strubelt, Otfried:
Gifte in unserer Umwelt : toxische Gefahren von
Arsen bis Zyankali / Otfried Strubelt. –
Stuttgart : Deutsche Verlags-Anstalt, 1989
ISBN 3-421-02754-4

Lektorat: Margot Adrion
Typographische Gestaltung: Christine Wegener
Satz: Setzerei Lihs, Ludwigsburg
Druck und Bindearbeit: May & Co, Darmstadt
Printed in Germany

Inhaltsverzeichnis

Einleitung

Die Entdeckung der Toxikologie durch die Medien – ein zweischneidiges Schwert 11 · Die Lust an der Verbreitung von Angst 13 · Negative Konsequenzen 15 · Die Verantwortung des Wissenschaftlers 16 · Weiterführende Literatur 18

1 Die Grundlagen der Toxikologie

Was ist und wozu dient Toxikologie? 20 · Berufsbild und Berufsfeld des Toxikologen 21 · Wie kommt es zu Vergiftungen? 22 · Akute und chronische Vergiftungen 23 Wie wirken Gifte? 23 · Das Grundgesetz der Toxikologie: die Dosisfrage 25 · Gibt es eine Schwellendosis auch bei Karzinogenen? 27 · Die Quellen toxikologischer Erkenntnis 29 · Der epidemiologische Untersuchungsansatz 30 · Die Bedeutung des Tierexperiments 32 · Die toxikologische Risikoabschätzung 34 · Sind Tierversuche wirklich notwendig? 35 · Alternativen zum Tierversuch 39 Toxische Wechselwirkungen 40 · Die Grenzen toxikologischer Erkenntnis 42

2 Toxische Schwermetalle

Quecksilber – das schleichende Gift 44 · Die Tragödie von Minamata 46 · Hamburg – ein zweites Minamata? 47 Quecksilber in Lebensmitteln 49 · Die Belastung der Elbe 51 Quecksilbervergiftung durch Fische? 52 · Bleivergiftung – dem Messer des Chirurgen knapp entgangen 53 · Gefähr-

liches Trinkwasser 55 · Tod aus dem Tonkrug 56 · Kinder sind besonders empfindlich 58 · Blei als Umweltgift 59
Cadmium als Arbeitsgift 61 · Die Itai-Itai-Krankheit 63
Die Cadmiumbelastung der Umwelt 63 · Nierenschädigung durch ökologische Cadmiumbelastung? 66 · Arsen: König der Gifte 67 · Krebs durch ökologische Arsenbelastung? 70
Thallium – beinahe nicht erkannte Giftmorde 70

3 Tödliche Gase

Kohlenmonoxyd: Vergiftungen in Wohnung und Kirche 73
Energiemangel als toxisches Prinzip 75 · Kohlenmonoxyd als Umweltgift 76 · Blausäure 77 · Schwefelwasserstoff – Tod in der Sickergrube 79 · Die Katastrophe von Bhopal: Methylisocyanat 80 · Formaldehyd: vermeintliche und wirkliche Gefahren 83 · Fluorwasserstoff und Fluoride 86

4 Gesundheitsgefährdung durch Luftverschmutzung

Wodurch wird die Luft verunreinigt? 88 · Das Reizgas Schwefeldioxyd 91 · Stickstoffoxyde 93 · Stäube 94
Pseudokrupp 96 · »Indoor Pollution« 98

5 Krebs durch synthetische und natürliche Gifte

Krebserkrankung als Tribut an die Zivilisation? 100
Was ist Krebs? 101 · Krebsdispositionen 103 · Wie entsteht Krebs? 103 · Tumorpromotoren 106 · Epidemiologische Beweise für die Wirksamkeit von Umweltnoxen bei der Krebsentstehung 107 · Polyzyklische aromatische Kohlenwasserstoffe (PAK) 109 · Herkunft der PAK 110 · Aufnahme mit der Luft 111 · Aufnahme mit der Nahrung 112
Polyzyklische Aromate und menschlicher Krebs 113
N-Nitroso-Verbindungen 114 · Entstehung exogen und endogen 115 · Vorkommen in Lebensmitteln 115
Vorkommen in Luft, Wasser und Tabakrauch 117
Vorkommen in Kosmetika 118 · Endogene Bildung von N-Nitroso-Verbindungen 118 · Die Vorstufen einer Nitrosaminbildung 119 · Nitrit und Nitrat – eine besondere Gefahr für Säuglinge 121 · N-Nitroso-Verbindungen und

menschlicher Krebs 122 · Aflatoxine: Krebs durch Schimmel 123 · Vorkommen der Aflatoxine 124 · Keine Aflatoxine in Käse und Wein 124 · Aflatoxine und Leberkrebs 125 · Natürliche Karzinogene in Pflanzen und Pilzen 125
Anorganische Karzinogene 127 · Asbest 127 · Asbestose 128
Ökologische Gefährdung durch Asbest 129 · Chrom und Chromate 130 · Nickel 130 · Karzinogene Proteinpyrolysate in Lebensmitteln 131 · Karzinogen wirkende Arzneimittel 131 · Die Östrogen-Skandale 134 · Die praktische Bedeutung der chemischen Karzinogene 135 · Kausale Klärung der Krebsursache im Einzelfall kaum möglich 137

6 Gefährliche Lösungsmittel

Der tödliche Klebstoff: Benzol 138 · Benzol als Umweltgift 140 · Ein verhängnisvolles Reinigungsmittel: Benzin 141
Tetrachlorkohlenstoff – ein tödlicher Schluck 142 · Gefahr durch Tetrachloräthylen bei der chemischen Reinigung 144
Die Vinylchloridkrankheit 147 · Die Schnüffelsucht 149
Diäthylenglykol: der gepanschte Wein 152

7 Pestizide

Sinnvolle Schädlingsbekämpfung 153 · Organische Phosphorsäureester (Alkylphosphate) 155
Carbamate 159 · Insektizide Chlorkohlenwasserstoffe 159
Warum wurde DDT verboten? 160 · Herbizide Bispyridiniumverbindungen 162 · Gift aus der Holzwand 163 · Das Rückstandsproblem 166 · Die besonders belastete Muttermilch 168

8 Das »Ultragift« Dioxin

Die giftige Wolke über Seveso 170 · Der chemische Aufbau von Dioxin 171 · Geheimhaltung aus Sorge vor Mißbrauch 172
Das Vorkommen von TCDD 173 · Verhalten in der Umwelt 174 · Das Vergiftungsbild beim Menschen 175
Die Spätfolgen 176 · Wirkungen im Tierversuch 177
Mißbildungen durch TCDD? 179 · Das toxikologische Risiko 180 · Polychlorierte Biphenyle (PCB) 182

9 Natürliche Gifte in Pflanzen, Pilzen und Tieren

Der Tod aus dem Vorgarten 184 · Wie häufig sind pflanzliche Vergiftungen? 185 · Welche Pflanzen sind giftig? 187 · Soll man Giftpflanzen ausrotten? 190 Vergiftungen durch Knollenblätterpilze 191 · Zerstörung der Niere durch Pilzgifte 193 · Pilzvergiftungen mit zentralnervöser Symptomatik 194 · Das Muscarin-Syndrom 195 Mutterkorn: das todbringende heilige Feuer 197 · Giftige Tiere und tierische Gifte 199 · Lebensmittelvergiftungen durch bakterielle Toxine 204

10 Alkohol, Tabak und Kaffee

Genußmittel oder Genußgifte? 208 · Alkohol als ältestes Genußmittel 208 · Warum wird Alkohol überhaupt getrunken? 209 · Die akute Alkoholvergiftung 210 Alkohol und Arzneimittel 212 · Alkohol und Kälte 212 Der Alkoholismus 213 · Ursache und Folgen des Alkoholismus 214 · Die alkoholische Leberschädigung 217 Fuselöle in alkoholischen Getränken 218 · Alkohol und Nervensystem 219 · Herz-Kreislauf-Schäden nach Alkoholmißbrauch 220 · Die alkoholische Embryopathie 221 · Soll man den Onkel »trockenlegen«? 222 · Der falsche Alkohol 224 Tabak als Genußmittel 226 · Zusammensetzung des Tabakrauchs 226 · Die Wirkungen des Nikotins 227 · Akute Vergiftungen durch Nikotin 229 · Rauchen und Gesundheit 229 Rauchen und Lungenkrebs 230 · Chronische Bronchitis und Emphysem 232 · Rauchen und Herzinfarkt 234 · Magen- und Darmerkrankungen 235 · Rauchen und Schwangerschaft 235 · Lohnt es sich, mit dem Rauchen aufzuhören? 236 Die Bedeutung des Passivrauchens 237 · Kaffee – ein anregendes Genußmittel 239 · Die toxischen Wirkungen des Kaffees 242 · Ist Kaffee gesundheitsschädlich? 246 Und wie steht es mit dem Tee? 247

11 Arzneimittel als Gifte

Positive und negative Wirkungen 249 · Akute Vergiftungen durch Arzneimittel 249 · Arzneimittelnebenwirkungen 251

Pharmakodynamische Nebenwirkungen 252 · Toxische Nebenwirkungen 253 · Allergische Nebenwirkungen 256 Plazeboeffekte 257 · Lassen sich Arzneimittelnebenwirkungen verhüten? 258

12 Zur Behandlung und zur Verhütung von Vergiftungen

Erste Hilfe bei Vergiftungen 260 · Die Giftinformationszentralen 264 · Die Verhütung von Vergiftungsfällen 265 Wie kann man sich vor Umweltgiften schützen? 267 · Ein Malus für Raucher und Trinker? 269

Literatur 272

Glossar 287

Register 290

Bildnachweis 295

Es geistert eine Angst durch die Welt, die oft noch tiefer reicht als die Furcht vor der atomaren Vernichtung: die Furcht vor weltweiter Vergiftung.

Robert Jungk,
Die neue Pest[1]

Gebotene Wachsamkeit im Blick auf die Biosphäre des Menschen hat sich zu einem Krisenbewußtsein gesteigert, das sich als höchste Tugend versteht und ständig nach Bestätigungen sucht – nicht nach Abwiegelung oder Dementi.

Ernst-Otto Maetzke,
Lüstern auf Tartaren-Nachrichten[2]

Wir lernen aus der Debatte (über Formaldehyd), daß eine sachliche Diskussion gesundheitspolitischer Fragen bei uns offenbar immer schwieriger ist, daß von interessierter Seite zu polarisieren versucht wird und daß sich schließlich toxikologische und onkologische Laien Urteile über komplizierte Fragestellungen erlauben und Andersdenkende diffamieren.

Dietrich Schmähl,
Formaldehyd: Post festum?[3]

In der Politik ist nicht der Stand von Wissenschaft und Forschung maßgebend, sondern in zunehmendem Maße der Stand der Ängste und Befürchtungen.

Bernd Heptner,
Die verstrahlte Molke rollt weiter hin und her[4]

Einleitung

Die Entdeckung der Toxikologie durch die Medien – ein zweischneidiges Schwert

Als ich vor 28 Jahren als Assistent in das Pharmakologische Institut der Universität Erlangen eintrat und meine Laufbahn als Toxikologe begann, stand dieses Fach abseits des öffentlichen Interesses. Lediglich Giftmorde, die freilich sehr selten vorkamen, konnten die Medien zu einer Berichterstattung animieren. Dies hat sich radikal geändert. Heute vergeht kein Tag, an dem man nicht von Fernsehen, Rundfunk oder Presse auf drohende Vergiftungsgefahren vornehmlich ökologischer Natur hingewiesen wird. Dioxin, DDT, Arsen, Blei, Formaldehyd, chlorierte Phenole und viele andere toxische Substanzen mehr wurden zu den Lieblingskindern unserer Medien und haben andere Themen in den Schatten gestellt. »Schleichendes Gift« ist nicht etwa der Titel eines Kriminalromans, sondern die Überschrift des Eigeninserates einer Regionalzeitung, der »Lübecker Nachrichten«, mit dem das Blatt für Abonnements wirbt. Es verspricht als Gegenleistung, den Leser umfassend über alle toxikologischen Probleme zu informieren.

Die Ursache des öffentlichen Interesses an toxikologischen Fragen ist einerseits darin begründet, daß in den letzten Jahrzehnten immer mehr Chemie in unsere Umwelt gekommen ist. Neue, in der Retorte des Chemikers synthetisierte Stoffe finden breite Anwendung als Konservierungs-, Farb- und Geschmacksstoffe, in Lebensmitteln, in Textilien, in Kosmetika, in Baustoffen, als Pflanzenschutz- oder als Arzneimittel. Ob es nun bereits vier Millionen synthetisierte chemische Substanzen gibt oder etwas mehr oder weniger, ist nicht entscheidend. Tatsache ist der zunehmende Kontakt des Menschen mit Stoffen, denen er in seiner bisherigen Entwicklungsgeschichte nicht begegnet ist,

Eigeninserat der Lübecker Nachrichten vom 15. Januar 1985.

mit denen er sich deshalb noch nicht hat auseinandersetzen können und die für ihn eine zumindest potentielle Gefährdung darstellen können. Dies mündet in die Furcht, daß durch die ständige Einwirkung so vieler Fremdstoffe chronische Schädigungen und insbesondere Krebs entstehen können oder aber schon entstanden sind. Schließlich hat es in den letzten Jahrzehnten zahlreiche, auf Unfälle oder Unachtsamkeit in der chemischen Industrie zurückzuführende Massenvergiftungen gegeben – Minimata, Seveso und Bhopal seien nur als markante Beispiele genannt –, die diese Furcht vor dem Eindringen lebensfeindlicher Substanzen in die menschliche Umwelt bestätigt und gestärkt haben.

Das allgemeine Interesse an toxikologischen Fragen hat sich sehr segensreich ausgewirkt. Nicht zuletzt unter dem Druck der Öffentlichkeit und auch der Medien hat der Gesetzgeber in den meisten Ländern Regelungen getroffen, die der toxischen Gefährdung Einhalt gebieten sollen. Während es zum Beispiel in der Bundesrepublik noch vor drei Jahrzehnten möglich war, Arzneimittel ohne vorherige Prüfung ihrer toxischen Potenz in den Handel zu bringen, ist dieses heute ausgeschlossen; eine eingehende, bei der Zulassung vom Bundesgesundheitsamt überprüfte Untersuchung auf akute, subakute und chronische Schadwirkungen ist nun die unabdingbare Voraussetzung dafür, daß ein neues Arzneimittel in den Handel kommen kann. Das Chemikaliengesetz von 1982 hat dieses Prinzip der vorherigen Prüfung auf Toxizität auf alle neu synthetisierten Stoffe ausgedehnt, wobei der Umfang der geforderten Untersuchungen von der Produktionsmenge abhängt.

Durch zahlreiche andere, im einzelnen hier nicht aufzuführende Regelungen versucht man, die zunehmende Belastung unserer Umwelt durch Schadstoffe verschiedenster Art einzudämmen und zu reduzieren. Einzelne Erfolge – wie im Falle der abnehmenden Umweltbelastung durch Blei – können aber nicht darüber hinwegtäuschen, daß um eine Eindämmung der zunehmenden Umweltverschmutzung und der aus ihr resultierenden toxischen und sonstigen Gefahren weiter hart gerungen werden muß!

Die Lust an der Verbreitung von Angst

Leider aber ist die Freude des Toxikologen über das Interesse der Öffentlichkeit am eigenen Fach nicht ungetrübt und im Laufe der letzten Jahre sogar einem zunehmenden Mißbehagen gewichen. Daß die öffentlichen Medien negativen Meldungen, sogenannten »Tartaren-Nachrichten« den Vorzug vor positiven Berichten geben, ist noch verständlich. Es liegt auf der Hand, daß über den Absturz eines Flugzeuges informiert, nicht aber an jedem Tage mitgeteilt wird, wie viele tausend Flugzeuge sicher gelandet sind. Das eine ist das Besondere, das andere das Selbstverständliche. Insofern ist es sicherlich nicht nur journalistisches Recht, sondern sogar journalistische Pflicht, auch die Kenntnis von Unfällen toxischer Natur zu verbreiten. Was schon wesentlich mehr stört, ist die weitgehend unkritische Darstellung toxikologischer Probleme in dem Sinne, daß kaum jemals geprüft wird, ob die Quelle einer neuen toxikologischen Sensationsmeldung seriös und durch Fachkenntnis qualifiziert ist oder ob es sich um die Falschaussage eines Wichtigtuers und Publizitätshaschers handelt. Niemals würden es sich die Medien erlauben, die Meldung über einen Flugzeugabsturz ungeprüft zu verbreiten – auf toxikologischem Gebiet herrschen leider andere Usancen. Da wird etwa behauptet, daß Krankheiten wie Krebs, Allergien, Bronchialerkrankungen, Schäden des Immunsystems und Depressionen beängstigend zugenommen haben – was völlig unbewiesen ist –, und flugs gefolgert, daß dies mit chemischen und radioaktiven Emissionen in Zusammenhang stünde[5] – wofür es erst recht keinen Beweis gibt. Oder es wird eine Erkrankung wie die Gehirnatrophie, die seit über hundert Jahren bekannt ist, auf ein Pflanzenschutzmittel zurückgeführt, das es erst seit vierzig Jahren gibt[6] – und was dergleichen Unsinn mehr ist.

Weiterhin stört die allgemein verbreitete Tendenz, toxische Gefahren zu übertreiben und dabei grundsätzlich zu übersehen, welche Folgen aus dem schnell geforderten Verbot einer angeblich giftigen Substanz resultieren können. Der Biologe Hans Mohr spricht in diesem Zusammenhang von einer »opportunistischen Überbewertung des Risikos«, die dazu führt, daß die Glaubwürdigkeit eines Fachmanns in der Öffentlichkeit und insbesondere in den Medien um so mehr zunimmt, je höher er das jeweilige Risiko einschätzt.[7] Der Medizinjournalist Werner Tumshirn lieferte für diese Haltung eklatante Beispiele: Sowohl zum Thema Aids als auch zur Frage des Diäthylenglykols hatten ihm mehrere Redaktionen Artikel nicht abgenommen, die von den Gefährdungen im rechten Maß berichten sollten. Ein Redakteur erklärte ihm, daß die Leser doch sein Blatt nicht kaufen würden, um zu erfahren, daß etwas *nicht* Krebs verursache.[8]

Unbehagen bereitet es auch, wenn bei soviel öffentlichem Interesse an toxikologischer Problematik kaum jemals ein wirklicher, durch entsprechende wissenschaftliche Leistungen qualifizierter Experte, an denen in der Bundesrepublik kein Mangel besteht, von den Medien befragt wird und zu Worte kommt. Mit öffentlichen Auftritten in Fernsehen und Rundfunk sowie mit Zitaten in der Presse kann nur der rechnen, der sich die opportunistische Überbewertung des Risikos zu eigen macht und sich in die Front der »Apokalyptiker«[9] einreiht. Wer sich diesem Zwang zur Indoktrination und zur Erzeugung einer »Vernunft, Moral und Gemeinsinn zerstörenden Angstpsychose«[7] entzieht, wie dies die in der Bundesrepublik tätigen Toxikologen erfreulicherweise fast ausnahmslos getan haben, kommt kaum zu Worte. Zu Worte aber kommen immer häufiger selbsternannte Experten, die meist durch keine wissenschaftliche Qualifikation legitimiert sind und deshalb auch keinen guten Ruf zu verlieren haben.

Unerträglich aber ist es, wenn derjenige, der sich um eine wissenschaftliche Bewertung toxikologischer Fragen in sachlicher Form bemüht, damit zu rechnen hat, »äußerster Böswilligkeit, Verstocktheit und Verantwortungslosigkeit geziehen zu werden«[2]. Die Beispiele hierfür mehren sich. So wurde kürzlich der Leiter der Kieler Untersuchungsstelle für Umwelttoxikologie, Birger Heinzow, in einer Wochenzeitung beschuldigt, die Öffentlichkeit bewußt irregeführt und vorsätzlich getäuscht zu haben, nur weil er die von ihm durchgeführten Schadstoffuntersuchungen in Frauenmilch so bewertet hatte, wie dies von einer Senatskommission der Deutschen Forschungsgemeinschaft empfohlen worden ist[10] (siehe auch Kapitel 7). Ferner wurde ihm vorgeworfen, die Dioxinbelastung der Muttermilch im Tätigkeitsbericht seines Amtes verschwiegen zu haben, obwohl entsprechende Untersuchungen von ihm nicht vorgenommen worden waren und nach Lage der Dinge auch nicht vorgenommen werden konnten. Ein anderes Beispiel sind die wütenden und ungerechtfertigten Attacken gegen den international renommierten Arbeitsmediziner Helmut Valentin, die kürzlich in einer Fernsehsendung geritten wurden und die in der ehrenrührigen Behauptung gipfelten, Valentin habe arbeitsmedizinische Gesundheitsrisiken vertuscht und verheimlicht.

Negative Konsequenzen

Die Konsequenzen einer unseriösen, nur nach Sensation gierenden Publizistik auf einem Gebiet wie der Toxikologie sind in mehrfacher Hinsicht negativ. Einerseits werden durch die Beeinflussung der öffentlichen Meinung Politiker oft genug zu kurzsichtigen und voreiligen Entscheidungen gezwungen, die sachlich nicht begründet und in ihren Konsequenzen nicht vorbedacht sind. Schnelle Totalverbote verdächtiger Stoffe können dazu führen, daß auf Ersatzstoffe ausgewichen wird, deren toxisches Risiko höher als das des verbotenen Produktes ist. Häufig beruht nämlich die Erkenntnis von Gefahren bei bekannten und breit angewendeten Substanzen einfach auf der großen Zahl derer, die diesen Gefahren ausgesetzt sind, während die angebliche Unschädlichkeit von Ersatzstoffen nur Ausdruck einer zahlenmäßig geringeren Verbreitung ist. Manchmal wird auch der Nutzen einer zu verbietenden Substanz falsch eingeschätzt und nicht die zum Risiko der Substanz symmetrische Frage gestellt, welche Risiken ihr Verbot beinhaltet. So sind nach dem Verbot des Insektizids DDT in den Entwicklungsländern Zehntausende von Menschen an der wiederauflebenden Malaria gestorben, was Umweltfreunde nach Ansicht des Nobelpreisträgers Max Ferdinand Perutz gegen das Dünnerwerden der Eierschalen von Wildvögeln abwägen müssen.[11] Die Warnung vor den angeblichen Gefahren einer Kariesprophylaxe durch Fluoride, vorgetragen in einer Monitor-Fernsehsendung von völlig inkompetenter Seite, hat bewirkt, daß viele Eltern in der Bundesrepublik nicht nur diese wirksame Prophylaxe der Karies, sondern auch die damit kombinierte Vitamin-D-Prophylaxe eingestellt haben. Kinderärzte beobachten nun in zunehmendem Maße ein Krankheitsbild, das seit Jahrzehnten von der Bildfläche verschwunden war, nämlich die Rachitis (Englische Krankheit). Diese Vitaminmangelkrankheit führt durch Knochenerweichung zu schweren Deformierungen des Skeletts sowie zu einem Zurückbleiben der gesamten körperlichen Entwicklung. Verkrüppelte Kinder als Konsequenz falscher Warnungen – das ist leider in der Bundesrepublik Deutschland traurige Realität.

Andererseits bewirkt das ständige Melden und Vorhersagen von Katastrophen, die doch nicht stattfinden, in der Bevölkerung eine Abstumpfung, die sich dann auch auf reale Gefahren erstreckt. Wer täglich mit neuen Schreckensmeldungen auf die nahende toxikologische Apokalypse vorbereitet wird, andererseits aber liest, daß sich die Lebenserwartung in der Bundesrepublik nicht etwa vermindert, sondern im Gegenteil wiederum weiter erhöht hat, glaubt letztlich überhaupt nicht mehr an die Existenz irgendeines toxischen Risikos. Daß die Propaganda gegen tatsächliche Gefahren, wie etwa das Rauchen, im wesentlichen erfolglos bleibt, dürfte hier zumindest eine Teilursache haben.

Die aber wohl schlimmste Folge der Entdeckung der Toxikologie durch die Medien ist die Tatsache, daß dieses Fach mit seinen Problemen in zunehmendem Maße zum Gegenstand tagespolitischer Auseinandersetzungen wurde. Die Angst vor toxischen Schädigungen, ob berechtigt oder nicht, als Mittel zur Gewinnung von Wählerstimmen – das ist das Ende jeder rationalen, dem Menschen dienenden Problemlösung. Angst ist immer ein schlechter Ratgeber. Wenn sie aber absichtlich geschürt und zur politischen Waffe mißbraucht wird, entsteht »das Schreckensbild einer unberechenbaren Stimmungsdemokratie«.[7]

Die Verantwortung des Wissenschaftlers

Die Freiburger Naturwissenschaftliche Fakultät verbindet die Promotion zum Doktor der Naturwissenschaften mit folgender Formel, die auf Immanuel Kant zurückgehen soll: »Die Fakultät hat beschlossen, Sie zum Doktor der Naturwissenschaften zu promovieren. Mit der Verleihung dieses ehrenvollen Titels verknüpft sie eine Verpflichtung: die Verpflichtung, der wissenschaftlichen Wahrheit stets treu zu bleiben und niemals der Versuchung zu unterliegen, diese Wahrheit zu unterdrücken oder zu verfälschen, sei es unter wirtschaftlichem, sei es unter politischem Druck. In diesem Sinne verpflichte ich Sie als Dekan der Fakultät durch Handschlag, die Würde, die Ihnen die Fakultät verleihen wird, vor jedem Makel zu bewahren und unbeirrt von äußeren Rücksichten nur die Wahrheit zu suchen und zu bekennen.« Der Freiburger Biologe Hans Mohr betont mit Recht, daß diese Verpflichtung des Wissenschaftlers bedeutet, die wissenschaftliche Wahrheit nicht nur zu suchen, sondern sie auch zu bekennen. Jeder Wissenschaftler sei dazu verpflichtet, sich öffentlich zu äußern, wenn er in den Medien, im politischen Disput, in den Pamphleten von Interessenverbänden und politischen Gruppierungen auf Behauptungen trifft, von denen er als kompetenter Fachmann weiß, daß sie unzutreffend sind. Er müsse Übertreibungen und falschen Behauptungen wirksam entgegentreten und für die Wahrhaftigkeit, Würde und politische Kultur eintreten.[7] Diesen Ausführungen ist voll beizupflichten.

Mir scheint, daß der Wissenschaftler im Sinne dieser Verpflichtung zur Wahrheit heute noch eine weitere Aufgabe hat. Er muß versuchen, die Grundlagen seines Faches, besonders wenn dieses zum Gegenstand öffentlich-politischen Interesses geworden ist, auch dem Laien verständlich zu machen. Wer einigermaßen fachlich informiert ist, ist nämlich nicht mehr von der weithin manipulierenden Berichterstattung der Medien abhängig, sondern kann aufgrund seiner Sachkenntnis selber abwägen und entscheiden. Natürlich ist Sachkenntnis keine Garantie, sicher aber eine Voraussetzung für rationale Entscheidungen.

Der Versuch einer allgemeinverständlichen Darstellung toxikologischen Wissens wurde bisher nur von dem Schweizer Wissenschaftler Gerhard Zbinden unternommen. Sein sehr lesenswertes Buch »Menschen, Tiere und Chemie«[12] befaßt sich in erster Linie mit der Bedeutung des Tierexperiments als Quelle toxikologischer Erkenntnis. Daneben gibt es eine ganze Reihe populärwissenschaftlicher Taschenbücher zu dieser Thematik, die aber alle nur Teilgebiete erfassen (Nahrung oder Luft usw.) und andererseits ausnahmslos von Autoren ohne fundierte toxikologische Sachkenntnis verfaßt wurden. Ein Teil dieser Bücher ist zudem eindeutig ideologisch vorprogrammiert, manipulierend und irreführend.

Bei dieser Sachlage habe ich mich entschlossen, ein Toxikologie-Buch für Nicht-Toxikologen in möglichst allgemeinverständlicher Form zu schreiben, das sich von G. Zbindens Buch dadurch unterscheidet, daß nicht die Ergebnisse von Tierversuchen, sondern die am Menschen beobachteten toxischen Wirkungen in den Vordergrund gestellt werden. Insofern könnte man es als eine Ergänzung zu dem Werk von Zbinden ansehen. Ich konnte mich bei der Abfassung des Textes auf meine vieljährige Erfahrung im Unterricht von Studenten der Medizin und Gesundheitstechnik sowie in der ärztlichen Fortbildung stützen. Es war dabei nicht meine Absicht, eine enzyklopädisch umfassende Darstellung allen toxikologischen Wissens zu bringen; dies hätte nicht nur den Rahmen eines populärwissenschaftlichen Buches gesprengt, sondern auch das Interesse und die Aufnahmekapazität der Nicht-Fachleute überstrapaziert. Ich habe mich statt dessen auf die Darstellung gefährlicher Gifte und Vergiftungen konzentriert. Die Gefährlichkeit eines Giftes beruht einerseits auf der ihm innewohnenden Potenz zur Auslösung von Schäden, andererseits auf seiner Verfügbarkeit und Verbreitung. Deshalb werde ich besonderes Gewicht auf die Gifte legen, die über die Umwelt auf uns einwirken und denen jeder von uns ausgesetzt ist. Sofern mein Buch zu einer rationaleren und weniger emotionalen Diskussion toxikologischer Themen in der Öffentlichkeit beiträgt, ist sein Zweck erfüllt. Denn eine emotionslose, von ideologischen Vorurteilen ebenso wie von Eigeninteresse freie Einstellung ist die Voraussetzung dafür, daß bei der Umsetzung von toxikologischer Erkenntnis in die politische und gesetzgeberische Praxis keine falschen Entscheidungen getroffen werden.

Weiterführende Literatur

Wer sich über Fragen zu toxikologischen Themen näher informieren will, dem stehen eine ganze Reihe hervorragender Lehrbücher und Nachschlagewerke zur Verfügung. In erster Linie ist hier das Buch des Schweizer Internisten und Toxikologen Sven Moeschlin zu nennen, das bereits in 7. Auflage vorliegt und stark klinisch orientiert ist.[13] Ihm ebenbürtig ist das in 4. Auflage vorliegende Buch von Wilhelm Wirth und Christian Gloxhuber.[14] Kein Lehrbuch, sondern ein alphabetisch geordnetes Vergiftungsregister stellt das Werk von Werner Braun und Axel Dönhard dar[15]; in ihm kann man sich sehr schnell über die Symptome und Behandlungsmöglichkeiten bei Vergiftungen durch Arzneimittel, Haushalts- und Laborchemikalien informieren. Schließlich enthalten auch alle Lehrbücher der Pharmakologie wie etwa das Werk von Wolfgang Forth, Dietrich Henschler und Walter Rummel[16] oder das von mir selbst verfaßte Taschenbuch[17] toxikologische Kapitel, denen die wichtigsten Daten entnommen werden können. Eine hervorragende Darstellung der allgemeinen Toxikologie und ihrer Grundlagen findet sich in dem Buch von Casarett und Doull, das leider nicht in deutscher Übersetzung vorliegt.[18]

Um dem Leser den Zugang zu weiterführender Literatur zu erleichtern, werde ich im Literaturverzeichnis der einzelnen Kapitel neben der zitierten Originalliteratur auch Lehrbücher, Monographien und Übersichtsarbeiten nennen, auf denen meine Darstellung basiert. Der interessierte Leser hat somit die Möglichkeit, sein Wissen im Bedarfsfall zu vertiefen; die meisten der zitierten Werke und Beiträge dürften zumindest in Universitätsbibliotheken erhältlich sein.

Danksagung

Ich danke Frau Eva-Maria Stahl für die sorgfältige Schreibarbeit, Frau Cornelia Magnussen für das Zeichnen der chemischen Formeln, Frau Margot Adrion für die kritische Durchsicht des Manuskripts sowie Herrn Dr. Reinhard Lebe und allen Beteiligten der Deutschen Verlags-Anstalt für die angenehme und harmonische Zusammenarbeit.

1 Die Grundlagen der Toxikologie

Was ist und wozu dient Toxikologie?

Toxikologie (griech. *toxikon,* Pfeilgift; und *logos,* Wort, Lehre) ist die Wissenschaft und Lehre von den schädlichen Wirkungen chemischer Substanzen auf lebende Organismen. Sie verfolgt das Ziel, das Risiko solcher Stoffe, die man gemeinhin als Gifte bezeichnet und die sowohl natürlicher als auch synthetischer Herkunft sein können, für die Gesundheit von Mensch und Tier abzuschätzen und hierdurch die Gefahren einer Vergiftung abzuwenden. Sie hat ferner die Aufgabe, den Arzt und Tierarzt bei der Erkennung, Behandlung und Vorbeugung von Vergiftungen anzuleiten. Von diesen beiden Zielsetzungen her wäre die Toxikologie eigentlich als ein Sonder- oder Schwesterfach der Hygiene (vorbeugende Gesundheitslehre) oder aber der klinischen Medizin einzustufen. Tatsächlich hat sich aber die Toxikologie aus der Pharmakologie heraus entwickelt und sich als deren Schwesterfach verselbständigt. Definiert man Pharmakologie nicht im engeren Sinne als Wissenschaft und Lehre von den Wirkungen der Arzneimittel, sondern, wie dies insbesondere im angelsächsischen Sprachraum schon seit langem üblich ist, als die Lehre von den Wechselwirkungen zwischen chemischen Substanzen und lebendem Organismus, so ist die Toxikologie sogar als ein Teilgebiet der Pharmakologie zu betrachten.

Diese Beziehung zwischen Toxikologie und Pharmakologie ist auf den ersten Blick merkwürdig, denn Arzneimittel und Gifte scheinen etwas sehr Gegensätzliches und sich Ausschließendes zu sein. Tatsächlich aber sind beides chemische Stoffe, die auf die Funktion, den Stoffwechsel oder die Struktur des lebenden Organismus eine bestimmte Wirkung ausüben. Sofern diese Wirkung nützlich und zur Behandlung von Krankheiten oder zur Linderung von Beschwerden verwendbar ist, bezeichnen wir solche Stoffe als Arzneimittel; sind die Wirkungen dagegen schädlich oder gar tödlich, sprechen wir von Giften. Toxikologie und Pharmakologie unterscheiden sich also voneinander nur in der Aufgabenstellung: Die Toxikologie befaßt sich mit den schädlichen, die Pharmakologie mit den nützlichen Wirkungen chemischer Substanzen auf den lebenden Organismus. Die nahe Verwandtschaft der beiden Fächer ist auch daran zu erkennen, daß sich ihre Methoden ähneln und teilweise sogar identisch sind.

Berufsbild und Berufsfeld des Toxikologen

Die Toxikologie hat sich in der Bundesrepublik Deutschland erst nach dem Zweiten Weltkrieg als ein selbständiges akademisches Fach entwickelt. Derzeit gibt es an etwa jeder zweiten Medizinischen Fakultät toxikologische Lehrstühle und Institute (insgesamt 15), hinzu kommt eine etwa gleich große Zahl außeruniversitärer toxikologischer Institute, die vornehmlich in der pharmazeutischen Industrie angesiedelt sind und sich vor allem mit Arzneimitteltoxikologie befassen. Allerdings darf nicht übersehen werden, daß auch außerhalb dieser Spezialeinrichtungen toxikologisch gearbeitet und geforscht wird, so in den zahlreichen Lebensmitteluntersuchungsämtern, die sich mit Lebensmitteltoxikologie befassen, in den gerichtsmedizinischen Universitätsinstituten, die seit altersher forensisch-toxikologisch arbeiten, in den Einrichtungen der Gewerbe- und Arbeitsmedizin, die sich mit toxikologischen Problemen am Arbeitsplatz befassen, und auch in Hygiene-Instituten, die sich in zunehmendem Maße mit ökotoxikologischer Problematik beschäftigen. Schließlich ist auch jeder Arzt, der einen vergifteten Patienten behandelt, toxikologisch tätig, obwohl es Spezialeinrichtungen für klinische Toxikologie nur in einigen wenigen Großstädten gibt.

Die in der Bundesrepublik derzeit tätigen Toxikologen sind in der Mehrzahl Ärzte oder Tierärzte, die nach abgeschlossenem Studium und einer zusätzlichen Weiterbildungszeit von mindestens fünf Jahren die Anerkennung als Facharzt oder Fachtierarzt für Pharmakologie und Toxikologie erworben haben. Aber auch Chemiker, Biologen oder Pharmazeuten können auf toxikologischem Gebiet tätig werden und nach einer entsprechend langen Weiterbildungszeit die von der Deutschen Gesellschaft für Pharmakologie und Toxikologie verliehene Anerkennung als »Fachtoxikologe DPhG« erwerben. Diese Gesellschaft ist auch das wissenschaftliche Gremium, vor dem pharmakologische und toxikologische Probleme dargestellt und diskutiert werden. Sie tagt zweimal jährlich und besitzt eine Sektion Toxikologie, der derzeit etwa 350 Mitglieder angehören. Diese Zahl wird allerdings bei weitem übertroffen von den mehr als 2000 Mitgliedern der amerikanischen Society of Toxicology.

Wie kommt es zu Vergiftungen?

Die äußeren Ursachen für die Entstehung toxischer Schädigungen sind unterschiedlich. Vielfach wird der Kontakt mit dem Gift absichtlich herbeigeführt: Etwa drei Viertel der tödlichen Vergiftungsfälle in der Bundesrepublik sind *Selbstmorde!* Absichtliche Vergiftungen gegen den Willen des Betroffenen, das heißt also versuchte oder erfolgreiche *Giftmorde,* spielten in früheren Jahrhunderten eine große Rolle, sind heute aber sehr selten geworden. Dies ist Folge der großen Fortschritte in der toxikologischen Analytik, die es heute ermöglichen, nahezu jedes Gift im Organismus nachzuweisen und damit den Täter zu überführen.

Vergiftungen, die ohne Absicht in zufälliger Weise zustande kommen, bezeichnen wir als akzidentell. *Akzidentelle* (unbeabsichtigte, versehentliche) *Vergiftungen* treten in erster Linie bei Kindern zwischen dem zweiten und vierten Lebensjahr auf, in einem Alter, in dem Neugier, Beweglichkeit und Naschsucht stark ausgeprägt sind, die Einsicht in die Gefahr dagegen noch nicht besteht. Während bis zur Jahrhundertwende vorwiegend Giftpflanzen zu akzidentellen Intoxikationen führten, waren es in der ersten Hälfte dieses Jahrhunderts vor allem im Haushalt vorhandene Substanzen wie Reinigungsmittel, Säuren oder Schädlingsbekämpfungsmittel. Heute stehen Vergiftungen mit Arzneimitteln im Vordergrund, und in der Mehrzahl ist Fahrlässigkeit für solche Vergiftungen verantwortlich.

Bei der Einwirkung eines Giftes am Arbeitsplatz sprechen wir von einer *gewerblichen Vergiftung.* Diese sind in der Bundesrepublik den Berufsunfällen und Berufskrankheiten gleichgestellt und entschädigungspflichtig, soweit sie auf die dort aufgeführten 31 Stoffe beziehungsweise Stoffgruppen zurückzuführen sind. Auch wenn eine Erkrankung nicht in der Liste der Berufskrankheiten aufgeführt ist, kann sie wie eine Berufskrankheit entschädigt werden, wenn aufgrund wissenschaftlich gesicherter Erkenntnisse eine berufliche Ursache angenommen werden muß.

Eine neue Dimension in der Toxikologie wurde durch die Erkenntnis ausgelöst, daß Schadwirkungen auf den lebenden Organismus auch über die Medien der Umwelt, also über Luft, Wasser, Nahrungsmittel, Kleidung usw. auf den Menschen einwirken können. Die so ausgelösten *ökologischen Vergiftungen* beruhen auf der Anreicherung schädlicher Stoffe infolge der weltweit zunehmenden Industrialisierung und der durch sie ausgelösten Umweltverschmutzung.

Akute und chronische Vergiftungen

Wenn eine potentiell toxische Substanz einmalig in ausreichender Dosis oder Konzentration auf den lebenden Organismus einwirkt und diesen schädigt, zeigt sich meist sofort eine akute Vergiftung. Es besteht aber auch die Möglichkeit, daß ein Schadstoff in kleineren Mengen mehrfach über längere Zeiträume aufgenommen wird, sich langsam zu toxischen Konzentrationen anreichert oder durch ständig wiederholte Schädigungen erst im Laufe eines längeren Zeitraums schädlich wirkt: Wir sprechen dann von einer chronischen Vergiftung. Es ist offensichtlich, daß sich akute Vergiftungen in der Regel sehr viel leichter erkennen lassen als chronische. Während suizidale (beabsichtigte) und akzidentelle (versehentliche) Vergiftungen meist vom akuten Typ sind, verlaufen gewerbliche und ökologische Vergiftungen meist chronisch.

Wie wirken Gifte?

Der Mechanismus, über den Gifte ihre Wirkung auf den Organismus ausüben, ist nicht einheitlich. Hoch-reaktive Chemikalien können bereits am Ort des ersten Kontaktes mit dem Organismus lokale Schäden auslösen. So führt etwa das Trinken konzentrierter Säuren oder Laugen durch Eiweißdenaturierung zu groben Zellzerstörungen in der Mundhöhle und Speiseröhre, die zum Gewebstod (Nekrose) der betroffenen Abschnitte führen können und später Narben zurücklassen. Solche lokalen, grob zerstörenden Einwirkungen sind aber die Ausnahme. In der Mehrzahl wirken Gifte erst, nachdem sie die Haut oder die Schleimhaut unseres Körpers durchdrungen und auf dem Blutweg an besonders empfindliche Stellen unseres Körpers gelangt sind (resorptive Vergiftungen). Art und Umfang der Schädigung am jeweiligen Zielorgan entscheiden dann über das klinische Bild und den Ausgang der jeweiligen Vergiftung.

Der Mechanismus der toxischen Schädigung am Zielorgan ist unterschiedlich und bei vielen Giften noch nicht genau bekannt. Anstelle einer ausführlichen und ermüdenden Darstellung sollen hier nur einige gut bekannte Wirkungsmechanismen von Giften beispielhaft dargestellt werden. Viele Gifte beeinträchtigen primär die *Atmung*. Narkotika, Schlaf- und Beruhigungsmittel sowie die Inhaltsstoffe des Opiums (wie Morphin) lähmen in Überdosis das im verlängerten Rückenmark befindliche Atemzentrum und können so eine tödliche zentrale Atemlähmung auslösen. Reizgase wie Ammoniak, Chlor, Phosgen und andere führen über eine Schädigung der Bronchien und der Lungenbläschen zum Einstrom von Gewebswasser in die Lunge (Lungenödem) und hemmen auf diese Weise den lebenswichtigen Gasaustausch. Kohlenmonoxyd verbindet sich mit dem roten Blutfarbstoff Hämoglobin und hemmt damit den Sauerstofftransport des Blutes, während Blausäure und Schwefelwasserstoff die Atmung der Gewebe hemmen. Bei den Schwermetallen beruht die toxische Wirkung auf einer Anlagerung an schwefelhaltige Gruppen des Körpereiweißes und vor allem bestimmter Fermente, deren Aktivität dadurch gehemmt oder aufgehoben wird. Die phosphorsäureesterhaltigen Insektizide vom Typ des E 605 wiederum hemmen ein ganz spezielles Ferment unseres Körpers, nämlich die Cholinesterase. Dieses Ferment ist erforderlich, um den in unserem Körper ständig produzierten nervalen Überträgerstoff Acetylcholin abzubauen; bei einer Hemmung der Cholinesterase kommt es deshalb zu einer inneren Vergiftung durch Acetylcholin.

Von besonderer Bedeutung ist die Einwirkung von Giften auf die Desoxyribonukleinsäuren (DNS) des Zellkerns. Diese Nukleinsäuren sind in den Chromosomen lokalisiert. Sie besitzen die Fähigkeit zur Verdoppelung (Reduplikation) und übertragen auf diese Weise die in ihnen enthaltenen Informationen bei einer Zellteilung in identischer Weise auf die beiden Tochterzellen. Die in den DNS des Zellkerns enthaltene Information dient auch als Grundlage für die Eiweißsynthese und damit den Stoffwechsel der Zelle. Schädigungen der DNS, auf deren molekulare Mechanismen hier nicht näher eingegangen werden soll, können, wenn sie sich an Keimzellen abspielen, zu einer Änderung der Erbanlage (Mutation) führen. Betrifft eine solche Schädigung Zellen des Körpers außerhalb der Keimdrüsen, so kann es zu einer sogenannten somatischen Mutation kommen: Hierbei ändert sich zwar nicht die Erbmasse des Individuums, die so veränderte Zelle kann jedoch zu einer Krebszelle entarten (Näheres siehe Kapitel 5).

Das Grundgesetz der Toxikologie: die Dosisfrage

Alle toxischen Wirkungen sind abhängig von der Dosis des Giftes. Trägt man die toxische Wirkung (zum Beispiel die prozentuale Sterblichkeit) gegen die Dosis des Giftes in einem Diagramm graphisch auf, so erhält man meist eine S-förmig verlaufende Dosis-Wirkungs-Kurve (s. Abb.). Unterhalb einer bestimmten Schwellendosis lassen sich keine

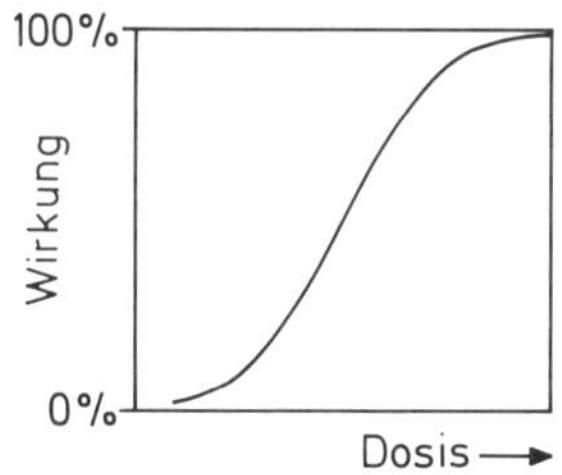

Typische Beziehung zwischen der Dosis und der Wirkung eines Giftes.

toxischen Wirkungen mehr feststellen, während andererseits bei einer bestimmten Höchstdosis der Maximaleffekt erreicht ist, der sich auch durch weitere Steigerungen der Dosis nicht verstärken läßt. Die Dosisabhängigkeit toxischer Wirkungen ist keine neue Erkenntnis, sondern wurde bereits von Paracelsus, dem berühmtesten Arzt des Mittelalters, in auch heute noch gültiger Form formuliert: »Alle Ding' sind Gift und nichts ohn' Gift; allein die Dosis macht, das ein Ding' kein Gift ist.« In der exakten Sprache des Juristen hört sich das so an: »Eine Substanz, welche lediglich durch ihre qualitative Beschaffenheit unter allen Umständen geeignet wäre, die Gesundheit zu zerstören, existiert nicht. Die gesundheitszerstörende Eigenschaft ist vielmehr stets eine relative; sie ist nicht bloß von der Qualität, sondern auch von anderen Bedingungen, insbesondere von der Quantität des beigebrachten Stoffes und von der körperlichen Beschaffenheit der Person, welche derselbe beigebracht worden ist, abhängig. Je nach der Verschiedenheit der in Frage kommenden Bedingungen kann derselbe Stoff bald als gesundheitszerstörend, bald nur als gesundheitsschädlich, bald als durchaus unschädlich, endlich sogar als Heilmittel erscheinen« (Reichsgerichtsurteil vom 14. Januar 1884).

Die Dosisabhängigkeit aller toxischen Wirkungen, die ich als das Grundgesetz der Toxikologie bezeichne, hat zwei Konsequenzen: Einerseits kann jeder Stoff ohne Ausnahme zum Gift werden, wenn er mit dem lebenden Organismus in ausreichend hoher Dosis in Berührung kommt.

In England erhielt eine vierzigjährige Frau nach der versehentlichen Einnahme eines Haushaltsreinigungsmittels von einer Vergiftungsinformationsstelle den telefonischen Rat, große Mengen von Wasser zu trinken. Sie folgte diesem Ratschlag in exzessiver Weise, indem sie rund 15 Liter Wasser zu sich nahm und mit dem Trinken auch nicht aufhörte, nachdem sie mehrfach erbrechen mußte. Zwei Stunden später traten Verwirrtheitszustände auf, woraufhin sie in ein Krankenhaus eingeliefert wurde. Dort kam es zu epileptiformen Anfällen, zu zunehmender Bewußtseinstrübung bis hin zur Bewußtlosigkeit und später zu einer zentralen Atemlähmung. Trotz aller Bemühungen starb die Frau nach vier Tagen an den irreversiblen Folgen der Wasseraufschwemmung des Gehirns.[1]

In einem ähnlichen Vergiftungsfall in Frankreich trank ein dreizehnjähriger Junge aufgrund einer Wette insgesamt etwa zwölf Liter Wasser. Zwei Stunden später stellten sich Übelkeit und Erbrechen ein, einige Stunden darauf Bewußtseinstrübung und Bewußtlosigkeit. In diesem Falle war die Therapie erfolgreich, und der Knabe erholte sich innerhalb von drei Tagen.[2]

Diese beiden Fälle zeigen, daß selbst hygienisch einwandfreies Trinkwasser bei extremer Überdosis zu einem tödlichen Gift werden kann. Weitere Beispiele für toxische Effekte an und für sich harmloser Stoffe bei Überdosierung sind schwere Lungenschädigungen nach Einatmung einer Sauerstoffkonzentration, die nur dem Dreifachen des natürlichen Sauerstoffgehalts der Atmosphäre entspricht, oder aber das Auftreten tödlicher Vergiftungen nach Einnahme einer Menge von Kochsalz, die nur zehnmal höher als die tägliche Normalaufnahme war.

Andererseits bleibt jeder noch so giftige Stoff unschädlich, wenn er in einer Menge zugeführt wird, die unter seiner toxischen Schwellendosis liegt. Auch hierfür gibt es zahlreiche Beispiele, so etwa die ständige Aufnahme kleinster Mengen von Blei, Quecksilber, Fluor und Arsen mit der Nahrung oder die Verwendung des hochtoxischen Bittermandelöls zur Aromatisierung von Speisen.

Das Grundgesetz der Toxikologie, die Dosisfrage, muß die Grundlage jeder toxikologischen Beurteilung sein. Der Toxikologe darf niemals nur qualitativ, sondern muß immer auch quantitativ denken! Die meisten Fehler, die insbesondere bei der öffentlichen Diskussion toxikologischer Fragen gemacht werden, beruhen auf einem beklagenswerten Mangel an quantitativem Denken. Manchmal hat man allerdings auch den Eindruck, daß die quantitativen Aspekte der Toxikologie bewußt unterschlagen werden, um die aus ideologischen Gründen erwünschte Schadwirkung einer Substanz zu belegen.

Gibt es eine Schwellendosis auch bei Karzinogenen?

Auf die synthetischen und natürlichen Gifte, die beim Menschen Krebs auslösen können, die sogenannten Karzinogene, wird in Kapitel 5 eingegangen. Hier soll nur die umstrittene Frage erörtert werden, ob es für diese Stoffe, im Unterschied zu allen anderen Giften, keine Schwellendosis gibt. Diese Ansicht wird insbesondere von Molekularbiologen vertreten, die auf der Grundlage der heute bekannten Fakten zur Entstehung des Krebses davon ausgehen, daß krebsauslösende Gifte eine irreversible Schädigung der Desoxyribonukleinsäuren bewirken, daß sich deshalb ein mehrfacher Angriff auch nur kleinster Dosen einer solchen Substanz innerhalb einer Zelle summiert und schließlich zu deren Umwandlung in eine Krebszelle führen kann. Auf der Grundlage solcher Überlegungen wäre auch die kleinste Dosis eines Karzinogens, das heißt ein einzelnes Molekül, in der Lage, Krebs auszulösen.

Bei der Beurteilung dieser Frage muß man zunächst berücksichtigen, daß unsere Kenntnisse über krebsauslösende Stoffe im wesentlichen auf dem Tierexperiment beruhen. Nur für etwa dreißig Substanzen ist eine krebsauslösende Wirkung am Menschen nachgewiesen, dagegen für mehr als tausend im Tierversuch. Wir müssen deshalb fast immer vom Tierversuch auf das karzinogene Risiko beim Menschen schließen. Nun sind aber karzinogene Wirkungen Alles-oder-nichts-Effekte, entweder es entwickelt sich in einem behandelten Tier ein Krebs oder nicht. Die Wirkung läßt sich deshalb nur als prozentuale Häufigkeit der tumorbefallenen Tiere erfassen, und diese kann zwischen 0 und 100 Prozent liegen. Wenn man aber eine Tumorhäufigkeit von 1 Prozent feststellen oder ausschließen will, so sind hierfür bereits 450 Versuchstiere erforderlich. Erst beim Nichtauftreten eines Tumors bei 450 Tieren läßt sich sagen, daß das wahre Risiko der karzinogenen Wirkung kleiner als 1:100 ist. Diese Aussage ist aber dann noch mit einer Irrtumsmöglichkeit von 1 Prozent behaftet, und selbstverständlich kann der Tumor in einer Häufigkeit von weniger als 1:100 auftreten. Die Zahl der erforderlichen Tiere erhöht sich, wenn sich die spontane (»natürliche«) Tumorrate der Versuchstiere und die induzierte (die durch das Experiment ausgelöste) überlagern. In den üblichen Tierversuchen über Krebsentstehung, die infolge der erforderlichen Langzeituntersuchungen über mindestens zwei Jahre sehr aufwendig sind und allenfalls an einigen hundert Versuchstieren unternommen werden können, lassen sich deshalb nur Tumorhäufigkeiten ab 10 Prozent mit hinreichender Genauigkeit bestimmen. Unterhalb dieses Bereichs liegt das unserer Erkenntnis derzeit nicht zugängliche Niemandsland.[3]

Im Hinblick auf die Risikoabschätzung für den Menschen interessiert aber gerade der niedrige und im Tierexperiment nicht erfaßbare Expositionsbereich. Denn ein Krebsrisiko von 1:100 würde, wenn alle Einwohner der Bundesrepublik davon betroffen wären, das Auftreten 600000 zusätzlicher Krebsfälle bedeuten! Um diesen niedrigen Expositionsbereich zu erkunden, besteht nur die Möglichkeit einer Übertragung der Dosis-Wirkungsbeziehung vom hohen auf den niedrigen Dosisbereich. Nimmt man eine solche vor, so ist es tatsächlich meist so, daß die Dosis-Wirkungskurve durch 0 geht, was bedeutet, daß keine Schwellendosis für den karzinogenen Effekt festgelegt werden kann (s. Abb. S. 29). Auf der Grundlage unserer heutigen molekularbiologischen und biochemischen Kenntnisse zum Mechanismus der Karzinogenese lassen sich sowohl Argumente für als auch Argumente gegen diese Annahme einer fehlenden Schwellendosis anführen, auf die an dieser Stelle nicht näher eingegangen werden kann.[4] Nach den Regeln der Statistik ist eine solche Übertragung in den Bereich kleinster Dosen ohnehin von einer erheblichen Unsicherheit begleitet.[5]

Es gibt nun aber eine ganz einfache Überlegung, die auch ohne biochemische oder statistische Begründung zur Erkenntnis vom Vorhandensein einer karzinogenen Grenzdosis führt. Karzinogene Stoffe haben in allen Tierexperimenten doch eine Dosisabhängigkeit in dem

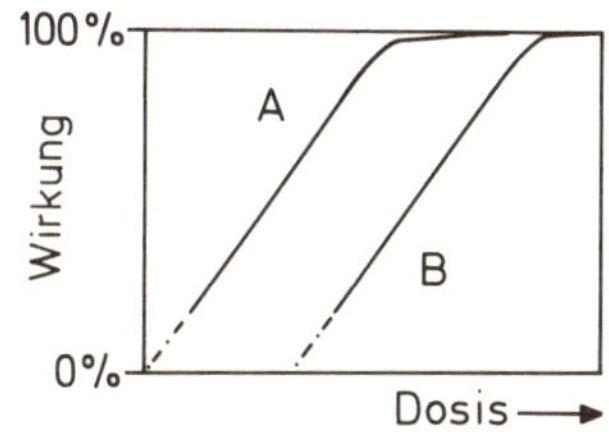

Schematische Darstellung zweier Dosiswirkungen. Kurve A: ohne Schwellendosis; Kurve B: mit Schwellendosis.

Sinne gezeigt, daß die Tumorhäufigkeit mit sinkender Dosis abnimmt. Da aber andererseits die Zahl der lebenden Menschen endlich ist, wird eine Schwellendosis dann erreicht, wenn diese auch bei hundertprozentiger Exposition der gesamten Menschheit nicht mehr zum Auftreten eines einzigen Falles von Krebs ausreicht. Ein zweiter Faktor kommt hinzu: Mit sinkender Dosis eines Karzinogens steigt die Zeitdauer bis zum Auftreten eines Tumors.[6] Bei Unterschreitung einer Schwellendosis reicht deshalb die Lebenszeit eines Individuums nicht mehr aus, um einen karzinogenen Effekt wirksam werden zu lassen.

Noch schwieriger ist die Erfassung eines karzinogenen Risikos am Menschen selbst, weil hier die spontane Krebshäufigkeit bereits 20 Prozent beträgt und die sehr lange, bis zu mehreren Jahrzehnten dauernde Zeit zwischen der Einwirkung des Karzinogens und dem Auftreten des Tumors die Herstellung einer kausalen Beziehung meist nicht zuläßt. Wir stoßen auch bei der Beurteilung des karzinogenen Risikos offensichtlich an die Grenzen toxikologischer Erkenntnis, so daß eine sichere Aussage nicht möglich ist. Da aber 60 bis 90 Prozent aller bösartigen Geschwülste auf die Einwirkung von Karzinogenen zurückzuführen sind und zumindest theoretisch vermeidbar wären, sollte man potentiell krebsauslösende Substanzen aufs äußerste reduzieren und, soweit möglich, auf eine Null-Exposition drängen, das heißt auf eine Beseitigung der Substanz aus der menschlichen Umgebung.

Die Quellen toxikologischer Erkenntnis

Toxikologische Erkenntnis beruht auf zwei Quellen, nämlich der Beobachtung am Menschen einerseits und dem gezielten Tierversuch andererseits. Die Reihenfolge ist absichtlich gewählt, da die Beobachtung am Menschen für die Beurteilung einer den Menschen treffenden Schadwirkung natürlich aussagekräftiger ist als ein Tierversuch. *Beobachtungen am Menschen* können in der fallweisen Darstellung von Vergiftungssymptomen und Vergiftungsfolgen bestehen, wie sie bei suizidalen oder akzidentellen Vergiftungen auftreten. Dies ist die älteste Form toxikologischer Forschung, die auch heute noch Wert und Berechtigung hat. Sofern Daten über die aufgenommene Dosis oder über die Konzentration der Schadstoffe im Blut und in den Organen ermittelt wurden, lassen sich aus solchen Arbeiten auch bereits quantitative Beziehungen zwischen der Giftdosis und der toxischen Wirkung ableiten. Eine weitere Quelle human-toxikologischer Erkenntnis ist die Arbeitsmedizin. Da die Menschen an ihrem Arbeitsplatz solchen Schadstoffen meist länger ausgesetzt sind, können wir aus dieser Quelle auch Erkenntnisse über chronische Giftwirkungen am Menschen schöpfen. Die Erfahrungen der Gewerbemedizin gestatten die Festlegung von unschädlichen Dosen, wenn nämlich trotz jahrelanger Einwirkung eines potentiellen Schadstoffs keine Gesundheitsschädigungen bei den Betroffenen festgestellt wurden. Wenn die Zahl der einem Schadstoff ausgesetzten Mitarbeiter sehr groß ist, lassen sich aus dem Prozentsatz der Betroffenen quantitative Risikoabschätzungen ableiten.

Der epidemiologische Untersuchungsansatz

Human-toxikologische Untersuchungen können aber auch an größeren Bevölkerungsgruppen mit epidemiologischer Methodik unternommen werden. Unter einer Epidemie verstand man früher das gehäufte Auftreten einer Infektionskrankheit, und Epidemiologie war somit als Seuchenlehre zu definieren. Dieser Begriff hat sich in neuerer Zeit erweitert: man bezeichnet heute als Epidemie ein gehäuftes Auftreten aller, also auch nicht-infektiöser Krankheiten. Epidemiologie wird demgemäß als Lehre des Krankheitsgeschehens in einer Bevölkerung definiert, und epidemiologische Forschung befaßt sich mit den Faktoren, die für dieses Krankheitsgeschehen von Bedeutung sein könnten. Der epidemiologische Untersuchungsansatz besteht einerseits in *Fall-Kontroll-Studien,* bei denen von bereits erkrankten Personen ausgegangen und rückblickend (retrospektiv) versucht wird, für die Erkrankung ursächliche Faktoren zu erfassen. Die erfaßten Daten müssen dann verglichen werden mit entsprechenden Daten einer Vergleichsgruppe, die sich von der Untersuchungsgruppe in nichts anderem als im Fehlen der Krankheit unterscheiden darf.

Eine weitere Studienform der Epidemiologie ist die auf die Zukunft gerichtete *prospektive Studie,* bei der innerhalb einer Bevölkerungsgruppe (etwa alle Ärzte in der Schweiz) ein als Krankheitsursache verdächtiges Merkmal (etwa Rauchgewohnheiten oder Alkoholkonsum) festgelegt und dann diese Bevölkerungsgruppe in der Folgezeit auf das Eintreten möglicher Schadwirkungen beobachtet wird. Wenn die untersuchte Bevölkerungsgruppe durch ein gemeinsames Merkmal wie eine bestimmte Altersklasse oder Berufsgruppe gekennzeichnet ist, so spricht man von einer *Kohortenstudie.*

Epidemiologische Studien sind in hohem Maße störanfällig für Fehler, wobei zufällige und systematische Fehler auftreten können. *Zufällige Fehler* beruhen auf der statistischen Variabilität aller biologischen Parameter (Einflußgrößen). Um trotz dieser Variabilität zu einer verwertbaren Aussage zu kommen, nehmen wir bei statistischen Berechnungen im biologisch-medizinischen Bereich im allgemeinen eine Irrtumswahrscheinlichkeit von 5 Prozent in Kauf. Dies bedeutet, daß von den Aussagen, die unter dieser Prämisse gemacht werden, 5 Prozent falsch sind. Anders dargestellt: Wenn wir zwei aus einer gleichen Grundgesamtheit stammende, also identische Kollektive bilden, innerhalb dieser beiden Kollektive jeweils 20 Parameter messen und diese dann statistisch unter Zugrundelegung einer Irrtumswahrscheinlichkeit von 5 Prozent miteinander vergleichen, so werden sich diese beiden aus der gleichen Grundgesamtheit stammenden Kollektive in einem Parameter signifikant ($p<0{,}05$) voneinander unterscheiden.

Noch vielfältiger sind die Möglichkeiten *systematischer Fehler* bei epidemiologischen Untersuchungen. Bei retrospektiven Untersuchungen kann eine Verfälschung des Ergebnisses durch die vorgefaßte Meinung des Untersuchers nicht ausgeschlossen werden. Eine weitere Fehlerquelle besteht darin, daß die Befragungssituation des bereits Erkrankten prinzipiell eine andere ist als die von gesunden oder nicht schwer erkrankten Vergleichspersonen. Selektionen, geringe Beteiligungen, hohe Ausfälle und anderes mehr können weiter dazu führen, daß die erhobene Stichprobe oder aber die Vergleichsgruppe nicht mehr allein nach zufälligen Kriterien gewonnen werden und sich deshalb voneinander unterscheiden, ohne daß die untersuchte Krankheitsursache hierfür verantwortlich ist.

Ein weiteres Problem stellen *Störfaktoren (confounding variables)* dar, unter denen Faktoren zu verstehen sind, die sowohl mit dem interessierenden Expositionsfaktor als auch der in Frage stehenden Krankheitserscheinung verknüpft sind. Ein Beispiel: die epidemiologische Erfassung der möglichen Rolle des Kaffees für die Entstehung von Tumoren wird dadurch erschwert, daß das Kaffeetrinken mit dem Zigarettenkonsum korreliert und Rauchen wiederum mit der Entstehung von Krebs kausal verknüpft ist.

Auch bei einwandfreier Methodik schließlich führen epidemiologische Untersuchungen immer nur zur Feststellung von *Korrelationen* (Wechselbeziehungen) zwischen Krankheiten und für sie möglicherweise verantwortlichen Faktoren, nicht aber zum Nachweis einer *Kausalität.* Die Korrelation kann zum Beispiel indirekt durch einen Störfaktor zustande kommen, der sowohl mit der Krankheit als auch mit der in Frage stehenden Krankheitsursache verbunden ist. Kausalität kann nur durch zusätzliche (wie tierexperimentelle) Befunde gesichert werden. So ist die ursächliche Rolle des Zigarettenrauchens für das Entstehen des menschlichen Bronchialkarzinoms eben nicht nur durch zahlreiche und in ihrer Aussage ziemlich einheitliche epidemiologische Befunde, sondern darüber hinaus durch den Nachweis zahlreicher karzinogen wirkender Stoffe in Tabakrauchkondensaten und durch die tierexperimentelle Auslösung von Lungentumoren durch Tabakrauch belegt worden. Der Tatbestand, daß epidemiologische Untersuchungen primär nur Korrelationen und nicht Kausalitäten aufzeigen, wird bei der öffentlichen Diskussion toxikologischer Befunde häufig übersehen. Zu welchen Fehlschlüssen eine Gleichsetzung von Korrelation und Kausalität führen kann, zeigt die bekannte Korrelation zwischen der Belegung von Storchennestern und der Häufigkeit von Geburten in Schleswig-Holstein.

Die Bedeutung des Tierexperiments

Die zweite Säule toxikologischer Erkenntnis ist die gezielte Untersuchung am Tier. Es braucht nicht näher erläutert und begründet zu werden, daß bei neuen Substanzen mit noch unbekannter Giftwirkung der Tierversuch die zunächst einzige Quelle zur Erfassung ihres toxischen Potentials darstellen muß; denn er soll ja gerade die Schädigung des Menschen vermeiden. Der von Tierversuchsgegnern immer wieder vorgebrachte Einwand, daß sich Tierversuche nicht auf den Menschen übertragen lassen, ist in dieser Verallgemeinerung falsch. Die grundsätzlichen biochemischen und physiologischen Prozesse verlaufen im tierischen Organismus nicht anders als im menschlichen. Natürlich gibt es Spezies-Unterschiede, etwa in der Stoffwechselintensität, im Vorhandensein oder in der Aktivität von Fermenten und anderem mehr, die bei der Übertragung tierexperimentell erhobener Daten auf die Verhältnisse am Menschen berücksichtigt werden müssen und auch berücksichtigt werden. Um die mit einer solchen Übertragung verbundene Unsicherheit zu kompensieren, wird meist ein Sicherheitsfaktor einkalkuliert.

Das toxikologische Tierexperiment besteht einerseits aus der Erfassung der *akuten Schadwirkung* eines Stoffes bei einmaliger Zufuhr mit Ermittlung der tödlichen Dosis. Diese wird aus mathematisch-statistischen Gründen in der Regel als LD 50 (Letaldosis 50) berechnet und angegeben, worunter die Dosis zu verstehen ist, die die Hälfte der behandelten Tiere tötet. Die tierexperimentelle Bestimmung dieser akuten Toxizität gibt uns einen unersetzlichen Hinweis für die Gefährdung des Menschen, wie sie bei einer versehentlichen oder absichtlichen Überdosierung eines Medikamentes oder eines Schadstoffes eintreten kann. Die *Untersuchung der subakuten und chronischen Toxizität* befaßt sich mit den Schadwirkungen, die bei langfristiger und gegebenenfalls lebenslanger Anwendung eines Stoffes auftreten. Sie ist insbesondere zur Erkennung karzinogener Wirkungen erforderlich, da diese sich erst nach langer Zeit bemerkbar machen. Solche Untersuchungen bestehen nicht nur in einer allgemeinen Beobachtung der Versuchstiere, sondern umfassen zusätzlich hämatologische, klinisch-chemische und sehr intensive feingewebliche (histologische) Analysen. Derartige Untersuchungen zur allgemeinen Toxizität werden dann ergänzt durch *Spezialuntersuchungen* auf embryotoxische, teratogene (Mißbildungen auslösende), perinataltoxische und mutagene (das Erbgut verändernde) Wirkungen. In diesen Experimenten wird die zu untersuchende Substanz immer in mehreren Dosen verabfolgt, wobei verlangt wird, daß mit der höchsten Dosis Schadwirkungen erzielt werden. Auf diese Weise erfährt man, welches Organ oder Organsystem bei chronischer Überdosierung geschädigt wird. Auf der anderen Seite mündet die Untersuchung der chronischen Toxizität in der Festlegung eines sogenannten *No-observed-effect-level* (NOEL), das ist die Dosis, die auch bei langzeitiger und unter Umständen lebenslanger Anwendung zu keiner Gesundheitsschädigung oder Lebenszeitverkürzung bei den behandelten Tieren geführt hat. Ein solcher Wert ist dann Grundlage für die Festlegung der dem Menschen zumutbaren Belastung.

Die toxikologische Risikoabschätzung

Wie läßt sich nun aus dem Tierexperiment mit Giftstoffen eine für praktische Zwecke nützliche Risikoabschätzung für den Menschen entwickeln? Sofern keine Erfahrungen mit menschlicher Exposition vorliegen, muß man als Grundlage den bereits genannten *No-observed-effect-level* benutzen. Um den möglichen Empfindlichkeitsunterschied zwischen Tier und Mensch und auch die unterschiedliche Empfindlichkeit verschiedener Menschen zu berücksichtigen, wird dieser Wert durch einen Sicherheitsfaktor dividiert, der im allgemeinen mit 100 und bei potentiell karzinogenen Substanzen mit 1000 bis 5000 angesetzt wird. Auf diese Weise gelangt man dann zum sogenannten *ADI-Wert (acceptable daily intake),* worunter die Tagesdosis eines Stoffes zu verstehen ist, die auch bei lebenslanger Aufnahme die Gesundheit des Menschen nicht schädigt; dieser Wert wird in mg/kg Körpergewicht ausgedrückt oder aber für Erwachsene angegeben.

Ausgehend von diesem ADI-Wert kann man unter Berücksichtigung der Verzehrgewohnheiten der Bevölkerung Höchstmengen von Schadstoffen in Lebensmitteln oder Grenzkonzentrationen im Trinkwasser festlegen. Auf dem Gebiet der Gewerbe-Toxikologie gelangt man zu den *MAK-Werten,* das sind die maximalen Arbeitsplatz-Konzentrationen eines chemischen Stoffes in der beruflichen Allgemeinatmosphäre, die bei einer 8-Stunden-Schicht und einer 40stündigen Arbeitswoche über ein gesamtes Arbeitsleben weder die Gesundheit beeinträchtigen noch diese unangenehm belästigen. Diese maximalen Konzentrationen werden bei Gasen und Dämpfen in Volumenteilen pro Million Teile Luft = ml/m^3 (engl.: ppm = *parts per million*) und bei Schwebstoffen in mg/m^3 Luft ausgedrückt. In der Bundesrepublik werden die MAK-Werte von einer Arbeitsstoffkommission der Deutschen Forschungsgemeinschaft ständig nach dem jeweiligen Stand der wissenschaftlichen Erkenntnis überarbeitet und begründet. Bei potentiell karzinogenen Produkten, die technisch unvermeidbar eingesetzt werden müssen und bei denen sich eine Schwellendosis nicht mit hinreichender Sicherheit festlegen läßt, verwendet man sogenannte *technische Richtkonzentrationen* (TRK) (zum Beispiel für Asbest, Benzol und Phenylchlorid), die nur der meßtechnischen Überwachung am Arbeitsplatz dienen und das Risiko einer Gesundheitsbeeinträchtigung am Arbeitsplatz vermindern sollen, ein toxisches Restrisiko aber nicht völlig ausschließen können. Sie bedürfen deshalb der ständigen Anpassung an den Stand der technischen Entwicklung sowie auch der analytischen Möglichkeiten zu ihrer Überprüfung. Schließlich lassen sich auf dem Gebiet der Umwelttoxikologie auf der Grundlage der NOEL-Werte *MIK-Werte* (maximale Immissionskonzentrationen) aufstellen, unter denen höchstzulässige Konzentrationen von luftverunreinigenden Stoffen in Bodennähe außerhalb des Emittenten zu verstehen sind, bei deren ständiger Einwirkung der Mensch nicht gefährdet wird.

Sind Tierversuche wirklich notwendig?

Tierversuche wissenschaftlicher und nichtwissenschaftlicher Art gab es bereits im Altertum. Moralische Bedenken gegen diese Form der Erkenntnisgewinnung kamen jedoch erst im 19. Jahrhundert auf; organisierte Massenbewegungen gegen Tierversuche gab es zuerst in England. Diese »Antivivisektionsbewegung« flaute jedoch nach 1900 ab, da die wesentlich auf den Ergebnissen von Tierversuchen beruhenden Erfolge der naturwissenschaftlichen Medizin für jedermann offenbar wurden. Seit einiger Zeit beobachten wir nun in der Bundesrepublik wie auch in anderen Ländern eine erneute Zunahme tierschützerischer Aktivitäten mit einer Radikalisierung in Teilen dieser Bewegung bis hin zu kriminellen Aktivitäten wie Diebstahl, Einbruch, Brandstiftung und Morddrohungen. Das Ziel dieser radikalen Tierschützer, nämlich das uneingeschränkte Verbot aller Tierversuche, wird ohne jede Kompromißbereitschaft verfolgt, die Gegner derartiger Aktivitäten und insbesondere die in der tierexperimentellen Forschung Tätigen werden als Sadisten disqualifiziert und ihnen öffentlich ein möglichst qualvoller Tod gewünscht (Leserzuschrift in einer Lokalzeitung: »... daß sie von wilden Hunden bei Bewußtsein zerrissen werden«). Da inzwischen auch einige Politiker den Tierschutz als eine Möglichkeit zur Gewinnung neuer Wählerstimmen ansehen, ist der auf den Tierversuch angewiesene Wissenschaftler gezwungen, die Notwendigkeit von Tierversuchen einer breiteren Öffentlichkeit darzustellen, was für mein Fachgebiet an dieser Stelle in der gebotenen Kürze geschehen soll.

Kein Gebiet der Biologie und der Medizin hätte seinen heutigen

Wissens- und Entwicklungsstand ohne den Einsatz von Tierexperimenten erreicht. Alle wesentlichen Erkenntnisse über die Funktion der einzelnen Organe, ihr Zusammenspiel, die Regelvorgänge, die dieses Zusammenspiel steuern, die biochemischen Vorgänge, die ihnen zugrunde liegen, kurzum der gesamte Wissensinhalt der Biochemie und Physiologie sind das Ergebnis von Tierversuchen. Ohne Tierversuche wären die für die Regulation des Blutdrucks erforderlichen Faktoren nicht erkannt worden, Reizbildung und Reizleitung des Herzens wären unverständlich geblieben, die Aufbereitung und Ausscheidung des Harns in den Nieren wäre ein Buch mit sieben Siegeln, wir würden heute noch nicht viel von der Bedeutung der Hormone wissen und den Gasaustausch in den Lungen bei der Atmung nicht verstehen, um nur einige konkretere Beispiele zu nennen. Aber auch viele krankhafte Veränderungen des menschlichen Organismus blieben ohne Tierversuche in ihrer Ursache unklar: So wäre etwa die ursächliche Rolle der Tuberkelbakterien für die Tuberkulose nach wie vor hypothetisch, wenn es Robert Koch nicht gelungen wäre, durch Applikation dieser Bakterien bei Meerschweinchen Tuberkulose auszulösen – im übrigen auch heute eine noch nicht ersetzbare Methode zum diagnostischen Nachweis einer Tuberkulose.

Vor allem aber wäre die Entwicklung der modernen Pharmakologie und Toxikologie ohne Tierexperimente unmöglich gewesen. Mit Ausnahme einiger Uraltpräparate mit häufig zweifelhafter Wirkung sind nämlich alle heute in der Therapie eingesetzten Medikamente das Ergebnis zielgerichteter tierexperimenteller Forschung. So entwickelte Emil von Behring mit Hilfe von Meerschweinchen sein Serum gegen Diphtherie (Nobelpreis 1901); Hunde verhalfen Banting und McLeod zur Insulintherapie des Diabetes (Nobelpreis 1923), Flemming, Chain und Florey erprobten das von ihnen entdeckte Penicillin an weißen Mäusen (Nobelpreis 1945) und Domagk ebenfalls erstmalig an Mäusen das erste Sulfonamid (Nobelpreis 1939). Allein durch die Entwicklung von Antibiotika und Sulfonamiden ist die Sterblichkeit bei vorher lebensbedrohenden Infektionskrankheiten drastisch gesunken, so bei der Hirnhautentzündung von 90 bis 100 Prozent auf unter 10 Prozent, bei Herzklappenentzündung von 100 auf 30 Prozent, bei der Lungenentzündung von 40 bis 50 auf 5 bis 10 Prozent; Tuberkulose führte früher in einem Drittel der Fälle zum Tode und in einem weiteren Drittel zur Invalidität, heute kann sie fast immer geheilt werden! Neben Antibiotika und Sulfonamiden wurden aber auch wirksame Hochdruckmittel, Mittel zur Steigerung der Urinausscheidung, Narkotika und schließlich auch neue chirurgische Heilverfahren wie etwa die Transplantationschirurgie und die Mikrochirurgie, die Entwicklung von Herzschrittmachern und künstlichen Gelenken erst durch Tierversuche möglich. Der berühmte, kürzlich verstorbene Zoologe Bernhard Grzimek äußerte sich wie folgt: »Unsere gesamte Medizin – die erfolgreiche Bekämpfung so vieler Krankheiten und Seuchen bei Menschen und Tieren – ist durch Tierversuche ermöglicht worden. Es ist zwecklos, davor die Augen zu verschließen. Wir können mit gutem Recht fordern, daß Tierversuche nur mit Betäubung, nicht unnötig und nur unter verantwortlicher wissenschaftlicher Aufsicht und Überwachung vorgenommen werden. Wer Tierversuche aber überhaupt und rundweg ablehnt, wird nirgends ernst genommen werden, und er wird dann auch diese begrenzten Forderungen nicht wirksam durchsetzen können.«[7]

Man fragt sich, wie trotz dieser eindeutigen und unwiderlegbaren Fakten von seiten der Tierversuchsgegner immer wieder behauptet werden kann, daß die Ergebnisse von Tierversuchen für den Menschen keine Gültigkeit haben und gegebenenfalls sogar irreführend und gefährlich sein könnten. In einem Flugblatt Lübecker Tierversuchsgegner wurden 1982 als Beleg für die angeblich irreführende Aussagekraft von Tierversuchen neun Beispiele angeführt, die ich auf ihre sachliche Richtigkeit und Aussagekraft überprüft habe: Keine dieser Aussagen war für diesen Zweck geeignet, die meisten waren sogar sachlich falsch. Das am häufigsten in diesem Zusammenhang gebrauchte Argument der Tierversuchsgegner ist der Hinweis auf die Contergankatastrophe, die für über 10000 Mißgeburten verantwortlich war und durch Tierversuche nicht hätte verhindert werden können. Dieses Argument ist aber gerade ein schlagender Beweis für die Nützlichkeit und Notwendigkeit des Tierversuchs. Thalidomid (Contergan) wurde 1956 als Schlaf- und Beruhigungsmittel in die Therapie eingeführt und fünf Jahre später aufgrund klinischer Beobachtungen als Urheber menschlicher Mißbildungen erkannt. Tierexperimentelle Untersuchungen über eine mögliche mißbildungserzeugende (teratogene) Wirksamkeit sind mit Thalidomid vor dessen Einführung aber überhaupt nicht unternommen worden; denn bis zur Contergankatastrophe war es in der Wissenschaft völlig unbekannt, daß eine Substanz von der pharmakologischen Wirkungsqualität des Contergans teratogen wirksam sein kann. Seither konnte die teratogene Wirksamkeit dieser Substanz an 17 verschiedenen Tierarten nachgewiesen werden, wobei sich an bestimmten Kaninchenstämmen sowie an Primaten das charakteristische Bild der menschlichen Thalidomidschädigung reproduzieren ließ.[8] Seit der Contergankatastrophe müssen alle neuen Pharmaka vor ihrer Einführung tierexperimentell auf etwa durch sie verursachte Schädigungen oder Mißbildungen des Embryos untersucht werden, mit dem Ergebnis, daß sich trotz der großen Vielzahl neuer Medikamente, die seit 1961 in den Handel kamen, eine Contergankatastrophe nicht wiederholt hat!

Natürlich können nicht alle pharmakologischen und toxikologischen Wirkungen im Tierversuch erfaßt werden. Das gilt insbesondere für zentrale Effekte, da sich der Mensch in der Funktion seiner Endhirnrinde vom Tier stark unterscheidet, oder aber für immunologische Nebenwirkungen, die weitgehend art- und individualspezifisch auftreten. Außerdem gibt es statistische Gesetze, die eine Erfassung selten auftretender Wirkungen durch das Tierexperiment (wie auch durch die klinische Prüfung) unmöglich machen. Um etwa eine in der Gesamtpopulation in einer Häufigkeit von 1:1000 auftretende Nebenwirkung zu erfassen, muß man 4500 Tiere oder Menschen behandeln. Erst wenn bei diesen 4500 die in Frage stehende Nebenwirkung nicht beobachtet wurde, kann gesagt werden, daß sie in der Gesamtpopulation mit einer Häufigkeit von unter 1:1000 auftritt. Selbstverständlich kann die Nebenwirkung aber in einer geringeren Häufigkeit als 1:1000 auftreten! Gerade die schwersten toxischen Nebenwirkungen treten jedoch sehr selten auf, so das gefürchtete und häufig tödliche Versagen der Blutbildung nach dem Antibiotikum Chloramphenicol in einer Häufigkeit (oder besser Seltenheit) von 1:20000 bis 1:100000, und sie lassen sich deshalb weder durch die zahlenmäßig begrenzten Tierversuche noch durch die ebenso begrenzten klinischen Prüfungen erfassen; sie treten vielmehr erst bei der breiten Anwendung eines neuen Medikamentes in Erscheinung.

Aufgrund jahrzehntelanger Erfahrungen kann gesagt werden, daß 60 bis 70 Prozent der beim Menschen nach Arzneimitteln auftretenden Nebenwirkungen durch den Tierversuch erfaßt werden.[9] Darf man auf ein derartig aussagekräftiges Mittel in der toxikologischen Forschung und Entwicklung tatsächlich verzichten? Man mache sich keine Illusionen: Ein Verzicht auf toxikologische Tierversuche bedeutet die Verlagerung des toxikologischen Risikos vom Tier auf den Menschen! Hunderte von potentiellen neuen Arzneimitteln, die aufgrund ihrer Toxizität im Tierversuch bisher am Menschen gar nicht erst angewendet wurden, müßten nun am Menschen erprobt werden mit Folgen, die sich jeder ausrechnen kann. Bedenkt man weiter, daß über 90 Prozent aller toxikologischen Tierversuche an Ratten und Mäusen aus Inzuchtstämmen unternommen werden, die seit Hunderten von Generationen für diesen Zweck gezüchtet werden, in den Laboratorien eine größere Lebenserwartung als ihre frei lebenden Artgenossen haben und die überhaupt nicht existierten, wenn man sie nicht für Versuchszwecke benötigte, und daß schließlich die meisten experimentellen Eingriffe für das Tier keine größere Belastung bedeuten als die normale ärztliche Behandlung eines Menschen, so werden die Argumente der absoluten Tierversuchsgegner immer brüchiger. Es darf auch nicht übersehen werden, daß ein Verbot von Tierversuchen in der Bundesrepublik zweifellos dazu führen könnte, daß sich die tierexperimentelle Forschung ins Ausland verlagern würde, wo gegen Tierversuche keine so großen Skrupel bestehen wie bei manchen unserer Mitbürger. Tatsächlich bieten Institutionen in Ungarn, Polen und der DDR schon die Übernahme tierexperimenteller Untersuchungsprojekte an (so etwa das Institut für Pharmazeutische Forschung der Akademie der Wissenschaften in Ost-Berlin).

Nach meiner Ansicht muß sich die überwiegende Mehrzahl der deutschen Bevölkerung, die den Standpunkt der radikalen Tierversuchsgegner nicht teilt (nach Meinungsumfragen sind es 70 bis 80 Prozent), entschieden dagegen zur Wehr setzen, daß eine Minderheit durch mehr oder weniger kriminelle Aktionen der andersdenkenden Mehrheit ihre Meinung aufzwingen will. »Tierschutz ist unerläßlich: Leben und Gesundheit der Tiere sind zu schützen. Leben und Gesundheit des Menschen sind das höhere zu schützende Gut«, so lautet die Stellungnahme des wissenschaftlichen Beirats der Bundesärztekammer vom 19. November 1981.[10]

Alternativen zum Tierversuch

Tierversuche haben keinen Selbstzweck, sondern sind Mittel zu wissenschaftlicher Erkenntnis. Deshalb sind alle Bemühungen, Tierversuche durch alternative Methoden an schmerzfreier Materie zu ersetzen, grundsätzlich zu begrüßen und unterstützen. Zu verstehen sind darunter Untersuchungen an Bakterien und Pilzen, Organ-, Gewebe- und Zellkulturen, isolierten überlebenden Organen sowie auch der Einsatz mathematisch-physikalischer Methoden einschließlich des Computers. Diese Methoden können sicher Teilaspekte der Toxizität erfassen und möglicherweise zu einer Einschränkung von Versuchen am lebenden Tier führen. Sie geben jedoch nur unzureichend Aufschlüsse über die Funktionen eines Gesamtorganismus und werden deshalb den Tierversuch nicht voll ersetzen können. Der Physiologe H. J. Bretschneider spricht in diesem Zusammenhang von einer partikulären Schizophrenie: »In einer Zeit, in der die seelisch-geistig-leibliche Einheit des Menschen mit Recht betont wird, in der die Komplexität von Ökosystemen anerkannt wird und in der auch das Bewußtsein der Verbundenheit unserer Erde und Welt im Ganzen neu erwacht ist, wächst plötzlich der Aberglaube, daß sich aus einer genügend großen Summe von gründlich analysierten Teilchen, d. h. Kanälen, Enzymen, Organellen oder Zellen, ein Gesamtorganismus verstehen ließe. Die unübersehbaren Wechselwirkungen verschiedener Ordnung auf den Ebenen der Zellen, der Organe und der Systeme schließen derartige summarische Extrapolationen jedoch vollkommen aus.«[11]

Toxische Wechselwirkungen

Was passiert, wenn auf den Organismus gleichzeitig mehrere Gifte einwirken? Auf diese Frage gibt es keine allgemeingültige Antwort. Einerseits ist es durchaus möglich, daß die Komponenten einer Schadstoffkombination den Organismus vollkommen getrennt durchlaufen, ihre toxischen Wirkungen an verschiedenen Zielorganen ausüben und sich somit in ihrer Wirkung überhaupt nicht beeinflussen. Andererseits aber können sich Gifte durchaus gegenseitig beeinflussen, wie dies von Arzneimitteln schon seit längerem bekannt ist. Wir bezeichnen die durch ein zweites Medikament ausgelöste Änderung einer Arzneimittelwirkung als *Arzneimittelinteraktion* oder *Arzneimittelinterferenz*. Solche Interaktionen treten relativ häufig auf und dürften für etwa 10 bis 20 Prozent der sogenannten Arzneimittelnebenwirkungen, unter denen unerwünschte und häufig auch toxische Effekte zu verstehen sind, verantwortlich sein.[12] Ihre Kenntnis ist deshalb für den Arzt von großer Bedeutung.

Arzneimittelinteraktionen können verschiedene Ursachen haben, deren wichtigste hier nur angedeutet werden sollen. So können sich Arzneimittel bereits vor der Aufnahme in den Organismus wechselseitig in ihrer Resorption beeinflussen, indem sie zum Beispiel den pH-Wert des Magens verändern oder die Geschwindigkeit der Magen-Darm-Passage beeinflussen. Weitere Möglichkeiten wechselseitiger Beeinflussung bestehen bei der Verteilung von Arzneimitteln im Organismus, bei ihrem Abbau in der Leber und anderen Organen oder aber bei ihrer Ausscheidung in der Niere. Schließlich können Arzneimittel auch am Erfolgsorgan selber interferieren, indem sie sich etwa von einem pharmakologischen Rezeptor gegenseitig verdrängen.

Als Ergebnis einer solchen Interaktion kann es sowohl zu einer Wirkungsverstärkung als auch einer Wirkungsabschwächung kommen, gelegentlich sogar zu einer qualitativen Änderung der Arzneimittelwirkung. Da sich Arzneimittel und Gifte, wie bereits festgestellt wurde, nicht grundsätzlich voneinander unterscheiden, sind derartige Interaktionen natürlich auch in der Toxikologie möglich und vor allem dann zu fürchten, wenn sich aus ihnen eine wechselseitige Wirkungsverstärkung, eine sogenannte Potenzierung der Giftwirkungen ergibt. Derartige Interaktionen sind insbesondere in der Gewerbetoxikologie von Bedeutung, wenn an einem Arbeitsplatz mehrere Schadstoffe (etwa in einem Lösungsmittelgemisch) zur Wirkung gelangen. In diesen Fällen muß die Frage der potentiellen Giftinteraktion im einzelnen durch Tierexperimente untersucht und abgeklärt werden. Die in der Arbeitsmedizin verwendeten MAK-Werte beziehen sich jedenfalls nur auf die jeweiligen Einzelsubstanzen und können, wenn mehrere Schadstoffe auf den Organismus gleichzeitig einwirken, nicht als verläßlich angesehen werden.

Natürlich ist es völlig unmöglich, alle potentiellen Schadstoffe im Tierexperiment auf ihre Wechselwirkungen zu testen; dies wird auch in Zukunft selbst bei noch so starker Ausweitung toxikologischer Arbeitsstätten niemals möglich sein. Gleiches trifft im übrigen auch für die Pharmakologie zu: Die Mehrzahl der heute bekannten Arzneimittelinteraktionen sind aus der klinischen Praxis, nur wenige aus dem Tierexperiment bekanntgeworden. In diesem Zusammenhang wird nun immer wieder die Ansicht vertreten, daß alle tierexperimentell-toxikologische Erkenntnis wertlos sei, da sie nicht die Vielfalt möglicher Wechselwirkungen berücksichtige, wie sie im normalen Leben durch die zusätzliche Einwirkung anderer Umweltgifte gegeben sei. Dieser fast schon stereotype Einwand beruht jedoch auf falschen Annahmen. Toxikologische Untersuchungen und Beobachtungen werden nämlich nicht auf einem fernen Stern durchgeführt, sondern auf dieser Erde an

Versuchstieren und Menschen, die unsere Luft atmen, unser Wasser trinken und eine aus natürlichen Quellen stammende Nahrung konsumieren. Sie sind also den gleichen zusätzlichen Umweltgiften und deren Wechselwirkungen mit dem untersuchten Stoff ausgesetzt wie wir alle; insofern besteht kein grundsätzlicher Unterschied zwischen den Tieren und Menschen, an denen toxikologische Untersuchungen vorgenommen oder Beobachtungen erhoben werden, und der übrigen Bevölkerung. Insbesondere bei den meist relativ niedrigen Schadstoffbelastungen ökologischer Natur haben toxische Interaktionen nicht die Bedeutung, die ihnen in der Öffentlichkeit zugemessen wird.

Die Grenzen toxikologischer Erkenntnis

Aus der Darstellung der Möglichkeiten toxikologischer Erkenntnis ergeben sich zwangsläufig ihre Grenzen.[13] Diese beruhen vor allem auf der einfachen Tatsache, daß sich die Unmöglichkeit eines Ereignisses, sofern dieses nicht elementaren Naturgesetzen widerspricht, niemals beweisen läßt. Die besonderen Schwierigkeiten bei der Erfassung und Bewertung karzinogener Risiken wurde bereits erläutert. Eine absolute Sicherheit im Sinne des völligen Ausschlusses einer Gefährdung kann deshalb der Toxikologe nicht bescheinigen. Wer dies fordert, verlangt Unmögliches. Vielmehr kann nur eine Unbedenklichkeit nach dem heutigen Stande des Wissens festgestellt werden. Dabei muß in jedem Einzelfalle das verbleibende und nicht auszuschließende Restrisiko mit den Nutzen der jeweiligen Substanz verglichen werden. Es ist offensichtlich, daß man bei einem lebensrettenden Medikament andere Risiken in Kauf nehmen kann und muß als etwa bei einem Lebensmittelfarbstoff. Was überhaupt nicht nützlich ist wie die Dioxine, sollte erst gar nicht produziert werden.

Daß bei einer solchen Nutzen-Risiko-Abschätzung gelegentlich auch ökonomische Faktoren berücksichtigt werden müssen, soll nicht verschwiegen werden. In einer kürzlich veröffentlichten Kosten-Nutzen-Analyse wurde berechnet, daß die Reduktion der in den USA derzeit in Erdnüssen zugelassenen Höchstmenge von 20 ppb Aflatoxin auf 15 ppb pro eventuell verhindertem Krebstodesfall durch vermehrte Qualitätskontrollen Kosten in Höhe von 60000 Dollar verursachen würde.[14] Diese von den Autoren der Untersuchung als akzeptabel angesehene Nutzen-Risiko-Relation erhöht sich aber auf 1,7 Millionen Dollar pro

Krebstodesfall, wenn eine Reduktion der Aflatoxin-Höchstmenge auf 10 oder 5 ppb vorgeschrieben würde. Betrachtet man das Elend und den Hunger in den Ländern der Dritten Welt, so erhebt sich die Frage, ob derart kostenaufwendige gesundheitsprophylaktische Maßnahmen den reichen Industrieländern, die allein sie sich überhaupt leisten können, heute noch ethisch erlaubt sind. Dürfen wir immer mehr Geld für die Steigerung unserer ohnehin schon hohen Lebenserwartung ausgeben oder müßten wir es nicht denen zukommen lassen, deren Lebenserwartung noch nicht einmal halb so groß ist wie die unsrige? Die Beantwortung dieser Frage ist jedoch eine politische Entscheidung, die nicht mehr in die Kompetenz des Wissenschaftlers fällt und für die er nur die zuverlässige Wissensgrundlage zu liefern hat.

2 Toxische Schwermetalle

Quecksilber – das schleichende Gift

Der in einem Landambulatorium der DDR tätige, 1926 geborene Zahnarzt Dr. K. fühlte sich seit 1955 oft unwohl, war ohne Grund häufig erregt und mehrere Nächte hindurch schlaflos. Er war zerschlagen und erschöpft, das Stehen am Zahnarztstuhl verursachte Ohrensausen und Schwindel. Gelegentlich traten schneidende Schmerzen im Oberbauch auf, oftmals auch ziehende Schmerzen in beiden Leisten, zusätzlich zunehmende Stirn-Schläfen-Kopfschmerzen. In den Jahren von 1956 bis 1958 nahm die Schlaflosigkeit zu, Angstzustände, Beengungsgefühl in der Brust, Appetitlosigkeit und ein Juckreiz am ganzen Körper ohne sichtbare Hauterscheinungen traten hinzu. 1959 war Dr. K. völlig gebrochen, er konnte kaum noch Schlaf finden und war bereits morgens völlig erschöpft. Für 14 Tage versuchte er sich selbst zu entfliehen und fuhr spontan zu einem in der näheren Umgebung wohnenden Freund, ohne daß sich an seinem Zustand etwas änderte. Eine unklare innere Angst und Schreckhaftigkeit veranlaßte ihn, jeden Umgang mit Menschen zu meiden, Begegnungen mit Bekannten und selbst mit seiner Ehefrau lösten bei ihm Befangenheit aus. Er wurde zunehmend vergeßlich, konnte sich nicht mehr konzentrieren, die Gedanken schweiften ständig ab. Er konnte schließlich nicht mehr lesen, da er über alles hinweglas und den Inhalt nicht mehr aufnahm. Auch die Sprachfähigkeit nahm ab, häufig fehlten ihm Wortbegriffe. Er fühlte sich ständig beobachtet, alles störte, häufig zitterten ihm die Hände so stark, daß er bei der Arbeit den Ellenbogen am Körper fixieren mußte. Libido und Potenz waren aufgehoben, es entwickelte sich eine Abneigung gegen alkoholische Getränke, schließlich wurde auch das Rauchen eingestellt. Die von einem befreundeten Arzt versuchte Behandlung mit Beruhigungs-

und Schlafmitteln sowie Psychopharmaka brachte in Verkennung der Ursache keine Änderung der Beschwerden. Im April 1960, d. h. also im Alter von 34 Jahren, hörte Dr. K. auf zu arbeiten. Erst zu diesem Zeitpunkt wurde nach Rücksprache mit der Medizinischen Universitätsklinik in Rostock die Möglichkeit einer Quecksilbervergiftung erwogen und diese durch den Nachweis einer erhöhten Quecksilberausscheidung im Urin diagnostisch gesichert. Ursache dieser Vergiftung war das unvorsichtige Hantieren mit Quecksilber bei der Herstellung von Kupfer- und Silberamalgam: in den Ritzen des gewachsten Dielenfußbodens der Praxis fanden sich massenhaft dicht nebeneinander liegende Quecksilberkugeln unterschiedlicher Größe, aus denen Quecksilber verdampft und zu einem hohen Gehalt an Quecksilber in der Luft des Arbeitsraumes geführt hatte. Die in der Praxis tätige Zahnarzthelferin erlitt eine ähnliche, allerdings schwächer ausgeprägte Quecksilbervergiftung. Beide, Zahnarzt und Helferin, konnten nach einer halbjährigen Kur ihre Arbeit wieder aufnehmen, litten aber noch lange an innerer Spannung, Schlaflosigkeit und zeitweilig auftretenden Kopfschmerzen.[1]

Dieser Fall einer chronischen Quecksilbervergiftung zeigt, daß selbst lange bekannte und in Lehrbüchern eingehend beschriebene Vergiftungen wie die durch Quecksilber übersehen werden, weil die behandelnden Ärzte nicht an ihre Möglichkeit denken. Quecksilber, das einzige bei Zimmertemperatur flüssige Metall, ist eigentlich gar nicht so toxisch; metallisches Quecksilber wurde früher in größeren Dosen gegen Darmverstopfung eingenommen, ohne daß Vergiftungserscheinungen auftraten. Dies ist darauf zurückzuführen, daß Quecksilber nicht durch die Schleimhaut des Magen-Darm-Kanals resorbiert wird. Hochgiftig sind aber die schon bei Zimmertemperatur freiwerdenden Quecksilberdämpfe, da diese durch die Lunge gut resorbiert werden und in den Körper gelangen. Sehr giftig sind auch zahlreiche, in Industrie und Gewerbe verwendete Quecksilberverbindungen wie das früher in der Medizin als Desinfektionsmittel verwendete Quecksilberchlorid (Sublimat) oder das als Saatbeizmittel benutzte Quecksilberoxyd.

Zielorgan der toxischen Quecksilberwirkung sind bei chronischer Exposition in erster Linie das zentrale und periphere Nervensystem, wie aus dem dargestellten Fall eindrücklich zu ersehen ist. Bei akuter Zufuhr stehen demgegenüber Schädigungen der Magen-Darm-

Schleimhaut und der Niere im Vordergrund. Vergiftungen in Zahnarztpraxen kommen heute infolge der apparativen Herstellung von Amalgam nur noch bei grober Unachtsamkeit vor, so etwa in einer amerikanischen Praxis durch das Verschütten von etwa 100 g Quecksilber unter einem Heißluftsterilisator.[2] Verschüttetes Quecksilber hat aber auch im häuslichen Bereich zu Vergiftungen geführt. Eine neue Quelle für Quecksilbervergiftungen stellen die heute viel verwendeten Minibatterien dar: Das in ihnen enthaltene Quecksilberoxyd kann unter der Einwirkung der Magensäure freigesetzt werden und unter Umständen zu tödlichen Vergiftungen führen. Besonders gefährdet sind natürlich Kleinkinder.

Von der Anwendung quecksilberhaltigen Silberamalgams als Füllungsmaterial in der Zahnheilkunde geht nach heutiger Kenntnis nicht die Gefahr einer Quecksilbervergiftung aus. Zwar werden Spuren von Quecksilber aus Amalgamfüllungen freigesetzt, diese Mengen sind jedoch weitaus geringer als diejenigen, die täglich mit der Nahrung aufgenommen werden. Gelegentlich können durch Kontakt von Amalgamplomben zu Füllungen oder Kronen aus anderen Legierungen galvanische Effekte auftreten, deren Krankheitswert allerdings umstritten ist.

Die Tragödie von Minamata

Am 21. April 1956 wurde in ein Krankenhaus der südjapanischen Hafenstadt Minamata ein sechsjähriges Mädchen mit einer Erkrankung des Nervensystems eingeliefert. Schon wenige Tage später mußte der Direktor dieses Krankenhauses der Gesundheitsbehörde mitteilen, daß in seinem Krankenhaus inzwischen vier Patienten mit unklaren nervalen Beschwerden in Behandlung seien. Einen Monat später wurde in Minamata ein Komitee eingesetzt, das Gegenmaßnahmen gegen die inzwischen als »Minamata-Erkrankung« bezeichnete, bisher unbekannte Nervenerkrankung ergreifen sollte; zu diesem Zeitpunkt waren es schon dreißig Krankheitsfälle. Die betroffenen Patienten litten insbesondere an Sehstörungen mit konzentrischer Einengung des Gesichtsfeldes, Empfindungsstörungen an Mund, Lippen, Zunge und Extremitäten, Gleichgewichtsstörungen, Schluckschwierigkeiten, zunehmender Interesselosigkeit für die Umgebung bis hin zu schwerster Apathie. Aggressive Ausbrüche wechselten mit depressiven Phasen,

Gedächtnisstörungen und groteske unkoordinierte Bewegungen kamen hinzu. Zunächst dachte man an eine Infektionskrankheit und isolierte die Patienten. Im November 1956 wurde dann erstmalig der Verdacht geäußert, daß es sich um eine Vergiftung handeln könnte. Man hatte nämlich inzwischen festgestellt, daß auch Katzen in Minamata Symptome einer Erkrankung des Nervensystems aufwiesen und zum Teil nach epileptiformen Anfällen verendet waren. Außerdem war es gelungen, an gesunden Katzen durch Verfütterung von Fischen, die in der Minamatabucht gefangen worden waren, die Symptome dieser »Katzentanz-Krankheit« auszulösen.[3]

Von offizieller Seite wurde daraufhin vor dem Genuß von Fischen und anderen Meerestieren aus der Minamatabucht gewarnt. Es dauerte dann allerdings noch fast fünf Jahre, bis eindeutig feststand, daß diese Erkrankung des Nervensystems auf eine Vergiftung durch eine organische Quecksilberverbindung, nämlich Methylquecksilberchlorid zurückzuführen war. Letzteres stammte aus den Abwässern einer chemischen Fabrik, die Quecksilber als Katalysator zur Herstellung von Acetaldehyd verwendete. Von 1932 bis 1986 waren 81 Tonnen Quecksilber mit dem Abwasser der Fabrik in das Meer geflossen, durch Mikroorganismen in organische Quecksilberverbindungen (vor allem Methylquecksilberchlorid) überführt worden, hatten sich in dieser Form in den Fischen angereichert und in der Bevölkerung, deren wichtigste Eiweißquelle der Fischkonsum darstellte, zu Vergiftungen geführt. Insgesamt wurden weit über hundert schwere Vergiftungsfälle beobachtet, von denen 46 tödlich endeten, darunter zehn Kinder und zwei Neugeborene. Die Zahl der nur leicht Geschädigten war erheblich größer. Einige Jahre später kam es zu einer ähnlichen Vergiftung in der japanischen Stadt Niigata; hier stammte das Quecksilber aus einer Fabrik, die es als Katalysator zur Produktion von Vinylchlorid verwendete.

Hamburg – ein zweites Minamata?

Am 3. Februar 1981 berichtete der Minister für Ernährung, Landwirtschaft und Forsten des Landes Schleswig-Holstein auf einer Pressekonferenz über die Ergebnisse von Schwermetallbestimmungen in Fischen aus norddeutschen Gewässern. Bei Fischen aus der Elbe war der nach der Quecksilberverordnung von 1975 zulässige Höchstwert von 1 mg

Quecksilber pro kg Fisch etwa in der Hälfte, bei den Aalen aus der Elbe sogar in 61 Prozent der untersuchten Proben überschritten; diese Fische waren somit zum menschlichen Verzehr ungeeignet. Aufgrund dieser Untersuchungsergebnisse blockierten Fischer in Hamburg die Schiffahrt auf der Elbe, um auf die für sie existenzbedrohende Verschmutzung des Flusses hinzuweisen und Gegenmaßnahmen zu fordern.

Minamata, Niigata und Hamburg sind Beispiele dafür, daß die Verschmutzung unserer Umwelt durch Quecksilber ein weltweites Problem darstellt. Es fragt sich, ob Schädigungen der Gesundheit durch ökologische Quecksilberbelastung in der Bundesrepublik Deutschland bereits aufgetreten oder in Zukunft zu erwarten sind. Hierzu müssen wir wissen, von welcher Dosis ab die Aufnahme von Quecksilber als toxikologisch bedenklich anzusehen ist. Mit der Frage dieser toxischen Grenzdosis hat sich die Weltgesundheitsorganisation im Falle von Quecksilber, Blei und Cadmium eingehend auseinandergesetzt. Sie brauchte sich dabei nicht, wie dies sonst bei derartigen Fragestellungen meist nötig ist, allein auf die Ergebnisse von Tierexperimenten zu verlassen, sondern konnte sich auf die Erfahrungen an Menschen stützen. Quecksilber, Blei und Cadmium sind nämlich in ihrem toxikologischen Wirkprofil aus der Gewerbemedizin seit langem bekannt. Auf der Grundlage humanmedizinischer Erfahrungen hat die WHO nun tolerable (zumutbare) wöchentliche Aufnahmemengen für diese drei Schwermetalle festgelegt, die sich auf einen 70 kg schweren Erwachsenen beziehen und als vorläufig, das heißt also durch neuere Erkenntnisse korrigierbar, anzusehen sind (Tabelle 1). Wenn wir diese Dosen als vorläufig verbindlich ansehen wollen, und es gibt keinen triftigen Grund, dies nicht zu tun, dann konzentriert sich unser Problem auf die

Tabelle 1 Toxische Grenzdosen für Schwermetalle

Element	Vorläufig tolerable Aufnahmemenge für einen 70 kg schweren Erwachsenen*	
	wöchentlich	täglich
Quecksilber (Hg)	0,35 mg	0,05 mg
Blei (Pb)	3,5 mg	0,5 mg
Cadmium (Cd)	0,525 mg	0,075 mg

* Empfohlen vom FAO/WHO Expert Committee on Food Additives (WHO Technical Report, Series No 505, Genf 1972).

Frage, ob und gegebenenfalls wo und wodurch diese als tolerabel anzusehenden Höchstmengen überschritten werden.

Quecksilber in Lebensmitteln

Bei Quecksilber erfolgt die ökologische Belastung nahezu ausschließlich durch die Nahrung; die Aufnahme über Luft und Wasser ist demgegenüber minimal und quantitativ zu vernachlässigen. Somit reduziert sich das Problem der Umweltbelastung durch Quecksilber auf die Frage, wieviel wir von diesem Metall mit den Lebensmitteln aufnehmen. Diese Frage beantwortet Tabelle 2, die eine Zusammenstellung von mehreren tausend Untersuchungsbefunden über Quecksilberkonzentrationen in Lebensmitteln darstellt, wie sie 1979 und 1984 von der Zentralen Erfassungs- und Bewertungsstelle für Umweltchemikalien des Bundesgesundheitsamtes veröffentlicht wurden.[4, 5, 6] Betrachten wir zunächst die arithmetischen Mittelwerte dieser Analysen. Die mit Abstand höchsten Quecksilberkonzentrationen wurden in Süßwasser- und Seefischen, in Fischerzeugnissen und in Schweinenieren festgestellt (0,128 bis 0,257 mg/kg). Relativ hohe Konzentrationen fanden sich auch in Rindernieren und Schweinelebern. Außerdem können bestimmte wildwachsende Pilze, insbesondere Champignons und Steinpilze, Quecksilber anreichern; es wurden hier Konzentrationen bis maximal 7 mg/kg festgestellt[7]. Die Quecksilberkonzentrationen in allen anderen Lebensmitteln lagen demgegenüber um mehrere Zehnerpotenzen niedriger.

Sind nun diese Konzentrationen toxikologisch bedenklich? Hierauf geben die in der dritten Spalte von Tabelle 2 aufgeführten *Richtwerte* Auskunft. Bei ihnen handelt es sich um Grenzkonzentrationen, die vom Bundesgesundheitsamt auf der Grundlage der tolerablen Aufnahmemengen gemäß WHO (Tabelle 1) einerseits und der Verzehrmenge des jeweiligen Lebensmittels andererseits festgelegt wurden. Diese Richtwerte haben bisher nur empfehlenden Charakter und keine Gesetzeskraft. Bei ihrer Überschreitung sollte zwar von den Verantwortlichen nach dem Grund des überhöhten Gehaltes recherchiert werden, das betroffene Lebensmittel ist jedoch nicht automatisch zu beanstanden und aus dem Verkehr zu ziehen. Nur bei bestimmten Fischen und Fischprodukten gibt es nach der Quecksilberverordnung von 1975 eine Grenzkonzentration von 1 mg/kg, die nicht überschritten werden darf;

Tabelle 2 Quecksilberkonzentrationen in Lebensmitteln der Bundesrepublik Deutschland. Nach Käferstein und Mitarbeitern[4] sowie Weigert und Mitarbeitern[5].

Lebensmittel bzw. Lebensmittelgruppe	Anzahl der untersuchten Proben	Arithmetisches Mittel ($\overline{x}$)[1] mg/kg bzw. mg/l	Richtwerte 1979[1] mg/kg bzw. mg/l	Perzentil[2]
Hühnereier	59	0,011	0,03	94
Rind-/Kalbfleisch	637	0,003	0,02	99
Schweinefleisch	585	0,006	0,05	98
Rinder-/Kalbsleber	747	0,015	0,1	96
Schweineleber	589	0,058	0,1	89
Süßwasserfisch	855	0,257	1,0[3]	96[4]
Seefisch	903	0,128	1,0[3]	99[4]
Fischerzeugnisse	946	0,189	1,0[3]	96[4]
Blattgemüse	129	0,004	–	–
Sproßgemüse	31	0,003	–	–
Fruchtgemüse	62	0,003	–[5]	–[5]
Kernobst	104	0,002	–	–
Steinobst	44	0,001	–	–
Beerenobst	35	0,002	–	–
Getreide	162	0,004	0,03	99
Kartoffeln	17	0,006	0,02	100
Trinkwasser	47	0,0003	0,004[6]	
Milch	1538	0,009		
Schweineniere	408	0,246		
Rinderniere	558	0,077		
Kalbsniere	98	0,014		

1 Werte berechnet als Gesamtelement, bezogen auf die zum Verzehr bestimmten Teile der Lebensmittel in der Angebotsform.
2 Prozentualer Anteil der Stichprobe, der unterhalb des Richtwertes liegt.
3 Höchstmenge nach Quecksilber-Verordnung.
4 Die Perzentile entsprechen jeweils einem Gehalt von 0,8 mg/kg.
5 Da die Gehalte in der Nähe der geräteabhängigen Nachweisgrenze liegen, wird hier auf Perzentil- und Richtwertangabe verzichtet.
6 Höchstmenge nach Trinkwasser-Verordnung.

gleiches gilt nach der Trinkwasserverordnung auch für Trinkwasser, wobei hier der Grenzwert auf 0,004 mg/l festgesetzt wurde.

Die Prozentzahlen der letzten Spalte von Tabelle 2 geben nun an, wieviel Prozent der untersuchten Lebensmittelproben in ihrer Quecksilberkonzentration unterhalb des jeweiligen Richtwertes lagen. Bei der Schweineleber waren es 89 Prozent, bei den übrigen Lebensmitteln 94–99 Prozent, beim Trinkwasser sogar 100 Prozent. Aus diesen Daten ließ sich berechnen, daß in der Bundesrepublik Deutschland derzeit über Lebensmittel und Wasser nur etwa ein Drittel der nach WHO-Beschluß tolerablen Aufnahmemenge an Quecksilber tatsächlich aufgenommen wird.[4] Zu einem vergleichbaren Ergebnis kommt der Ernährungsbericht 1984 der Deutschen Gesellschaft für Ernährung[6]: Die durchschnittliche wöchentliche Aufnahme von Quecksilber beträgt in der Bundesrepublik 0,11 mg (= 32 Prozent der nach WHO duldbaren Wochendosis von 0,35 mg).

Die Belastung der Elbe

Von einer allgemeinen Umweltgefährdung durch Quecksilber kann also bei uns derzeit nicht die Rede sein. Die bei den Elbfischen festgestellte Überschreitung der zulässigen Quecksilberhöchstkonzentration stellt offensichtlich ein lokales Problem dar; denn bei rund 400 untersuchten Fischen aus anderen Gewässern Schleswig-Holsteins wie Eider, Nord-Ostsee-Kanal, Schlei, Trave, Wakenitz und 48 Binnenseen wurde in keinem einzigen Falle eine Überschreitung des Quecksilberhöchstwertes festgestellt; die Konzentrationen lagen vielmehr mit 0,2 bis 0,3 mg/kg in dem heute international üblichen Normbereich. Auch die überwiegende Mehrzahl, nämlich 99,4 Prozent der in der Nordsee gefangenen Fische wiesen einen Quecksilbergehalt auf, der weit unter dem Grenzwert von 1 mg/kg liegt.

Wo kommen nun die hohen Quecksilberkonzentrationen in den Elbfischen her? Quecksilber wird gewerblich in großem Umfang eingesetzt, bei der Chlor-Soda-Elektrolyse, als Katalysator chemischer Reaktionen, bei der Herstellung technischer Apparate, die Quecksilber enthalten, sowie auch bei der Herstellung von Farbstoffen und Schädlingsbekämpfungsmitteln. Nach dem Bericht der interministeriellen Projektgruppe Umweltchemikalien[8] dürfte die Umweltbelastung durch Quecksilber in der Bundesrepublik auf jährlich rund 300 Tonnen zu veranschlagen sein; hinzu kommen noch die in Stein- und Braunkohle enthaltenen Quecksilbermengen, die bei deren Verbrennung in die Umwelt gelangen.

Nun entfällt aber nur etwa ein Sechstel des Elbeinzugsgebietes auf die Bundesrepublik, die Hälfte dagegen auf die DDR und das restliche Drittel auf die ČSSR. Die Arbeitsgemeinschaft für die Reinhaltung der Elbe der Länder Hamburg, Niedersachsen und Schleswig-Holstein hat umfangreiche Schwermetalluntersuchungen im Elbabschnitt von Schnackenburg bis zur Nordsee vorgenommen und diese 1980 veröffentlicht.[9] Diese Untersuchungen erstreckten sich auf den Schwermetallgehalt des Elbwassers, der Elbsedimente sowie eines Elbfisches, nämlich der Brasse. Brassen wurden deshalb gewählt, weil sie im Gegensatz zu anderen Fischarten verhältnismäßig ortstreu sind und nur einen Aktionsradius von etwa zehn Kilometern haben. Diese Untersuchungen ergaben, daß die Elbe mit einer erheblichen Schwermetallfracht belastet ist. Besonders hohe Werte wurden im Bereich zwischen Schnackenburg und Hamburg gemessen, was auf eine erhebliche Vorbelastung aus den Gebieten außerhalb der Bundesrepublik hinweist. Es wurde ermittelt, daß im Durchschnitt rund 70 kg Quecksilber täglich die Grenze zwischen der DDR und der Bundesrepublik passieren.

Der natürliche Gehalt an Quecksilber im Sediment von Flüssen ohne Umweltbelastung liegt unter 2 mg/kg; die Elbe weist demgegenüber in ihrem Sediment Quecksilberkonzentrationen bis zu 40 mg/kg auf und ist somit in die Gruppe der stark quecksilberbelasteten Gewässer einzustufen. Interessanterweise sind nun die Quecksilberkonzentrationen in den Sedimenten oberhalb Hamburgs und im Hamburger Hafen erheblich höher als im Bereich der Unterelbe. Entsprechend wiesen die aus dem hochbelasteten Elbabschnitt oberhalb von Hamburg stammenden Brassen deutlich höhere Quecksilbergehalte auf als die Fische aus der Unterelbe. Besonders hohe Werte wurden an den Stationen Altengamme, Lauenburg und Bleckede gemessen.[9] Alle diese Befunde bestätigen, daß die Quecksilberbelastung der Elbe, die einen toxikologisch durchaus bedenklichen Umfang angenommen hat, in erster Linie von Anrainern außerhalb der Bundesrepublik verursacht wird und dementsprechend nur durch internationale Verhandlungen beeinflußt werden kann.

Quecksilbervergiftung durch Fische?

Natürlich können nicht alle zum Verzehr bestimmten Fische vorher auf ihren Quecksilbergehalt untersucht werden. Man muß deshalb davon ausgehen, daß gelegentlich auch Fische mit einem Quecksilbergehalt oberhalb der erlaubten Grenze von 1 mg/kg in den Handel kommen und verzehrt werden. Müssen wir deshalb bei uns mit Schädigungen wie in Minamata rechnen?

Zunächst ist festzustellen, daß die Quecksilberkonzentrationen der Fische im Bereich von Minamata seinerzeit zwischen 10 und 30 mg/kg lagen. Demgegenüber wurde in den Elbaalen als höchstes eine Konzentration von 2,86 mg/kg festgestellt. Weiterhin ernährt sich die Bevölkerung Japans vor allem in Küstennähe in einem Umfange einseitig mit Fisch, wie dies in der Bundesrepublik nirgends der Fall ist. Schließlich kennen wir aufgrund der Erfahrungen in Minamata die Mengen an organischem Quecksilber, die bei andauernder Zufuhr toxikologische Auswirkungen für den Menschen haben. Für eine toxische Schädigung ist die tägliche Aufnahme von etwa 1 mg Methylquecksilber über 100 Tage erforderlich; dies ist das Zwanzigfache der von der WHO als vorläufig tolerabel angesehenen Quecksilberaufnahmemenge. Wer ein Pfund Fisch mit einem Quecksilbergehalt von 2 mg/kg ißt, nimmt 1 mg Quecksilber auf; er müßte dies also über ein Vierteljahr täglich ohne Unterbrechung tun, um sich eine Quecksilbervergiftung zuzuziehen. Solche einseite Ernährung kommt aber bei uns nicht vor; beim Aal dürfte dem auch der hohe Preis dieses Fisches entgegenstehen. Andererseits ist aufgrund der dargestellten Daten mit Sicherheit auszuschließen, daß die einmalige oder gelegentliche Überschreitung der duldbaren Aufnahmemengen zu einer Quecksilbervergiftung führt. Quecksilbervergiftungen durch Fischgenuß sind somit bei uns nicht zu erwarten. Im übrigen hat sich durch die Maßnahmen zur Verminderung der Quecksilberemission die Belastung in manchen Flüssen in den letzten Jahren deutlich verringert.[6]

Bleivergiftung – dem Messer des Chirurgen knapp entgangen

Der 23jährige Drogist K. wurde im April 1971 wegen starker, kolikartiger Bauchschmerzen, hartnäckiger Verstopfung sowie Übelkeit und Erbrechen in die chirurgische Abteilung eines bayerischen Krankenhauses eingewiesen. Es bestand aufgrund dieser Symptomatik der berechtigte Verdacht auf das Vorliegen einer Appendicitis (sogenannte Blinddarmentzündung). Da die Diagnose jedoch nicht eindeutig war, wurde von einer Operation Abstand genommen und der Patient zur Klärung der Diagnose auf die innere Abteilung verlegt. Man entdeckte jedoch auch hier keinen krankhaften Befund, der die Beschwerden des Patienten erklären konnte. Der Patient wurde entlassen, kam jedoch bereits acht Wochen später wiederum wegen heftiger rechtsseitiger Bauchschmerzen zur stationären Aufnahme. Bei der internistischen Durchuntersuchung fand sich nunmehr ein Hinweis auf eine Störung im Stoffwechsel der Porphyrine, bei denen es sich um Vorstufen des roten Blutfarbstoffs Hämoglobin handelt. Damit ergab sich der Verdacht auf eine Bleivergiftung, die dann durch den Nachweis erhöhter Serum-Bleispiegel gesichert wurde. Die Untersuchung der Berufstätigkeit des Patienten ergab, daß dieser seit etwa einem halben Jahr in einem Kunststoffröhrenwerk als Kunststoffmischer tätig war. In einer Mischanlage wurden dem als Rohstoff verwendeten PVC-Pulver basisches Bleisulfat und basisches Bleistearat zugesetzt. Eine Gesichtsschutzmaske wurde trotz werksärztlicher Vorschrift in der Regel nicht getragen.[10]

Wie aus diesem Fall hervorgeht, ist die Muskulatur des Magen-Darm-Kanals ein Zielorgan der toxischen Wirkung von Blei. Sie reagiert mit einem erhöhten Kontraktionszustand und schmerzhaften Krämpfen, was als Ausdruck einer Blinddarmentzündung oder auch eines Gallensteinleidens angesehen werden und zu überflüssigen und natürlich erfolglosen Operationen führen kann. Eine andere toxische Wirkung des Bleis beruht auf einer Hemmung von Fermenten, die für die Synthese des roten Blutfarbstoffs Hämoglobin erforderlich sind; hieraus kann eine schwere Blutarmut (Anämie) mit morphologischen Veränderungen der Erythrozyten (basophile Tüpfelung der roten Blutkörperchen) resultieren. Schließlich schädigt Blei, wie alle anderen Schwermetalle, auch das Nervensystem unter besonderer Bevorzugung der motorischen Nervenzellen, was zu Lähmungen führen kann; erstes Symptom der beginnenden Schädigung ist gewöhnlich eine Streckschwäche der Hand. In schweren Fällen kann Blei auch zu einer Schädigung des Gehirns führen, als deren Ausdruck anfangs Schlaflosigkeit trotz großer Müdigkeit und starke Kopfschmerzen in Erscheinung treten. Später kommen Schwindel und schlechte Merkfähigkeit, psychische Veränderungen oder Depressionen hinzu. Im Endstadium können epileptiforme Krampfanfälle auftreten. Das kindliche Gehirn ist gegenüber dieser Blei-Encephalopathie besonders empfindlich: Typisch sind plötzliche schwere Krampfanfälle bei Kindern, die vorher nie Krampferscheinungen gezeigt hatten; diese Anfälle können auch tödlich enden.

Giftiger noch als das metallische Blei sind seine Verbindungen und Salze, die in großem Umfange gewerblich, zum Beispiel als Rostschutzmittel (Mennige), Farben (Bleiweiß, Bleichromat) oder als Bestandteil von Firnis- und Bleikitt (Bleiglätte) zur Anwendung gelangen. In etwa 150 verschiedenen Berufen besteht Kontakt zu Blei oder Bleiverbindungen. Deshalb ist Blei auch heute noch eine der wichtigsten Ursachen von gewerblichen Vergiftungen: Allein in der Bundesrepublik wurden von 1961 bis 1970 5643 Fälle von Vergiftungen durch Blei oder seine Verbindungen gemeldet! Besonders gefährdet sind Arbeiter in Bleihütten und Bleigießereien, in Akkumulatoren-, Bleisalz- und Bleifarbenfabriken sowie in der Glas- und Automobilindustrie. An eine Bleiexposition ist auch zu denken, wenn alte Materialien bearbeitet werden, also etwa beim Abwracken von Schiffsteilen, die mit dem bleihaltigen Rostschutzmittel Mennige gestrichen wurden, oder beim Abkratzen bleihaltiger Anstriche mit Stahlbürsten. Dagegen ist die klassische Bleivergiftung des Buchdruckers, Maschinensetzers oder Malers wegen veränderter Techniken und verbesserter Hygienevorschriften seit mehreren Jahren nicht mehr beobachtet worden.

Gefährliches Trinkwasser

Bleivergiftungen können aber auch außerhalb des gewerblichen Bereiches vorkommen. Eine wichtige Quelle ist bleihaltiges Trinkwasser. So kam es 1930 in Leipzig zu einer Massenvergiftung durch Verwendung von neuen Trinkwasserrohren aus Blei, an deren Innenwand sich noch keine Schutzschicht aus schwerlöslichem Bleisulfat und Bleikarbonat gebildet hatte. Aber auch in älteren Bleirohren mit schon vorhander Schutzschicht kann es durch lange Verweilzeit, Wärme und saure Wasserbestandteile zur Herauslösung erheblicher Bleimengen kommen. Obwohl in Deutschland seit 1935 Bleirohre für Trink- und Brauchwasserleitungen wegen Rohstoffmangel kaum mehr verlegt worden sind und dieses schon vorher in Württemberg, Oldenburg und Hessen verboten war, ist in älteren Häusern immer noch mit bleihaltigen Trinkwasserrohren zu rechnen. Bei einer Untersuchung in Berlin[11] fand man im Trinkwasser von Häusern, die vor dem Ersten Weltkrieg gebaut worden waren, bei der ersten morgendlichen Entnahme nach nächtlicher Ruhe Bleikonzentrationen bis zu 0,28 mg/l, was dem Siebenfachen der Höchstmenge von 0,04 mg/l der Trinkwasserverordnung entspricht. Allerdings verringerten sich diese Werte nach zehnminütigem Ablaufenlassen auf Werte unter 0,05 mg/l (Mittelwert 0,02 mg/l).

Vergiftungen sind allerdings durch derartige Konzentrationen nur zu erwarten, wenn aus besonderen Gründen (zum Beispiel durch ärztliche Verordnung) ständig übermäßig große Wassermengen getrunken werden. Auf jeden Fall ist es empfehlenswert, in älteren Häusern das Leitungswasser vor der Benutzung zu Trink- oder Kochzwecken erst länger ablaufen zu lassen, damit das durch die Stagnation gelöste Blei herausgespült wird.

Tod aus dem Tonkrug

Eine andere potentielle Gefahrenquelle sind Keramiken mit bleihaltigen Glasuren, aus denen sauer reagierende Flüssigkeiten wie Wein und Essig erhebliche Bleimengen herauslösen können. Während in der Bundesrepublik die Verwendung von Blei in Glasuren eingeschränkt ist und die Freisetzung von Blei aus Steinguterzeugnissen, die für die Aufnahme von Lebensmitteln vorgesehen sind, durch die Lebensmitteluntersuchungsämter kontrolliert wird, ist dies im Ausland keineswegs immer der Fall. So kann man insbesondere in nordafrikanischen Staaten sowie in Spanien und Portugal nach wie vor solche Blei freisetzenden Steinguterzeugnisse erwerben. Bei einem achtjährigen Jungen aus Köln, bei dem Ermüdungserscheinungen, Appetitlosigkeit und Magenbeschwerden auftraten und klinisch eine leichte Bleivergiftung diagnostiziert wurde, war ein aus einem südlichen Urlaubsland mitgebrachter Steingutkrug, in dem die Eltern Tee für das Kind aufbewahrten, als Ursache der Vergiftung festgestellt worden.[12] Sehr viel tragischer verlief folgender Fall:

Der zweijährige Knabe J. L. aus Montreal in Kanada erkrankte an Übelkeit und Erbrechen, ohne daß er aber fieberte. Der zugezogene Arzt diagnostizierte eine Magenschleimhautentzündung und empfahl Ruhe sowie reichliche Flüssigkeitszufuhr. Es kam jedoch zu keiner Besserung, vielmehr bemerkten die Eltern eine zunehmende Appetitlosigkeit und Lethargie sowie eine Erhöhung der Reizbarkeit bei ihrem Kind. Nach dreiwöchiger Krankheitsdauer wurde dieses schließlich in ein Vorortkrankenhaus von Montreal in komatösem Zustand eingeliefert. Im Blutbild des Kindes wurde eine Anämie mit basophiler Tüpfelung der roten Blutkörperchen festgestellt, beides Hinweise auf eine Bleivergiftung. Am nächsten Tage kam es zu einem epilepti-

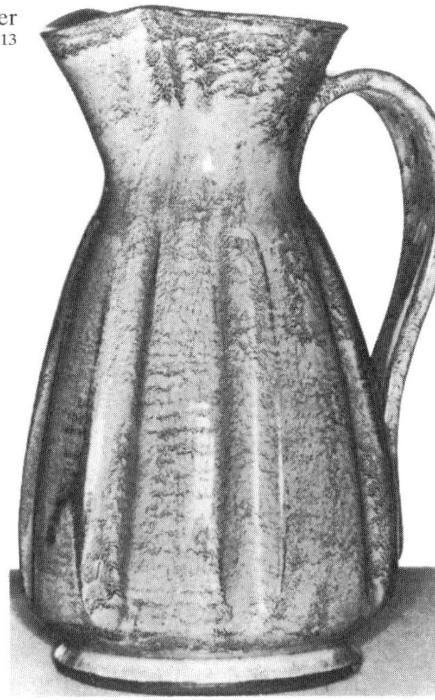

Der kunstgewerbliche Tonkrug, in dem der todbringende Apfelsaft aufbewahrt wurde.[13]

schen Anfall, nach dem das Kind in tiefe Bewußtlosigkeit verfiel. Es wurde nunmehr in die Universitäts-Kinderklinik von Montreal verlegt, wo die Diagnose einer Bleivergiftung durch den Nachweis einer auf das Hundertfache des Normalwertes erhöhten Bleikonzentration im Urin gesichert wurde. Trotz einer sofort eingeleiteten Entgiftungsbehandlung starb der Junge nach drei Tagen. Der vier Jahre alte Bruder wies die gleichen Krankheitserscheinungen auf, jedoch in leichterer Form. Er überlebte und konnte nach der Entgiftungsbehandlung aus dem Krankenhaus entlassen werden. Vergiftungsquelle war ein kunstgewerblicher Tonkrug, in dem Apfelsaft für die Kinder aufbewahrt wurde, den diese, verstärkt noch durch den Rat des behandelnden Arztes, in großen Mengen getrunken hatten. Nach nur dreistündiger Aufbewahrung in diesem Krug enthielt der Apfelsaft 157 mg/l Blei, nach dreitägiger Aufbewahrung sogar 1300 mg/l (zum Vergleich: Die vom BGA vorgeschlagene Maximalkonzentration von Blei in Fruchtsäften beträgt 0,2 mg/l). Bei einer aufgrund dieses Vergiftungsfalles durchgeführten Untersuchung von insgesamt 264 Steinguterzeugnissen setzten mehr als 50 Prozent toxische Konzentrationen von Blei frei, und bei 10 Prozent von ihnen war die Bleiabgabe so hoch, daß sie durchaus zu schweren und auch tödlichen Vergiftungen hätte führen können. In Kanada bestand, zumindest 1970, keine gesetzliche Regelung über den Bleigehalt von Glasuren.[13]

Kinder sind besonders empfindlich

In Deutschland ist die Verwendung von Farben mit einem Bleigehalt von mehr als 2 Prozent für Innenanstriche bereits seit 1930 verboten. Innenanstriche sind somit nicht mehr Ursache häuslicher Bleivergiftungen. In den USA, wo es ein derartiges Verbot nicht gibt, kommt es nach wie vor auf diesem Wege bei Kleinkindern zu Tausenden von Vergiftungen. Ursache ist das insbesondere unter schlechten sozialen Verhältnissen und bei zurückgebliebenen Kindern häufige Pica-Syndrom (lateinisch *pica:* die Elster), unter dem die zwanghafte Aufnahme von nicht eßbaren Stoffen zu verstehen ist. Tritt dieses Krankheitsbild in Slums mit abblätternden bleihaltigen Anstrichen auf, kommt es zu einer Bleivergiftung.

Kinder sind gegenüber der toxischen Wirkung von Blei besonders empfindlich. Blei passiert die Plazenta und kann so bereits vorgeburtlich auf die Entwicklung des embryonalen Gehirns einwirken. Hinzu kommt, daß die Resorption von Blei aus dem Magen-Darm-Kanal bei Kindern größer als bei Erwachsenen ist und ferner die Blut-Hirn-Schranke bei ihnen auch noch nicht voll entwickelt ist, so daß Blei direkt auf das Zentralnervensystem einwirken kann. Insbesondere in der angloamerikanischen Literatur liegen mehrere Untersuchungen vor, in denen der Einfluß nur mäßig erhöhter Bleikonzentrationen, die man bisher nicht als toxikologisch bedenklich angesehen hat, auf die Intelligenz und das Verhalten von Kindern untersucht wurden.[14] In einigen dieser Untersuchungen wurden tatsächlich Intelligenzminderungen oder Verhaltensauffälligkeiten (wie Ablenkbarkeit, Verträumtheit und Zerstreutheit) in Abhängigkeit von der Bleikonzentration im Blut festgestellt; andere Untersuchungen konnten dies freilich nicht bestätigen. Die Schwierigkeit bei der Beurteilung solcher Ergebnisse liegt darin, daß die Bleiaufnahme in erheblichem Umfange durch das soziale und familiäre Umfeld bedingt ist, etwa durch die geringere Beachtung der Hygiene oder aber durch schlechtere Wohnverhältnisse mit abblätterndem bleihaltigem Wandanstrich. Für die geistige und psychische Entwicklung ist aber das soziale und familiäre Umfeld von großer Bedeutung. Insofern könnte die bei einigen Untersuchungen festgestellte Beziehung zwischen dem Blut-Bleigehalt und niedrigerer Intelligenz beziehungsweise häufigeren Verhaltensstörungen ihre gemeinsame Ursache in sozialen Faktoren haben, so daß der Bleigehalt für die neuropsychologischen Funktionsstörungen nicht kausal verantwortlich wäre.[15]

Blei als Umweltgift

Durch die Industrialisierung und die Zunahme des Autoverkehrs ist es zu einer ständigen Erhöhung der Bleikonzentrationen unserer Umwelt gekommen, die sich auch heute noch fortsetzt. Derzeit werden jährlich etwa 450 Millionen Tonnen Blei von Menschenhand in die Umwelt emittiert, während es nur 25 Millionen Tonnen auf natürlichem Wege sind. Ursache dieser weltweiten Bleiverschmutzung sind zu etwa 60 Prozent die Abgase der Verbrennungsmotoren, da den meisten Kraftstoffen nach wie vor Bleitetraäthyl als Antiklopfmittel zugesetzt wird. Daneben sind als Ursache der Bleiverschmutzung die Eisen- und Stahlproduktion, die Verarbeitung von Blei selbst sowie die Kohle- und Heizölverbrennung zu nennen.

Die Bleikonzentration in der Luft ist von dieser Bleiverschmutzung besonders betroffen. Der atmosphärische Bleigehalt liegt heute pro Kubikmeter in ländlichen Gebieten meist unter einem Mikrogramm (1 µg), beträgt dagegen in Städten bis 3 µg und erreicht an verkehrsreichen Straßen Werte zwischen 20 und 40 µg. Die tägliche Bleiaufnahme über die Atemluft beträgt bei einer Bleikonzentration von 2 $\mu g/m^3$, die in der Bundesrepublik derzeit noch vielerorts angenommen werden muß, 40 µg, von denen etwa 30 bis 50 Prozent resorbiert werden.[16] Wenn der Bleigehalt der Luft 2 $\mu g/m^3$ dauernd überschreitet, kommt es zu einem meßbaren Anstieg der Blutbleispiegel. So stieg nach einem dreistündigen Aufenthalt an einer verkehrsreichen Kreuzung in der Innenstadt Bochums der Bleigehalt im Blut von 44 Probanden auf das Doppelte an (im Mittel von 122 auf 262 µg/l).[17] Entsprechend wurde bei einer Untersuchung von 29 Verkehrspolizisten Münchens eine 34prozentige Erhöhung der Blutbleispiegel gegenüber dem Durchschnitt der Bevölkerung gefunden.[18]

Die Luft ist aber nicht die einzige Quelle der ökologischen Bleibelastung. Zusätzlich nehmen wir nämlich mit den Lebensmitteln und mit dem Trinkwasser Blei auf, wobei dieses allerdings nur zu 5 bis 10 Prozent resorbiert wird. Die Bleibelastung über Nahrung und Wasser beträgt in der Bundesrepublik derzeit im Durchschnitt 1,03 mg/Woche, also etwa 150 µg/Tag.[6] Dies ist knapp ein Drittel der von der Weltgesundheitsorganisation (WHO) als zulässig angesehenen Höchstmenge.

Tabelle 3 Bleikonzentrationen in Lebensmitteln der Bundesrepublik Deutschland. Nach Käferstein und Mitarbeitern[4] sowie Weigert und Mitarbeitern[5].

Lebensmittel bzw. Lebensmittelgruppe	Anzahl der untersuchten Proben	Arithmetisches Mittel ($\overline{x}$)[1] mg/kg bzw. mg/l	Richtwerte 1979[1] mg/kg bzw. mg/l	Perzentil[2]
Milch	339	0,019	0,05	96
Hühnereier	266	0,074	0,2	96
Rind-/Kalbfleisch	1266	0,070	0,3	97
Schweinefleisch	814	0,061	0,3	99
Rinder-/Kalbsleber	1452	0,278	0,8	96
Schweineleber	706	0,149	0,8	98
Süßwasserfisch	409	0,124	0,5	98
Blattgemüse	275	0,620	1,2	88
Sproßgemüse	42	0,101	1,2	100
Fruchtgemüse	103	0,120	0,2	90
Wurzelgemüse	81	0,205	0,5	95
Kernobst	176	0,171	0,5	90
Steinobst	65	0,142	0,5	99
Beerenobst	85	0,245	0,5	85
Fruchtsäfte	157	0,057	0,2	99
Getreide	98	0,041	0,5	99
Kartoffeln	193	0,075	0,2	96
Wein	471	0,173	0,3[3]	
Trinkwasser	329	0,009	0,04[4]	
Schweineniere	499	0,076		
Rinderniere	1045	0,635		
Kalbsniere	194	0,243		
Gemüsekonserven	235	0,289		
Tomatenmark	160	2,620		
Obstkonserven	435	0,473		

1 Werte berechnet als Gesamtelement, bezogen auf die zum Verzehr bestimmten Teile der Lebensmittel in der Angebotsform.
2 Prozentualer Anteil der Stichprobe, der unterhalb des Richtwertes liegt.
3 Höchstmenge nach Wein-Verordnung.
4 Höchstmenge nach Trinkwasser-Verordnung.

Betrachtet man die in den Lebensmitteln der Bundesrepublik gemessenen Bleikonzentrationen (Tabelle 3), so findet man besonders hohe Werte einerseits in Innereien (Rinder- und Kalbsleber sowie in -nieren), gleich hohe und zum Teil noch höhere Konzentrationen aber in nahezu allen Gemüsearten, insbesondere in Blattgemüse, und speziell auch in Tomatenmark. Die vom Bundesgesundheitsamt (BGA) festgelegten Richtwerte wurden am häufigsten, nämlich in 15 Prozent der untersuchten Fälle, bei Beerenobst überschritten. Interessant ist in diesem Zusammenhang auch der Bleibericht des Senats der Hansestadt Bremen vom März 1981, in dem über Ergebnisse von Bleiuntersuchungen aus Kleingärten in der Nähe von Verkehrswegen berichtet wird.[19] Die vom BGA vorgeschriebenen Richtwerte wurden bei Grünkohl, Tomaten, Rote Beete, Kartoffeln und vor allem Obst häufig überschritten. So betrug etwa der Mittelwert der Bleikonzentration bei Pflaumen 10,3 mg/kg, was eine zwanzigfache Überschreitung des Richtwertes von 0,5 mg/kg bedeutet! Als Hauptkontaminationsquelle wird der Kraftfahrzeug- und Luftverkehr angesehen; der Verzehr des in diesen Kleingärten geernteten Obstes wird wegen der Bleikonzentration in diesem Bericht mit Recht als bedenklich bezeichnet.

Die starke Bleikontamination der Umwelt hat den Gesetzgeber in vielen Ländern veranlaßt, die Bleiemission aus Kraftfahrzeugen einzuschränken. So wurde in der Bundesrepublik der zulässige Bleigehalt im Benzin durch das Benzin-Blei-Gesetz ab 1976 von 0,4 auf 0,15 g/l vermindert. Diese Maßnahmen zeigen erfreulicherweise erste Erfolge. So ging bereits Ende 1976 die atmosphärische Bleikonzentration in der Innenstadt von Frankfurt um 65 Prozent zurück. In den USA fiel von 1976 bis 1980 der durchschnittliche Bleispiegel im Blut um 37 Prozent[20], und in einer 1985 vorgenommenen Untersuchung an Berliner Schulkindern wurde ein Rückgang der Blutbleispiegel gegenüber 1976 von durchschnittlich 120 auf 70 µg/l festgestellt.[21] Es kann erwartet werden, daß sich dieser erfreuliche Trend durch die gesteigerte Verwendung bleifreien Benzins noch fortsetzen wird.

Cadmium als Arbeitsgift

Cadmium ist ein weißes Metall, das in der Natur in Verbindung mit Zink vorkommt. Da es gut verformbar und korrosionsbeständig ist, wird es zunehmend bei der galvanischen Oberflächenveredelung von anderen Metallen eingesetzt. Außerdem findet es bei der Produktion von Trockenbatterien sowie als Bestandteil verschiedener Metallegierungen Verwendung. Der Hauptanteil wird jedoch in der Kunststoffindustrie als Stabilisator und für die Herstellung hochtemperaturbeständiger Farbpigmente verwendet. Etwa ein Achtel der Weltproduktion von Cadmium entfällt auf die Bundesrepublik (etwa 2400 Tonnen jährlich).

Cadmium ist ein seit langem bekanntes Gewerbegift. Gefährdung besteht vor allem bei der Verhüttung cadmiumhaltiger Erze, bei der Akkumulatorenproduktion sowie beim Schweißen und Brennschneiden cadmierter Metalle, da hierbei dampfförmiges Cadmiumoxyd entsteht. Eine akute Cadmiumvergiftung kann durch Einatmen von Cadmiumdämpfen entstehen; die Symptome beruhen vor allem auf einer Reizung der Atemwege, bei der sich eine Bronchitis, eine Lungenentzündung oder gelegentlich auch das gefürchtete Lungenödem entwickeln kann.

Bei Aufnahme über den Magen-Darm-Kanal, wie sie etwa durch Speisen oder Getränke aus cadmiumhaltigen Behältern möglich ist, kann es vornehmlich zu Übelkeit, Erbrechen und Durchfall kommen. Vor einigen Jahren wurde eine solche Vergiftung bei Schulkindern in Schweden beobachtet, die Fruchtsaft getrunken hatten, der in einem Getränkeautomaten mit verzinkten, cadmiumhaltigen Blechen in Berührung gekommen war.[22]

Bei chronischer Exposition über die Luft sind entzündliche Reizzustände der Atemwege in Form des Cadmiumschnupfens bis hin zu Geschwüren der Nasenschleimhaut möglich. Im Laufe der Zeit kann sich auch ein Lungenemphysem entwickeln. Ein weiteres charakteristisches Symptom ist eine Gelbfärbung der Zahnhälse durch ausfallendes Cadmiumsulfid.

Das wichtigste Zielorgan der chronischen Cadmiumvergiftung aber ist die Niere: In ihr akkumuliert Cadmium mit der Folge einer zunehmenden Schädigung, die mit einer Eiweißausscheidung im Urin einhergeht und in schwereren Fällen in einem völligen Nierenversagen mit einer Harnvergiftung (Urämie) enden kann. Gewerbliche Cadmiumvergiftungen sind heute selten geworden; so wurden 1976 in der Bundesrepublik nur sechs Fälle gemeldet.

Die Itai-Itai-Krankheit

Eine Sonderform chronischer Cadmiumvergiftung ist die nach dem Zweiten Weltkrieg in Japan beobachtete Itai-Itai-Krankheit. Sie trat in der Nähe von Cadmium-Zink-Minen auf und war darauf zurückzuführen, daß cadmiumhaltige Abwässer in die Flüsse geleitet und mit ihnen Reisfelder bewässert wurden. Es handelte sich um eine Knochenerweichung (Osteomalazie) mit sehr schmerzhaften Deformationen und Spontanfrakturen der Knochen. Die tägliche Aufnahme von Cadmium betrug in diesen Gebieten etwa 600 μg mit der Nahrung und 1 mg mit dem Wasser; das ist mehr als das Zwanzigfache der von der WHO als zumutbar bezeichneten Aufnahmemenge (Tabelle 1, S. 48). Betroffen waren von dieser Erkrankung fast ausschließlich Frauen, die zahlreiche Geburten hinter sich hatten. Man vermutet, daß neben der übermäßigen Zufuhr von Cadmium auch ein Mangel an Calcium und Vitamin D für diese Krankheit verantwortlich gewesen ist.

Cadmium wird außerdem verdächtigt, Bluthochdruck und Arteriosklerose auszulösen, die Ergebnisse sind aber in dieser Hinsicht keinesfalls eindeutig. Die im Tierversuch festgestellten embryotoxischen und teratogenen Wirkungen von Cadmium konnten bisher am Menschen nicht bestätigt werden, sollten aber zur Vorsicht veranlassen. Gleiches gilt auch für die nachgewiesene Wirkung von Cadmium in verschiedenen Mutagenitätstesten. Schließlich ist Cadmium im Tierexperiment ein eindeutiges Karzinogen: Injektionen von pulverisiertem Cadmium oder von Cadmiumsalzen führten an der Injektionsstelle zu bösartigen Geschwülsten des Bindegewebes (Sarkomen), außerdem entfernt von der Injektionsstelle auch zu Tumoren der männlichen Keimdrüsen.[23] Im gewerblichen Bereich wurde nach Cadmiumexposition ein gehäuftes Auftreten von Prostata- und Lungenkrebs beobachtet, was allerdings von anderen Autoren nicht bestätigt wurde.

Die Cadmiumbelastung der Umwelt

Durch die weltweite vielseitige Anwendung von Cadmium ist es zu einer gesteigerten Verschmutzung unserer Umwelt mit diesem toxischen Metall gekommen. Man schätzt, daß in der Bundesrepublik durch industrielle Hochtemperaturprozesse bei der Eisen-, Stahl- und Nichteisenverhüttung sowie durch Feuerungs- und Müllverbrennungsanlagen jährlich etwa 90 Tonnen Cadmium in die Luft emittiert werden. 160 Tonnen Cadmium fallen aus dem Klärschlamm der Abwässer an. Eine weitere Quelle der Cadmiumverunreinigung sind cadmiumhaltige Phosphatdünger, über die in der Bundesrepublik jährlich etwa 65 Tonnen Cadmium in die Böden gelangen.[24] Aus diesen gelangt Cadmium dann, begünstigt durch den sauren Regen, in die Pflanzen und damit in die Nahrungskette des Menschen.

Tabelle 4 Cadmiumkonzentrationen in Lebensmitteln der Bundesrepublik Deutschland. Nach Käferstein und Mitarbeitern[4] sowie Weigert und Mitarbeitern[5].

Lebensmittel bzw. Lebensmittelgruppe	Anzahl der untersuchten Proben	Arithmetisches Mittel ($\overline{x}$)[1] mg/kg bzw. mg/l	Richtwerte 1979[1] mg/kg bzw. mg/l	Perzentil[2]
Milch	121	0,001	0,0025	98
Hühnereier	302	0,024	0,05	95
Rind-/Kalbfleisch	1242	0,016	0,1	99
Schweinefleisch	812	0,009	0,1	100
Rinder-/Kalbsleber	1453	0,127	0,5	98
Schweineleber	798	0,165	0,8	98
Süßwasserfisch	349	0,020	0,05	97
Blattgemüse	266	0,044	0,1	91
Sproßgemüse	38	0,019	0,1	100
Fruchtgemüse	92	0,020	0,1	96
Wurzelgemüse	79	0,023	0,05	94
Kernobst	150	0,010	0,05	97
Steinobst	62	0,014	0,05	92
Beerenobst	82	0,018	0,05	94
Fruchtsäfte	148	0,007	0,02	100
Getreide	574	0,035	0,1	90
Kartoffeln	188	0,050	0,1	94
Wein	139	0,003	0,1[3]	
Trinkwasser	270	0,001	0,006[4]	
Schweineniere	577	0,691		
Rinderniere	1070	0,619		
Kalbsniere	194	0,128		
Spinat	94	0,232		
Sellerie	88	0,675		

1 Werte berechnet als Gesamtelement, bezogen auf die zum Verzehr bestimmten Teile der Lebensmittel in der Angebotsform.

2 Prozentualer Anteil der Stichprobe, der unterhalb des Richtwertes liegt.

3 Höchstmenge nach Wein-Verordnung.

4 Höchstmenge nach Trinkwasser-Verordnung.

Für die ökologische Umweltbelastung durch Cadmium sind in allererster Linie die Lebensmittel verantwortlich; die Aufnahme mit dem Wasser und der Luft spielt dagegen, sofern nicht lokal eine besondere industrielle Verschmutzung vorliegt, eine untergeordnete Rolle. Die tägliche Cadmiumaufnahme in der Bundesrepublik wird unterschiedlich eingeschätzt. Die in der Literatur angegebenen Werte reichen von 20 bis zu 60 µg pro Tag für einen Erwachsenen[25], 35 µg sind es nach einer Hochrechnung des Bundesgesundheitsamtes[5], was 46 Prozent des WHO-Grenzwertes entspricht. In den USA liegen die Schätzungen zwischen 20 und 70 µg täglich.[26]

Bei Lebensmitteln (Tabelle 4) findet man die höchste Cadmiumkonzentration in Innereien (Niere und Leber), aber auch mit allen pflanzlichen Nahrungsmitteln wird Cadmium in gewisser Menge aufgenommen, wobei Sellerie und Spinat besonders hoch belastet sind. Am häufigsten wurden die Richtwerte bei Getreide überschritten. In diesem Zusammenhang ist darauf hinzuweisen, daß mit Klärschlamm gedüngtes Getreide und Obst besonders hohe Cadmiumwerte aufweisen kann, was in Hamburg dazu führte, daß die Richtwerte überschritten wurden und das betroffene Getreide für den menschlichen Genuß nicht mehr geeignet war. Eine Sondersituation hinsichtlich des Cadmiumgehaltes nehmen, ebenso wie beim Quecksilber, wiederum bestimmte Pilze ein. Der Anischampignon und der Schafchampignon enthalten außerordentlich große Cadmiummengen: Schon beim Genuß von 130 g dieser Pilze kann der von der WHO angegebene tolerable Wochen-Grenzwert von 0,525 mg erreicht werden. Allerdings kann man die Cadmiumaufnahme aus diesen Pilzen wesentlich vermindern, indem man die Lamellen entfernt.

Eine erhebliche zusätzliche Cadmiumbelastung stellt das Rauchen dar. Mit dem Rauch einer Zigarette werden zwischen 0,1 und 0,2 µg Cadmium aufgenommen. Da hiervon zwischen 10 und 50 Prozent resorbiert werden, während die Resorptionsquote über den Magen-Darm-Trakt nur zwischen 3 und 8 Prozent liegt, kann das Rauchen von 20 Zigaretten die tägliche Cadmiumbelastung verdoppeln! Kürzlich von Claus-Peter Siegers veröffentlichte Untersuchungen[27] zeigen, daß Cadmium auch über die Plazenta auf das Kind im Mutterleib übergeht. Die Cadmiumkonzentration im embryonalen Fruchtwasser lag nämlich bei Raucherinnen dreimal höher als bei Nichtraucherinnen!

Nierenschädigung durch ökologische Cadmiumbelastung?

Das in den Organismus aufgenommene Cadmium kann von diesem über Niere und Darm nur in einer Höchstmenge von 1 µg täglich ausgeschieden werden. Da jedoch unter den heutigen Verhältnissen mehr als diese Menge in den Organismus gelangt, kommt es zu einer Anreicherung im Körper, von der insbesondere Leber und Niere betroffen sind. Weltweite Studien haben gezeigt, daß der Cadmiumgehalt in diesen Organen im Laufe des Lebens kontinuierlich ansteigt und etwa im 50. Lebensjahr sein Maximum erreicht. Als Folge der zunehmenden Cadmiumbelastung liegen die Cadmiumkonzentrationen der Nierenrinde heute um zehn- bis hundertmal höher als vor etwa 50 Jahren!

Störungen der Nierenfunktion treten auf, sofern die Cadmiumkonzentration in der Nierenrinde 200 µg/g überschreitet. Untersuchungen der Cadmiumkonzentrationen in der Nierenrinde Verstorbener, die in München unternommen wurden, ergaben in den meisten Fällen Konzentrationen unter 100 µg/g, jedoch lag der Maximalwert in dieser Untersuchung über 200 µg/g.[28] Aufgrund dieser Untersuchungen muß auch in Deutschland bei einem (allerdings kleinen) Teil der Bevölkerung mit Cadmiumwerten von über 200 µg/g in der Nierenrinde gerechnet werden, zumal München mit Cadmium weniger belastet sein dürfte als manche Stadt etwa im Ruhrgebiet.

Eine Untersuchung aus Belgien an älteren Frauen ergab, daß diese, sofern sie sich seit ihrer Geburt hauptsächlich in Lüttich, einer durch Schwermetalle relativ stark belasteten Region, aufgehalten hatten, häufiger Anzeichen von Nierenfunktionsstörungen zeigten als Frauen aus dem weniger mit Cadmium belasteten Charleroi.[29] Die Autoren dieser Untersuchung nehmen an, daß in europäischen Industriegebieten durch Cadmium altersabhängige Nierenfunktionsstörungen auch bei Personen ohne berufsbedingte Schwermetallbelastung auftreten können. In einer ähnlich angelegten Studie aus der Bundesrepublik wurde dieser Befund zwar nicht bestätigt; möglicherweise handelte es sich hier aber bei den untersuchten Frauen um ein zu junges Kollektiv.[28] Es sollten deshalb in cadmiumbelasteten Gebieten weitere gezielte Untersuchungen an älteren Personen unternommen werden, um zu klären, ob cadmiumbedingte Nierenfunktionsstörungen vorliegen oder nicht. In jedem Falle ist aber zu fordern, daß eine weitere Zunahme der ökologischen Belastung durch Cadmium verhindert wird.

Arsen: König der Gifte

Die Ehefrau H. S. erkrankte wenige Stunden, nachdem sie eine Tasse selbst zubereiteten Tees getrunken hatte, an Leibschmerzen, starkem Erbrechen und Durchfall. Am nächsten Morgen waren die Erscheinungen abgeklungen. Ohne Verdacht zu schöpfen, trank die Frau mittags noch einmal eine Tasse desselben Teeaufgusses. Fast plötzlich setzten erneute heftige Bauchschmerzen, Erbrechen, Durchfall, Kopfschmerzen und zeitweilig sogar Bewußtlosigkeit ein. Sie äußerte nunmehr gegenüber ihrem Ehemann den Verdacht, daß die Krankheitserscheinungen nur durch den Teegenuß hervorgerufen sein könnten, worauf der Ehemann zur Klärung der Ursache dieser Erkrankung eine Tasse desselben Aufgusses zu sich nahm. Nach kurzer Zeit stellten sich bei ihm dieselben Symptome ein, allerdings nicht in so heftigem Ausmaß. Hierauf sandte das Ehepaar Proben des Teeaufgusses sowie die aufgegossenen Teeblätter zur Untersuchung. Es fand sich darin in reichlicher Menge Arsen, während ein Päckchen noch nicht gebrauchter Teeblätter arsenfrei war. Die Ermittlungen ergaben, daß im Haushalt in der fraglichen Zeit ein von einem Kammerjäger gekauftes, für den Menschen angeblich völlig unschädliches Gift zur Vernichtung von Ratten und Wühlmäusen angewendet worden war. Ein Rest dieses Giftes wurde daraufhin ebenfalls übersandt. Es bestand aus einem Mehlgemisch mit einem Arsengehalt von 26 Prozent. Wie das Arsen in den Tee oder die Teekanne gekommen war, konnte nicht geklärt werden.[30]

Dies ist der typische Verlauf einer freilich relativ leicht und glimpflich abgelaufenen Arsenvergiftung. Arsen ist in seinen Verbindungen giftig, von denen das Arsentrioxid (Arsenik, As_2O_3) als tausendfaches Mordmittel in der Geschichte der Menschheit eine traurige Berühmtheit erlangt hat. Der bekannte Berliner Toxikologe Louis Lewin schreibt in seinem Standardwerk »Die Gifte in der Weltgeschichte«[31]: »Die in der Weltgeschichte bekanntgewordenen systematischen Vergiftungen kleinen und großen Stils sind fast immer mit Arsenverbindungen, vor allem dem Hüttenrauch, dem Arsenik bewerkstelligt worden. Dahin gehören z. B. die Gifte am byzantinischen Hof, das Gift der Borgia, die Aqua Toffana, das Gift der Marquise von Brinvilliers ... Die 1831 hingerichtete Giftmischerin Gottfried tötete mit Arsenik 15 Menschen und machte damit 15 Mordversuche, und die von der Linden tötete in 14 Jahren, von 1869 bis 1883, 23 Menschen und machte überdies 50 Mordversuche mit Arsenik. Unendlich viel Qualen und Leiden haben diejenigen ertragen müssen, die Arsenik aus dieser Welt herausgezwungen hat!« Arsenik wurde deshalb als »König der Gifte« bezeichnet.

Die verbreitete Anwendung von Arsenik als Mordwaffe beruhte in erster Linie darauf, daß es sich bei ihm um ein geruch- und geschmackloses Pulver handelt, das leicht mit Zucker, Mehl oder anderen Speisen vermengt und auf diese Weise unbemerkt beigebracht werden kann. Da Magen-Darm-Infektionen infolge der unzureichenden Lebensmittelhygiene sowieso sehr häufig waren, konnten die nach Aufnahme von Arsenik auftretenden Erscheinungen von solchen natürlichen Erkrankungen nicht eindeutig unterschieden werden. Erst nachdem Arsen ab der Mitte des vorigen Jahrhunderts chemisch nachgewiesen werden konnte, nahmen die Arsenmorde ab. In Japan kam es in den fünfziger Jahren unseres Jahrhunderts aber noch zu einer Massenvergiftung von 12131 Kindern mit 130 Todesfällen durch Milchpulver, das bei der Herstellung versehentlich mit Arsen vermischt worden war.

Das Erscheinungsbild einer Vergiftung durch Arsenik und andere Arsenverbindungen besteht bei akuter Aufnahme, wie aus dem dargestellten Fall ersichtlich, in einer heftigen Reizung des Magen-Darm-Kanals (Gastroenteritis) mit Übelkeit, Erbrechen und starken, reiswasserähnlichen Durchfällen. Das Krankheitsbild ähnelt der Cholera, und nach hohen Dosen kann es innerhalb kurzer Zeit durch die schweren Wasser- und Elektrolytverluste zum Kreislaufschock und zum Tode kommen. Wird die akute Vergiftung überlebt, so kann sich eine Entzündung des peripheren Nervensystems (Polyneuritis), eine Entzündung der Haut (exfoliative Dermatitis) oder eine Leberschädigung anschließen. Die chronische Vergiftung dagegen beginnt schleichend mit uncharakteristischen Allgemeinsymptomen wie Appetitlosigkeit, Gewichtsabnahme und zunehmender Schwäche und nur gelegentlichem Erbrechen und Durchfall. Infolge einer Gefäßschädigung können Lid- und Knöchelödeme auftreten. Charakteristischer sind dann die erst nach längerer Zeit auftretenden Veränderungen der Haut in Form von netzförmigen Hautpigmentationen (Arsen-Melanose) und einer vermehrten Hornhautbildung (Hyperkeratose) an Handtellern und Fußsohlen, die bis zu einem halben Zentimeter dick und durch Einrisse sehr schmerzhaft sein können. Auch Haarausfall und Störungen des Nagelwachstums mit einer Querstreifung der Nägel (Meessche

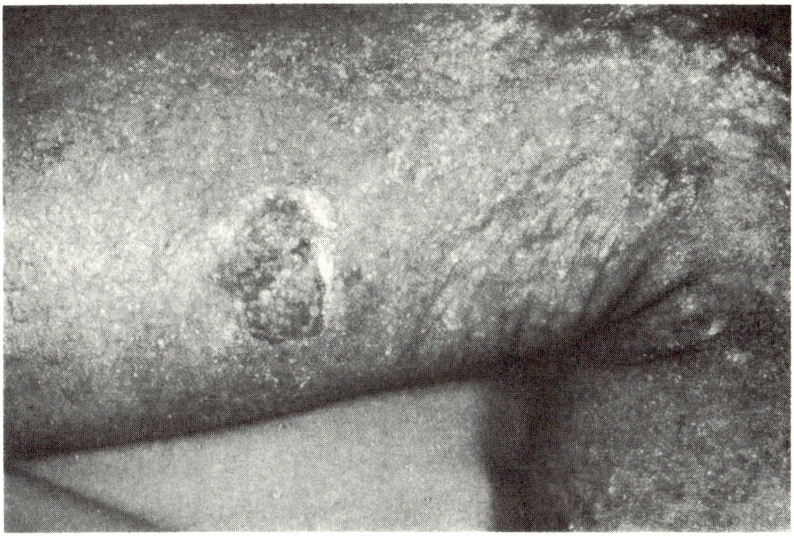

Hautkrebs nach Behandlung mit einem arsenhaltigen Mittel gegen Schuppenflechte.

Bänder) können auftreten. Ein weiteres, relativ typisches Symptom ist die Schädigung des peripheren Nervensystems (Arsen-Polyneuritis) mit heftigen Schmerzen und an den Extremitäten beginnenden, zentralwärts fortschreitenden Empfindungsstörungen und Lähmungen. Auch eine Schädigung des Gehirns (Arsen-Enzephalopathie) mit Kopfschmerzen und Krampfanfällen ist möglich. Als Spätfolge können die Veränderungen in der Haut in Krebs übergehen (Arsen-Krebs), außerdem kann Leber- und Lungenkrebs entstehen.

Arsenverbindungen wurden früher als Arzneimittel zur Bekämpfung von Protozoeninfektionen sowie auch als Pflanzenschutz- und Schädlingsbekämpfungsmittel beim Anbau von Wein, Obst, Baumwolle und Kaffee eingesetzt. Beides ist heute, zumindest in Europa, überholt. In Deutschland wurde die Anwendung von Arsen im Weinbau bereits 1942, in der Bundesrepublik der Einsatz arsenhaltiger Schädlingsbekämpfungsmittel vollständig 1974 verboten. Gewerblich ist eine Exposition in Erzhütten, die arsenhaltige Metalle verarbeiten, in der Metallurgie sowie bei der Glasherstellung möglich. Berufsbedingte Arsenvergiftungen sind aber aufgrund vorsichtiger Handhabung heute äußerst selten; 1976 gab es nur vier gemeldete Fälle.

Krebs durch ökologische Arsenbelastung?

Arsen gehört zu den wenigen (etwa 30) Stoffen, von denen wir wissen, daß sie beim Menschen Krebs auslösen können. Dies wurde bereits 1820 durch den englischen Arzt Paris entdeckt, der eine krebsartige Erkrankung des Scrotums bei Arbeitern in einer Kupferschmelze beobachtete. Bis zum gesetzlichen Verbot arsenhaltiger Schädlingsbekämpfungsmittel war die chronische Arsenvergiftung eine häufige Berufskrankheit der Winzer. Ein gehäuftes Auftreten von Krebs wurde auch nach der medizinischen Anwendung anorganischer Arsensalze und in Gegenden beobachtet, in denen die Arsenkonzentrationen in Luft und Wasser, meist durch die Emissionen von Metallschmelzen, höher als normal waren. Gibt es nun darüber hinaus auch ein ökologisches Krebsrisiko durch Arsen?

Arsen ist ein natürlicher Bestandteil der Erdkruste, kommt in allen Böden, deshalb auch in Luft, Wasser und Lebensmitteln, in kleinsten Mengen vor. Zusätzliche künstliche Emissionen ergeben sich aus der Kohleverbrennung sowie der industriellen Verwendung von Arsenverbindungen. Die Aufnahme von Arsen durch den Menschen erfolgt hauptsächlich über Nahrungsmittel und Trinkwasser und wird in der Bundesrepublik auf täglich 40 bis 110 μg geschätzt, wovon höchstens 10 μg auf das Trinkwasser entfallen.[32, 33] Bei den Lebensmitteln[5] findet sich der höchste Arsengehalt in Seefischen, Fischwaren und Krustentieren (zwischen 0,5 und 1,6 mg/kg), während alle übrigen hierauf untersuchten Lebensmittel Arsen nur in erheblich niedrigerer Konzentration enthalten (0,01 bis 0,09 mg/kg). Es liegen keine Anhaltspunkte dafür vor, daß diese Arsenmengen für den Menschen ein toxisches Risiko darstellen. Weiterhin steigt die Arsenkonzentration in der Umwelt, von einigen lokal belasteten Regionen abgesehen, nicht an. Insofern stellt Arsen derzeit keine allgemeine ökologische Gefahr dar.

Thallium – beinahe nicht erkannte Giftmorde

Eine 32jährige verheiratete Frau aus Mittelfranken lebte mit ihrer 70jährigen Mutter im gleichen Hause Tür an Tür. Sie fürchtete, für ihren Bruder sorgen zu müssen, falls ihre alte Mutter sterbe und entschloß sich deshalb, diesen zu töten. Als die Mutter Anfang November 1961 ihrer Tochter sagte, daß sie am nächsten Tage Blaukraut kochen wolle, fuhr diese in die nächste Kleinstadt und besorgte sich dort einige Tuben des aus Thalliumsulfat bestehenden Rattengiftes Zelio-Paste. Sie wollte die dem Gift beigemischte blaue Warnfarbe in der dunklen Farbe des Blaukrautes unsichtbar machen, was ihr auch gelang. Nach dem Genuß des Blaukrauts stellten sich bei dem Sohn erhebliche Schmerzen in der Magengegend, bei der Mutter in Waden und Fußsohlen ein. Mitte November 1961 kam es bei beiden zum Haarausfall. Der Sohn wurde vom 14. bis 29. 12. 1961 im Kreiskrankenhaus und die Mutter von ihrem Hausarzt behandelt, ohne daß bei beiden die richtige Diagnose gestellt worden wäre. Nach der Entlassung des Bruders aus dem Krankenhaus besorgte sich die Täterin erneut eine Tube Zelio-Paste, die sie dann am 3. 1. 62 wieder dem Inhalt eines Topfes Blaukraut beimengte. Die Mutter bekam erneut sehr starke Schmerzen in den Füßen und starb am 10. 1. 62. Der Sohn war an den Beinen vollkommen gelähmt, lag wie seine Mutter verkrampft im Bett mit angezogenen Beinen und starb am 17. 1. 62. Der behandelnde Arzt bescheinigte in beiden Fällen einen natürlichen Tod, und die polizeilichen Ermittlungen wurden erst durch Gerüchte eingeleitet. Die gerichtliche Sektion ergab dann anhand der pathologisch-histologischen Veränderungen sowie des Nachweises von Thallium in den Geweben der Verstorbenen die Diagnose einer Thalliumvergiftung. Die Täterin wurde zu lebenslangem Zuchthaus wegen Mordes verurteilt.[34]

Dieser Fall liegt mehr als ein Vierteljahrhundert zurück. Man müßte eigentlich annehmen, daß das relativ typische Krankheitsbild dieser Vergiftung heute besser bekannt ist und nicht erst vom Gerichtsmediziner, sondern schon vom behandelnden Arzt erkannt wird. Daß dem offensichtlich nicht so ist, zeigt eine kriminelle Vergiftung mit Thallium Ende 1982.[35] Ein 42jähriger Patient wurde wegen kolikartiger Leibschmerzen und Verstopfung drei Wochen lang in einem Krankenhaus stationär behandelt. Obwohl ihm während des Krankenhausaufenthaltes zunehmend die Haare ausfielen, wurde Thalliumvergiftung nicht in Erwägung gezogen; erst in einem zweiten Krankenhaus konnte dann die richtige Diagnose gestellt werden. Die Kriminalpolizei fand heraus, daß die Ehefrau dem Patienten über längere Zeiträume Thalliumsulfat ins Essen gemischt hatte.

Thalliumverbindungen finden Verwendung in der chemischen Industrie sowie zur Herstellung optischer Gläser, photoelektrischer Zellen, bei Leuchtanstrichen und Feuerwerkskörpern. Jedoch sind gewerbliche Vergiftungen eine Rarität (ein angezeigter Fall 1978). Thalliumsulfat wird nach wie vor in gewissem Umfange als Rattengift eingesetzt, im Handel sind neben der bereits genannten Zelio-Giftpaste auch Zelio-Giftkörner. Die Vergiftungserscheinungen setzen meist erst einige Tage nach der Aufnahme ein und sind, wie bei anderen Schwermetallvergiftungen auch, durch kolikartige Leibschmerzen und hartnäckige Verstopfung einerseits sowie durch eine schwere Schädigung der peripheren Nervensystems mit Empfindungsstörungen, schwersten Schmerzen und später auch motorischen Lähmungen andererseits gekennzeichnet. Auch das Zentralnervensystem und das Herz werden geschädigt. Relativ typisch aber ist Haarausfall, der sich etwa zwei bis drei Wochen nach Giftaufnahme zeigt. Anfänglich lassen sich die Kopfhaare nur leichter ausreißen, dann fallen sie büschelweise aus bis zur völligen Kahlheit. Die Haare wachsen nach, wenn die Vergiftung überstanden wird. Infolge einer Störung des Nagelwachstums kommt es in der dritten bis vierten Woche zu halbmondförmigen weißen Querstreifen an den Nägeln, die bis zu drei Monaten sichtbar bleiben.

Jeder unklare Haarausfall und jede unklare Schädigung des peripheren Nervensystems (Polyneuropathie) sollte an eine Thalliumvergiftung denken lassen.

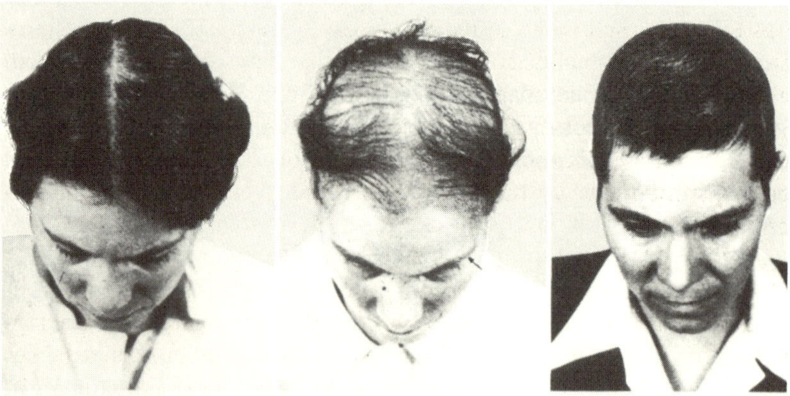

Haarausfall nach einer Thalliumvergiftung. Von links: am 20. Tag, am 36. Tag und dreieinhalb Monate nach der Erkrankung.

3 Tödliche Gase

Kohlenmonoxyd: Vergiftungen in Wohnung und Kirche

Der 67jährige Chemiker Dr. A. befand sich noch in einem recht guten Zustand, er war geistig rege und in vollem Besitz seiner Chemiekenntnisse. Anfang Januar 1946 wurde er zusammen mit seiner Frau in bewußtlosem Zustand in seiner Wohnung aufgefunden. Ursache hierfür war, daß sich der Bewohner in der Etage unterhalb mit Leuchtgas das Leben genommen hatte. Das ausströmende Gas war durch den Boden in die darüberliegende Wohnung eingedrungen und hatte das Ehepaar schwer vergiftet. Die Frau des Chemikers schwebte mehrere Tage in Lebensgefahr, erholte sich dann aber wieder. Der Chemiker selber war schwerer betroffen und erwachte erst nach drei Tagen aus der Bewußtlosigkeit. Im weiteren Verlauf bot er das Bild einer schweren organischen Gehirnstörung: Er interessierte sich nicht für die Umgebung, erinnerte sich nicht mehr an seine frühere Berufsarbeit, konnte keine einzige chemische Formel mehr reproduzieren. Er mußte gefüttert und angezogen werden wie ein Kind und verhielt sich völlig negativistisch. Dieser Zustand blieb unverändert bestehen, der vorher gesunde Patient wurde zu einem Dauerpflegefall.[1]

Ursache dieser schweren, zu einer Dauerschädigung führenden Vergiftung war das im Leuchtgas zu etwa 10 Prozent enthaltene Kohlenmonoxyd (CO). Dieses Gas hat die verhängnisvolle Eigenschaft, geruchlos, geschmacklos und farblos zu sein; es besitzt also keine Warnwirkung. Es ist etwas leichter als Luft und hat darüber hinaus ein großes Diffusionsvermögen, so daß es, wie aus dem beschriebenen Fall zu ersehen ist, Decken und Wände ohne weiteres durchdringen kann. Kohlenmonoxyd entsteht bei der unvollständigen, unter Sauerstoffmangel oder oberhalb 1000 °C ablaufenden Verbrennung kohlenstoffhaltiger Substanzen. Während es in reiner Form nur in chemischen Laboratorien und chemischen Fabriken vorkommt, enthalten viele technisch wichtige Gase hohe Konzentrationen an CO, so das durch Überleitung von Wasserdampf über glühende Kohlen hergestellte, technisch wichtige Wassergas 50 Prozent, die Gichtgase der Hochöfen 30 Prozent, Kohlenschwelgase 10 bis 15 Prozent, Autoauspuffgase im Leerlauf 4 bis 11 Prozent und in voller Fahrt immer noch 1 bis 5 Prozent. Eine wichtige Quelle war früher auch das Leuchtgas mit einem CO-Gehalt von etwa 10 Prozent. Das heute an seiner Stelle meist verwendete Stadtgas besteht zwar aus dem nahezu CO-freien Erdgas, aber auch aus ihm kann sich infolge ungenügender Luftzufuhr, etwa bei zu großen Kochtöpfen, Kohlenmonoxyd bilden. Ganz allgemein besteht bei jeder Verbrennung mit unzureichender Luftzufuhr die Gefahr einer CO-Vergiftung. Hierfür ein anschauliches Beispiel:

Am 26. April 1936 fand in der Kirche von Lögstör in Dänemark ein Nachmittagsgottesdienst statt. Die Kirche war wegen des Abendmahls der Konfirmanden außerordentlich stark besucht und die Ventilation sehr mangelhaft. Es erregte deshalb kein größeres Aufsehen, daß eine 70jährige Frau in Ohnmacht fiel und hinausgetragen wurde. Kurz danach fing ein kleines Mädchen an zu erbrechen und wurde bewußtlos. Danach fielen vier von den Konfirmanden in Ohnmacht und mußten ebenfalls aus der Kirche gebracht werden. Der Kirchendiener war sich jetzt endlich darüber klar geworden, daß die Luft in der Kirche schlecht war und machte die Tür auf, um Zugwind hervorzubringen. Dennoch wurden ständig weitere Kirchengäste ohnmächtig. Der Pfarrer hingegen setzte unbekümmert den Gottesdienst fort, trotz zunehmender Unruhe der Versammelten und Weinen der Kinder. Das Orgelspiel verstummte plötzlich, da die Organistin ebenfalls in Ohnmacht fiel. Auch der Kirchenchor verstummte: Zwei Sänger begannen zu erbrechen, und die übrigen hörten mit dem Singen auf. Der Gottesdienst wurde dessen ungeachtet ohne Orgel und Chorgesang programmgemäß zu Ende geführt, und erst jetzt verließen die Kirchgänger in fast panikartiger Eile die Kirche. Die Mehrzahl klagte über Kopfschmerzen, Übelkeit und Brechreiz; mehrere konnten nicht allein nach Hause gehen und mußten im Laufe des Nachmittags ärztliche Hilfe in Anspruch nehmen. Im ganzen kamen 15 bis 20 Ohnmachtsfälle vor, die von kürzerer oder längerer Bewußtlosigkeit begleitet waren; Aufnahme ins Krankenhaus war aber nur in einem Falle notwendig. Die Vergiftungen hinterließen keine dauernden Beschwerden. Das Kohlenmonoxyd rührte von der Heizungsanlage der Kirche her, die nur aus einem Ofen bestand, der nicht mehr richtig zog, auf der einen Seite ausgebrannt war und Kohlenmonoxyd durch einen Wärmekanal in den Kirchenraum hinein abgab. Im Laufe der folgenden Tage empfing der Gemeinderat von Firmen aus allen Gegenden Dänemarks zahlreiche Angebote für eine neue Heizungsanlage.[2]

Die Giftigkeit des Kohlenmonoxyds beruht auf dessen hoher Bindungsfähigkeit an den roten Blutfarbstoff Hämoglobin (Hb). Dieser in den roten Blutkörperchen (Erythrozyten) lokalisierte Farbstoff ist die Voraussetzung dafür, daß Blut in ausreichendem Maße Sauerstoff binden und von der Lunge zu den Organen und Geweben des Körpers transportieren kann. Die Affinität des Sauerstoffs zum Hämoglobin ist jedoch 200- bis 300mal schwächer als die von Kohlenmonoxyd. Dies bedeutet, daß bereits eine Konzentration von 0,07 Prozent CO ausreicht, um die Hälfte des verfügbaren Hämoglobins zu besetzen. Dieses Kohlenoxydhämoglobin (HbCO) kann keinen Sauerstoff mehr binden und transportieren, so daß die Organe und Gewebe nicht mehr ausreichend mit Sauerstoff versorgt werden und der Organismus innerlich erstickt.

Energiemangel als toxisches Prinzip

Unser Körper braucht zur Erhaltung seiner Lebensfunktionen Energie. Wir gewinnen diese Energie durch die Verbrennung von Kohlehydraten, Fetten und Eiweiß. Verbrennung aber heißt Bindung an Sauerstoff (Oxydation) und ist nur beim Vorhandensein von Sauerstoff möglich. Sauerstoffmangel (Hypoxie) bedeutet also automatisch Energiemangel, da eine Energiegewinnung ohne Sauerstoff in unserem Organismus nur in minimalem, nicht ausreichendem Umfang möglich ist (nämlich durch den glykolytischen Abbau der Kohlehydrate bis zur Milchsäure). Als Folge eines Energiemangels kommt es zu Funktionseinschränkungen der Organe, die zunächst reversibel sind. Besonders empfindlich hierfür ist das Gehirn, an zweiter Stelle das Herz. Ein Funktionsausfall unserer Großhirnrinde äußert sich initial in Form von

Schwindel und Kopfschmerzen, dann treten sensorische Störungen wie Ohrensausen und Augenflimmern sowie auch Berauschtheit und ein Verlust von Urteilsfähigkeit und Entschlußkraft auf. Sehr schnell geht dieser Zustand dann in ein Lähmungsstadium mit Schwächegefühl, Benommenheit und Bewußtseinstrübung bis hin zur Bewußtlosigkeit über. Die Funktionseinschränkung des Herzens äußert sich in Herzklopfen und Kurzatmigkeit bei körperlicher Belastung. Eine kurzfristige Energiemangelsituation können Herz und Gehirn schadlos überstehen: In der Kirche zu Lögstör wurden die Bewußtlosen sofort an die frische Luft gebracht und erholten sich alle vollständig. Hält der energetische Mangel dagegen länger an, kommt es zu irreversiblen Störungen von Gehirn und Herz: Der eingangs beschriebene Fall des 67jährigen Chemikers bietet hierfür ein typisches Beispiel.

Nun ist Kohlenmonoxyd aber auch ein Gas, das bereits natürlich überall in gewisser Konzentration vorkommt. Ein großer Teil des in der Erdatmosphäre angetroffenen CO stammt aus dem Algenstoffwechsel in den Weltmeeren. Es entstehen aber auch Spuren im menschlichen Organismus. Deshalb sind bereits im Normalzustand ohne jede äußere Belastung 0,5 bis etwa 1 Prozent unseres Hämoglobins mit CO besetzt. Bei Rauchern liegt die Kohlenoxydhämoglobinkonzentration demgegenüber in Abhängigkeit von der Rauchintensität erheblich höher, nämlich zwischen 3 und 5 Prozent, und kann im Extremfall 10 Prozent erreichen. Erste akute Vergiftungserscheinungen treten ab einer HbCO-Konzentration von etwa 20 Prozent auf, ab 40 Prozent kommt es zur Bewußtlosigkeit, und Konzentrationen ab 60 Prozent wirken innerhalb weniger Minuten tödlich.

Kohlenmonoxyd als Umweltgift

Normale Luft enthält CO in Konzentrationen zwischen 0,025 und 1 ppm. Erheblich höhere Werte können örtlich durch Autoabgase auftreten: In unseren Großstädten werden maximale Stundenwerte bis 30 und 50 ppm gemessen, wobei Spitzenwerte von 100 bis 300 ppm vorübergehend nicht selten sind. Auch im Kraftfahrzeuginnern können beim Fahren im dichten Verkehr durch Lüftungsanlagen Konzentrationen bis 100 ppm über einen längeren Zeitraum auftreten.[3] Während man früher der Ansicht war, daß HbCO-Werte bis zu 20 Prozent noch toleriert werden können, da sie zu keinen akuten Vergiftungssymptomen führen, kann nach dem heutigen Stand des Wissens für die Gesamtbevölkerung nur noch ein HbCO-Wert von 2 Prozent als unbedenklich angesehen werden. Oberhalb dieses Wertes kommt es nämlich, wie eingehende Untersuchungen gezeigt haben, bereits zu einer Beeinträchtigung höherer geistiger Funktionen sowie auch des Herz-Kreislauf-Systems. Besonders empfindlich gegenüber einer Exposition durch CO sind Schwangere sowie Patienten mit Herz- und Kreislauf-Erkrankungen. Insbesondere eine bereits bestehende Verengung der Herzkranzgefäße (Koronarsklerose) oder peripherer Arterien kann verstärkt werden.[4] Aus diesem Grunde wurde der MAK-Wert von CO bereits 1981 von 50 auf 30 ppm herabgesetzt. Um den noch als unbedenklich anzusehenden HbCO-Wert von 2 Prozent nicht zu überschreiten, dürfen die CO-Konzentrationen in den Großstädten nicht über 9 bis 10 ppm ansteigen.

Die umwelttoxikologische Bedeutung des Kohlenmonoxyds ergibt sich auch aus Untersuchungen im Gebiet von Los Angeles, in denen sich eine statistisch signifikante Korrelation zwischen der wöchentlichen Sterblichkeit an Herzinfarkt und der Kohlenmonoxydkonzentration in der Luft nachweisen ließ.[5] Auch eine epidemiologische Untersuchung an Fabrikarbeitern in Dänemark ergab eine deutliche Beziehung zwischen der HbCO-Konzentration und dem Auftreten von Herzkrankheiten. Wahrscheinlich ist auch die erhöhte Anfälligkeit des Rauchers für Herz-Kreislauf-Erkrankungen auf die chronische Belastung mit Kohlenmonoxyd zurückzuführen; hierfür sprechen die Ergebnisse von Tierversuchen, in denen nach Zufuhr von Kohlenmonoxyd eine verstärkte Einlagerung von Cholesterin in die Arterien beobachtet wurde.[3]

Blausäure

In einem Cyanidbetrieb öffnete ein Chemiefacharbeiter versehentlich ein Ventil und wurde von einem Strahl flüssiger Blausäure in Gürtelhöhe getroffen. Diese durchtränkte seine Arbeitskleidung und spritzte über den Arbeitsbereich. Das Ventil wurde umgehend geschlossen und der Raum auf Veranlassung des Meisters sofort verlassen. Der Meister verständigte Feuerwehr und Rettungsdienst und fand, in den Betrieb zurückgekehrt, den Facharbeiter bewußtlos auf einer Treppe liegen. Er schleifte ihn die letzten vier bis fünf Stufen herunter und zog dem Verunglückten die Arbeitshose aus. Feuerwehr, Rettungsdienst und Assistenzpersonal des werksärztlichen Dienstes trafen wenige Minuten später gemeinsam ein. Sie fanden den Verunglückten in tiefer Bewußtlosigkeit bei absolutem Atemstillstand, weiten reaktionslosen Pupillen und einem sehr schnellen und kaum tastbaren Puls. Es bestand ein starker Geruch nach bitteren Mandeln. Sofort wurde das bereitgestellte Gegengift in eine Ellbogenvene injiziert, der Patient dann beatmet; Hemd, Unterwäsche, Schuhe und Strümpfe wurden ihm ausgezogen. Bereits eine bis zwei Minuten nach der Injektion erfolgte der erste spontane Atemzug, die Atmung wurde im Verlauf der nächsten Minute regelmäßig, die Pupillen reagierten auf Licht und der Patient auf Schmerz; Puls und Blutdruck blieben jedoch erhöht. In der Klinik kam es jedoch zu keiner weiteren Besserung, vielmehr blieb der Patient vier Wochen in tiefer Bewußtlosigkeit, und in den ersten Tagen kam es zu epileptiformen Krämpfen. Erst danach hellte sich sein Sensorium langsam auf, und der Patient konnte in ein neurologisches Rehabilitationszentrum entlassen werden. Eine völlige Wiederherstellung war jedoch auch hier nicht möglich.[6]

Blausäure (HCN) ist eine farblose, bereits bei 26 °C siedende und deshalb bei Zimmertemperatur stark flüchtige Flüssigkeit mit einem typischen Geruch nach bitteren Mandeln. In diesen wie auch in Steinobstkernen kommt sie natürlich in Form des Glykosids Amygdalin vor, aus dem sie durch das Ferment Emulsin über Mandelsäurenitril (Bittermandelöl) freigesetzt werden kann. Bittere Mandeln enthalten etwa 0,05 bis 0,1 Prozent Blausäure, und der Genuß von fünfzig und bei Kindern sogar nur von zehn bitteren Mandeln kann tödlich wirken. Die häufigste Ursache für Blausäurevergiftungen sind jedoch die Salze der Blausäure, nämlich das Kaliumcyanid (Zyankali) und Natriumcyanid, die industriell zur Härtung und Lösung von Metallen eingesetzt werden und aus denen im sauren Milieu des Magens Blausäure freigesetzt wird. Blausäure kann auch bei der Verbrennung von Kunststoffen und dem Trockenbrennstoff Hexamethylentetramin entstehen.

Blausäure ist bereits in einer Dosis von 1 mg/kg Körpergewicht tödlich; umgerechnet auf einen Erwachsenen ist dies nur der Bruchteil eines Gramms! Die Giftwirkung der Blausäure beruht auf einer Hemmung der Zellatmung durch Anlagerung an das dreiwertige Eisen in dem Ferment Ferricytochromoxydase. Es kommt hierdurch ebenso wie bei Kohlenmonoxyd zu einer inneren Erstickung, obschon der Sauerstofftransport und das Sauerstoffangebot an die Gewebe nicht beeinträchtigt ist; vielmehr fehlt die katalytische Aktivität des Fermentes, das für die Verbrennungsvorgänge im Organismus unabdingbar ist. Im Endeffekt läuft aber das Vergiftungsbild ebenso wie bei Kohlenmonoxyd auf einen Energiemangel hinaus: Die Symptomatik entspricht weitgehend der nach Kohlenmonoxydvergiftung und beruht vorwiegend auf einer zunehmenden Lähmung des Gehirns mit Schwindel, Kopfschmerzen, Bewußtlosigkeit und Atemlähmung. Ebenso wie nach Kohlenmonoxyd kann es auch nach Blausäure, sofern die akute Vergiftung überlebt wird, zu schweren Dauerschädigungen des Gehirns kommen, was durch den dargestellten Fall beispielhaft belegt wird.

Schwefelwasserstoff – Tod in der Sickergrube

In einer Fäkaliengrube am südlichen Stadtrand von Ratingen bei Düsseldorf sind am Montag vier Männer ums Leben gekommen. Ein weiterer Mann wurde unverletzt geborgen, ein sechster hat eine lebensgefährliche Vergiftung erlitten; er kam in die Intensivstation einer Klinik. Eine Reinigungsfirma war beauftragt worden, die Sickergrube einer firmeneigenen Siedlung zu leeren. Gegen Mittag bemerkte ein 7jähriges Kind zwei leblose Körper in der offenstehenden Grube, die gewöhnlich mit einer Betonplatte gesichert ist. Es benachrichtigte einen Handwerker des Betriebes, zu dem die Siedlung gehört. Dieser Mann bemühte sich um die Bergung der beiden Leichen und kam ebenfalls ums Leben. Ebenso erging es einem weiteren Mann, der in die Grube hinabstieg. Der fünfte konnte mit schweren Vergiftungen geborgen werden, weil der sechste vor dem Einstieg die Feuerwehr alarmiert und sich angeseilt hatte (F.A.Z. vom 14. 8. 1973).

Es handelte sich hier um eine typische Reihenvergiftung durch Schwefelwasserstoff, wie sie auch heute immer wieder vorkommt: Ein durch die Einwirkung des Gases Bewußtloser soll aus einer Grube herausgeholt werden, der zur Rettung Nachsteigende wird ebenfalls bewußtlos, ehe er Hilfe leisten kann, ein Dritter unternimmt den gleichen Versuch usw. Der diese Vergiftungen auslösende Schwefelwasserstoff (H_2S) ist ein farbloses, brennbares Gas mit einem typischen Geruch nach faulen Eiern. Schwefelwasserstoff entsteht immer da, wo schwefelhaltige organische Substanz in Fäulnis übergeht, also in Abort- und Mistgruben

(Kloakengas), in Kläranlagen und Kirchhofsgrüften, in den Faulgruben der Abdeckereien und auch in jedem natürlich faulenden Morast. Er kommt aber auch in technischen Produktionsbereichen wie in der Zuckerindustrie, Erdölraffinerie, bei der Zellulose- und Viskosefaserherstellung sowie in Gaswerken und an Hochöfen vor. Da Schwefelwasserstoff schwerer als Luft ist, kann er sich insbesondere in Gruben und Grüften zu lebensgefährlichen Konzentrationen ansammeln. Der typische Geruch nach faulen Eiern wird bei höheren Konzentrationen infolge einer Lähmung des Geruchssinnes sehr bald nicht mehr wahrgenommen.

Der toxische Wirkmechanismus des Schwefelwasserstoffs beruht, ähnlich wie bei Blausäure, auf einer Lähmung der intrazellulären Atmung durch Blockierung schwermetallhaltiger Fermente. Es kommt also auch hier durch Unterbrechung der Oxydationsvorgänge in den Zellen zu einem Mangel an Energie. Darüber hinaus wirkt Schwefelwasserstoff, vor allem bei niedrigeren Konzentrationen, auch reizend auf die Schleimhäute der Atemwege. Höhere Konzentrationen führen zu dem Erscheinungsbild eines zentralen Energiemangels mit Schwindel, Kopfschmerz, Gedächtnisstörungen und schließlich zunehmender Benommenheit bis hin zur Bewußtlosigkeit. Bei sehr hohen Konzentrationen kann es auch schlagartig zum Auftreten von Bewußtlosigkeit kommen: Man spricht dann von einem apoplektiformen Verlauf, was besagen will, daß die Bewußtlosigkeit so schnell eintritt wie bei dem durch Durchblutungsstörungen des Gehirns verursachten Schlaganfall (lat. Apoplexie). Auch bei Schwefelwasserstoff kann, wenn die akute Vergiftung überlebt wird, das Gehirn für immer geschädigt werden. Bei einem 31jährigen, bisher gesunden Landwirt, der sich beim Umpumpen von flüssigem Dünger durch Schwefelwasserstoff vergiftete, blieb ein so schwerer Hirnschaden zurück, daß der Patient zu einem Pflegefall wurde.[7]

Die Katastrophe von Bhopal: Methylisocyanat

In der Nacht vom 2. auf den 3. Dezember 1984 ereignete sich in der indischen Stadt Bhopal die bisher größte Chemiekatastrophe der Menschheitsgeschichte. Aus einer zum multinationalen Konzern Union Carbide gehörenden Produktionsanlage für Schädlingsbekämpfungsmittel vom Typ der Carbamide entwichen innerhalb von zwei bis

Das bisher schwerste Giftgasunglück ereignete sich am 3. Dezember 1984 in der südindischen Stadt Bhopal.

drei Stunden etwa 30 bis 40 Tonnen des Zwischenproduktes Methylisocyanat sowie von Hydrolysereaktionsprodukten dieser Verbindung – verursacht durch in einen Lagertank eindringendes Wasser. Das bereits bei einer Temperatur von 37 °C siedende Methylisocyanat verbreitete sich in einer riesigen Wolke in den der Fabrik benachbarten Slums von Bhopal, in deren Verschlägen und Hütten die Bewohner dem Giftgas nahezu schutzlos ausgesetzt waren.

Obwohl die genaue Zahl der Vergiftungs- und Todesfälle nie bekannt wurde, dürften von etwa 200000 gefährdeten Einwohnern etwa 60000 vergiftet und zwischen 2500 und 5000 gestorben sein. Überlebende der Katastrophe berichteten, daß die Giftgaswolke extrem heiß gewesen sei und einen stechenden Geruch gehabt habe. Die ersten Vergiftungssymptome bestanden in einer schweren Reizung von Auge, Nase und Kehle, in Husten und Schockgefühl. In den am stärksten betroffenen Regionen starben die Vergifteten innerhalb von wenigen Minuten.

Die Überlebenden suchten Hilfe in den lokalen Krankenhäusern; sie klagten über intensives Augenbrennen und starke Tränensekretion, sie waren lichtscheu und hatten Augenlidkrämpfe. Gefährlicher aber war die Schädigung der Atemwege und insbesondere der Lungenbläschen, was sich in Atemnot und asthmatischen Anfällen äußerte, in vielen Fällen zur Ansammlung von Blutplasma im Lungengewebe (Lungenödem) führte und tödlich endete.

Die ursprüngliche Befürchtung, daß die Reizung der Augen zu Blindheit führen könne, hat sich erfreulicherweise nicht bestätigt; vielmehr sind die Reizerscheinungen einschließlich von Hornhautgeschwüren in den meisten Fällen ohne Narbenbildung abgeheilt. Jedoch haben sich bei vielen Überlebenden Dauerschädigungen der Lungen mit entsprechender Einschränkung der Atemfunktion ergeben, die in einigen Fällen auch heute noch weiter fortschreiten. Außerdem stellte sich heraus, daß auch im Mutterleib von der Katastrophe betroffene Kinder Schaden erlitten hatten: Man beobachtete eine erhebliche Zunahme der Fehlgeburten von normalerweise 6 bis 10 Prozent auf 43 Prozent sowie einen Anstieg der Sterblichkeit der Neugeborenen von 2,6 bis 3 Prozent auf 14,2 Prozent.[8]

Das für die Katastrophe von Bhopal verantwortliche Methylisocyanat ist eine der vielen Verbindungen, die als Ausgangs- oder Zwischenprodukte in der chemischen Industrie anfallen und normalerweise den geschlossenen Produktionsprozeß nicht verlassen. Deshalb war auch über die Toxizität von Methylisocyanat wenig bekannt, und die einzige experimentelle Studie, die Anfang der sechziger Jahre in den Bayer-Werken erarbeitet und im deutschsprachigen »Archiv für Toxikologie« 1964 publiziert wurde[9], in den USA nicht sofort greifbar; sie mußte schließlich aus der Universitätsbibliothek in Erlangen als Telekopie in die USA gefunkt werden.

Methylisocyanat ist Vertreter einer chemisch sehr unterschiedlich zusammengesetzten Gruppe von Substanzen, die wir unter dem Oberbegriff »Reizgase« zusammenfassen können. Es handelt sich dabei um chemisch sehr reaktive Gase, Dämpfe oder Aerosole, die ab einer bestimmten Konzentration Eiweißkörper angreifen und so insbesondere die Schleimhäute der Augen, der zuführenden Atemwege und schließlich auch die Lungenbläschen schädigen können. Einige dieser Reizgase wie Ammoniak, Chlorgas, Chlorwasserstoff, Formaldehyd und Schwefeldioxid wirken vorwiegend auf die Augen und die oberen Atemwege und führen deshalb vor allem zu akuten Reizerscheinungen dieser Organe; es kann unter Umständen bei sehr hohen Konzentrationen durch einen Krampf der Stimmritze oder einen Spasmus der Bronchien akut zum Tode durch Erstickung kommen.

Andere Reizgase wie etwa Phosgen, Ozon oder aber die sogenannten Nitrosegase – die Dämpfe der Salpetersäure – üben demgegenüber eine Reizwirkung vor allem auf die tieferliegenden Atemwege einschließlich der Lungenalveolen aus und führen nach einem vorübergehenden Reizstadium mit einer Latenzzeit von 6 bis 24 Stunden zum Auftreten eines toxischen Lungenödems, bei dem Blutplasma in die Lungenbläschen fließt und oft der Tod durch inneres Ersticken eintritt. Phosgen wurde übrigens im Ersten Weltkrieg als Kampfgas eingesetzt (Grünkreuz) und war für etwa 80 Prozent aller Gastodesfälle verantwortlich. Durch Methylisocyanat wurden sowohl die Augen als auch die oberen und unteren Atemwege geschädigt, was schließlich in den Lungenalveolen zum Lungenödem führte.

Formaldehyd: vermeintliche und wirkliche Gefahren

Zu den Reizgasen zählt auch der Formaldehyd, der wie kaum eine zweite Substanz in den letzten Jahren in der Bundesrepublik Aufsehen und Aufregung ausgelöst hat. Es handelt sich bei Formaldehyd um eine relativ einfache organische Verbindung aus je einem Molekül Sauerstoff und Kohlenstoff sowie zwei Molekülen Wasserstoff, die unter normalen Bedinungen gasförmig ist, sich aber sehr gut in Wasser oder Alkohol löst und meist in wäßriger Lösung unter der Bezeichnung »Formalin« in den Handel gebracht wird. Formaldehyd ist ein natürlicher Bestandteil unserer Umwelt und wurde selbst im Weltraum nachgewiesen. Im Säugetierorganismus, also auch im menschlichen Körper, wird Formaldehyd ständig als normales Zwischenprodukt des Zellstoffwechsels gebildet und als Baustein zur Synthese vieler körpereigener Stoffe eingesetzt.

Formaldehyd wurde bereits in der ersten Hälfte des 19. Jahrhunderts entdeckt, aber erst in diesem Jahrhundert zu einer für die Industrie äußerst wichtigen chemischen Verbindung: Formaldehyd besitzt nämlich die Eigenschaft, mit sich selbst sowie einer Reihe anderer chemischer Stoffe höhermolekulare Verbindungen vom Kunststofftyp zu bilden. Hierdurch ist Formaldehyd zu einem der wichtigsten organischen Grundstoffe der chemischen Industrie geworden: In der Bundesrepublik wird jährlich die Riesenmenge von 500000 Tonnen Formaldehyd in elf chemischen Fabriken produziert. Die Palette von Produkten, die auf der Grundlage von Formaldehyd hergestellt werden, ist vielfältig. Rund zwei Drittel der Produktion werden zur Herstellung von Kunstharzen verwendet, etwa 29 Prozent dienen als Ausgangsprodukt für die chemische Synthese anderer organischer Verbindungen, und etwa 6 Prozent werden in reiner Form zur Desinfektion, Sterilisation und Konservierung sowie für andere Zwecke genutzt.[10]

Formaldehyd als Gas wirkt stark reizend auf die Schleimhäute; dies ist aus der Arbeitsmedizin seit langem bekannt.[11] Jedoch macht sich Formaldehyd im allgemeinen durch seinen stechenden Geruch bemerkbar, wobei allerdings die Geruchsschwelle individuell sehr unterschiedlich ist und zwischen 0,05 und 1 ppm schwankt. Auch die Schwelle für eine Reizwirkung auf die Augen differiert stark: Während empfindliche Personen bereits auf eine sehr niedrige Konzentration von 0,01 ppm reagieren, können andere bis zu 1 ppm und darüber ohne Beschwerden vertragen; dies dürfte zum Teil auch auf eine Gewöhnung zurückzuführen sein. Konzentrationen ab 5 ppm sind allerdings für die meisten Menschen nur für wenige Minuten erträglich, ab 10 ppm treten Atemnot und Husten auf, und oberhalb 30 ppm besteht akute Lebensgefahr. Indessen sind schwerere Inhalationsvergiftungen beim Menschen nicht vorgekommen; denn der stechende Geruch und die lokale Reizwirkung haben eine ausreichende Warnwirkung. Ferner kann Formaldehyd zu allergischen Reaktionen führen, jedoch nur in Form von Kontaktekzemen bei Berührung mit der Haut; durch das Einatmen von Formaldehyd werden Allergien nicht ausgelöst.

Die heutige Aufregung über Formaldehyd beruht jedoch nicht auf diesen altbekannten arbeitstoxikologischen Fakten. Sie hat zwei andere Ursachen. Auf der einen Seite ist Formaldehyd in den letzten Jahren in zunehmendem Maße zu einem ökologischen Schadstoff geworden, der außerhalb des gewerblichen Bereiches nahezu die gesamte Bevölkerung betrifft. Darauf aufmerksam wurde man vor etwa zehn Jahren, als Geruchsbelästigungen und Gesundheitsbeschwerden von Kindern und Lehrern in einigen Kölner Schulen Schlagzeilen machten. Auf der Suche nach der Ursache wurde auch die Formaldehydkonzentration in den Klassenräumen gemessen: Sie erreichte bei geschlossenen Fenstern Werte bis zu 1 ppm, was dem MAK-Wert, das heißt also dem höchsten zulässigen Wert für Arbeitsplätze entspricht. Als Quelle dieser Formaldehydemissionen erwiesen sich Spanplatten, die mit formaldehydhaltigen Leimharzen hergestellt worden waren und Formaldehyd freisetzten. Eine andere Quelle baubedingter Formaldehydemissionen war die Verwendung von Isolierschäumen – sogenannte Aminoplast-Ortschäume –, die im Zuge der Energieeinsparung zur Wärmedämmung in bestehende Bauten eingebracht wurden. Aber auch Möbel werden mit Formaldehyd ausscheidenden Spanplatten hergestellt, und auch Textilien wie Teppiche und Teppichböden, können zur Innenraumvergiftung durch Formaldehyd beitragen.[12]

Die Beobachtungen von Köln blieben kein Einzelfall. In der Folgezeit wurden in Hunderten von Schulen, Kindergärten und anderen öffentlichen Gebäuden erhöhte Formaldehydkonzentrationen festgestellt. Das Bundesgesundheitsamt befaßte sich bereits 1977 mit dem Problem, daß Formaldehyd aus Spanplatten im Wohnungsbau entweicht, und empfahl als höchsten für den Daueraufenthalt von Menschen zu tolerierenden Grenzwert eine Konzentration von 0,1 ppm Formaldehyd. Aufgrund dieser Festlegung wurden in der Folgezeit umfangreiche Sanierungsmaßnahmen an öffentlichen Gebäuden erforderlich, die im wesentlichen auf Kosten des Steuerzahlers erfolgen mußten. Inzwischen sind im Baubereich entsprechende Konsequenzen gezogen worden. Beim Innenausbau dürfen heute nur noch solche Platten verwendet werden, die keine zu hohen Formaldehydkonzentrationen bewirken. Leider ist die Verwendung Formaldehyd emittierender minderwertiger Spanplatten beim Möbelbau und beim Heimwerkerbedarf nach wie vor gestattet.

Die zweite Dimension des Formaldehydproblems beruht auf dem Ergebnis von Tierversuchen mit Inhalation von Formaldehyd, die Anfang der achtziger Jahre veröffentlicht wurden. In diesen Versuchen führte die Inhalation von 15 ppm Formaldehyd – 5mal 6 Stunden pro Woche über zwei Jahre – an Ratten bei knapp 50 Prozent der Tiere zur Entwicklung bösartiger Tumoren des Nasen-Rachen-Raumes (meist Plattenepithel-Karzinome). Niedrigere Konzentrationen – 2 und 5,6 ppm – waren demgegenüber wirkungslos. Bei einem in gleicher Weise mit Mäusen durchgeführten Versuch erwies sich Formaldehyd als wesentlich weniger toxisch; es traten nach der hohen Konzentration von 15 ppm nur bei zwei männlichen Mäusen Karzinome der Nasenhöhle auf. Beim Goldhamster zeigte Formaldehyd in der Konzentration von 10 ppm keine karzinogene Wirkung.

An der Beurteilung dieser Tierversuche scheiden sich die Geister. Auf der einen Seite wird die Ansicht vertreten, daß Formaldehyd ein ganz normales Karzinogen sei, für das, wie bei anderen Karzinogenen auch, keine Schwellendosis anzunehmen ist. Folgt man dieser Ansicht, so wäre auch die kleinste Formaldehydkonzentration als gefährlich anzusehen und dieses überall zu verbannen.[13] Auf der anderen Seite stehen die Vertreter der Hypothese, daß die durch Formaldehyd bedingte Entzündung und Geschwürbildung der Nasenschleimhaut, wie sie in den Rattenversuchen beobachtet worden war, eine notwendige Voraussetzung für die Tumorentstehung sei und dementsprechend Formaldehyd nur indirekt über diese Reizwirkung krebsauslösend wirke. Folgt man dieser Ansicht, so wäre unterhalb einer lokal reizenden Schwellendosis, die man beim Menschen mit 1 ppm annehmen kann, keine karzinogene Wirkung zu erwarten.[14]

Diese zweite Hypothese wird gestützt durch das Ergebnis zahlreicher epidemiologischer Untersuchungen, in denen bei Personen, die durch ihre Berufsarbeit Formaldehyd stark ausgesetzt sind – Chemiearbeitern an hochbelasteten Arbeitsplätzen, Pathologen, Anatomen oder Einbalsamierern – keine erhöhte Krebsrate der Atemwege nachgewiesen werden konnte.[15, 16] Die Mehrzahl der Experten neigt deshalb der zweiten Hypothese zu[17, 18], wobei allerdings eine restlose Klärung erst durch weitere experimentelle Untersuchungen erreicht werden kann.

Abschließend sei noch darauf hingewiesen, daß auch bei jeder Verbrennung Formaldehyd entsteht. Davon machen natürlich auch Zigaretten keine Ausnahme: Pro Zigarette werden rund 1,5 mg Formaldehyd freigesetzt. Dies hat zur Folge, daß schon das Rauchen von sechs Zigaretten in einem 50 Kubikmeter großen Raum zu Formaldehydkonzentrationen führt, die deutlich über dem Grenzwert von 0,1 ppm liegen.[12] Dies ist eine zusätzliche Umweltbelastung, die leicht vermieden werden kann und auch vermieden werden sollte, zumindest in Anwesenheit von Nichtrauchern.

Fluorwasserstoff und Fluoride

Der technisch noch vielfach zur Glasätzung oder Rostentfernung benutzte Fluorwasserstoff – in wäßriger Lösung als Flußsäure bezeichnet – ist ein starkes Reiz- und Ätzgift. Selbst stark verdünnte Flußsäure ruft Rötungen und sehr schmerzhafte Ätzungen der Haut hervor, und ihre Dämpfe reizen die Atemwege. Die Salze des Fluorwasserstoffs, die Fluoride, haben keine derartige Reizwirkung, sind jedoch pharmakologisch und toxikologisch aus anderen Gründen interessant.

Fluoride sind ein natürlicher Bestandteil der Erdkruste und deshalb in jedem Wasser und in allen Nahrungsmitteln vorhanden. Seit mehreren Jahrzehnten ist bekannt, daß sie eine wichtige Rolle bei der Knochenbildung und Zahnentwicklung spielen. Ob Fluor für den Menschen ein essentielles Spurenelement darstellt, ist allerdings bis heute nicht eindeutig geklärt. Unbestritten aber ist, daß sich die Entwicklung der Zahnfäule (Karies) durch Zufuhr von Fluoriden hemmen läßt. Da die Fluoridzufuhr durch Wasser und Nahrung für eine optimale Kariesprophylaxe meist nicht ausreicht, ist man in vielen Ländern dazu übergegangen, den natürlichen Fluoridgehalt des Trinkwassers auf eine Konzentration von 1 mg/l (1 ppm) anzuheben (Trinkwasserfluoridierung). Eine andere Möglichkeit der Fluoridzufuhr besteht darin, die Milch oder das Speisesalz zu fluoridieren oder aber Fluorid in Form von Tabletten oder Zahnpasta zuzuführen.

Auch in der Bundesrepublik Deutschland sind die Fluoridkonzentrationen im Trinkwasser so gering, daß eine Fluoridprophylaxe insbesondere im Kindes- und Jugendalter dringend zu empfehlen ist. Schädliche Folgen sind, wie in vielen Untersuchungen übereinstimmend festgestellt wurde, mit einer Zufuhr von Fluoriden in den zur Kariesprophylaxe erforderlichen Dosen nicht verbunden.[19] Als einzige Nebenwirkung können vereinzelt Zahnschmelzflecken auftreten, die aber in funktioneller und meist auch ästhetischer Hinsicht unbedenklich sind und häufig nur vom Fachmann erkannt werden. Die von einer kleinen Gruppe engagierter Fluoridgegner immer wieder vorgebrachte Behauptung, daß die Zahnkariesprophylaxe durch Fluoride toxikologisch bedenklich sei, entbehrt somit jeder Grundlage. Es ist zu bedauern, daß manche Medien diesen Pseudoexperten dabei helfen, ihre aus reiner Geltungssucht vorgebrachten Falschmeldungen zu verbreiten.

4 Gesundheitsgefährdung durch Luftverschmutzung

Wodurch wird die Luft verunreinigt?

Der Mensch kann eine bis zwei Wochen ohne Nahrung, einen bis zwei Tage ohne Wasser, jedoch keine fünf Minuten ohne Luft leben. Deshalb ist der Verschmutzung der Luft, wie wir sie in den letzten Jahrzehnten in zunehmendem Maße zu registrieren haben, eine besondere Bedeutung beizumessen. Die Vorstellung, daß man eines Tages auf diesem Planeten nur noch mit Hilfe von Gasmasken atmen kann, ist ein Alptraum, der nicht Wirklichkeit werden darf.

Zur Luftverunreinigung tragen Emissionen von Industrie und Gewerbe, Kohle- und Erdölkraftwerken, Kraftfahrzeugen und Hausbrand in jeweils unterschiedlichem Ausmaß bei (s. Abb. S. 89). Verunreinigt wird die Luft einerseits durch feste Partikel wie Kohlenstaub, Asche und Ruß, die sich als Schwebeteilchen lange in der Atmosphäre halten und vom Wind fortgetragen viele Kilometer entfernt noch zur Wirkung kommen können.

Ihnen stehen gasförmige Verunreinigungen meist in geringer, oft aber auch in toxischer Konzentration gegenüber. Die wichtigsten dieser luftverunreinigenden Gase sind Kohlendioxyd, Kohlenmonoxyd, Schwefeldioxyd, Stickstoffoxyde und Ozon, örtlich in der Nähe von Aluminiumfabriken auch Fluorwasserstoff, von Müllverbrennungsanlagen Chlorwasserstoff. Diese Gase können sich zum Teil in Flüssigkeiten lösen und als kleine Tröpfchen (sogenannte Aerosole) auf den Organismus einwirken, wobei die erwähnten Staubschwebeteilchen als Träger fungieren. Neben den genannten Stoffen können schließlich auch Schwermetalle und organische Verbindungen einschließlich der kanzerogen wirkenden zyklischen Kohlenwasserstoffe vom Typ des Benzpyrens in die Luft gelangen und über sie zu einer ökologischen Belastung des Menschen werden.

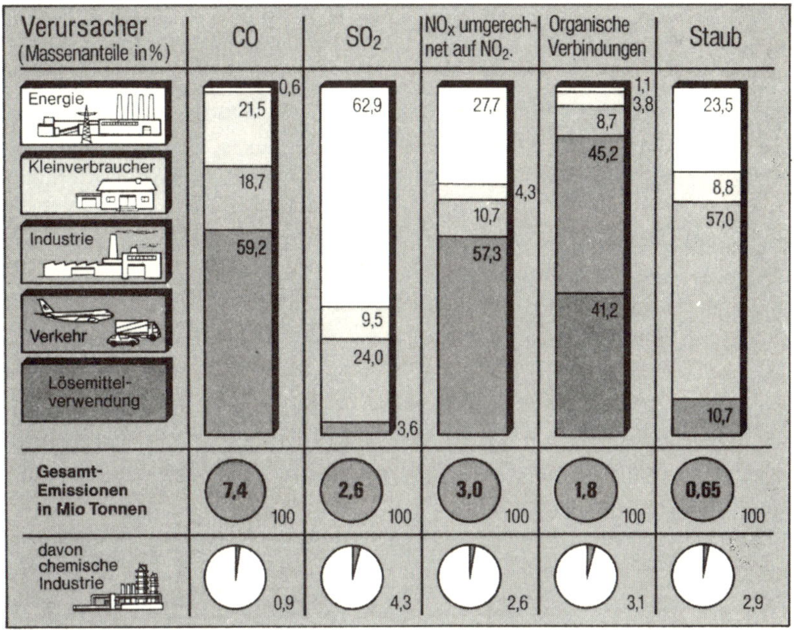

Anthropogene atmosphärische Emissionen in der Bundesrepublik Deutschland.[1]

Unter bestimmten Wetterbedingungen können sich die Schadstoffe der Luft besonders stark anreichern. Es handelt sich um die sogenannten Inversionslagen, bei denen Kaltluft in Bodennähe von wärmeren Luftschichten überlagert wird und so der natürliche Luftwechsel fast vollständig zum Erliegen kommt. Unter diesen Bedingungen kann es zur Ausbildung eines Zustandes kommen, den wir mit dem Kunstwort *Smog* bezeichnen (gebildet aus engl. *smoke* = Rauch und *fog* = Nebel). Da die Industrialisierung sich zuerst in England entwickelte, hat es hier Smogkatastrophen bereits vor hundert Jahren gegeben; begünstigt wurde diese Entwicklung durch das beliebte Kaminfeuer mit seinen Emissionen.

Im Dezember 1873 lag ein »Jahrhundertnebel« über London, der so dick war, daß der Handel zusammenbrach. Weihnachten 1879 verbrachte man in völliger Finsternis, und im Januar 1882 nahmen Rauch und Nebel in einem solchen Ausmaße zu, daß der Straßenverkehr zusammenbrach, Zeugen nicht mehr die Gerichtsgebäude fanden, Prozesse abgesetzt werden mußten und schließlich auch Theater und Amüsierlokale leer blieben, weil sich Künstler und Besucher in den Gebäuden nicht mehr sehen konnten.[2] Zur letzten großen Londoner Smog-Katastrophe kam es im Dezember 1952. Damals starben innerhalb einer Woche rund 4000 Personen mehr, als aufgrund der normalen Sterblichkeit zu erwarten gewesen wäre.[3] Dieser Steigerung kommt insofern eine historische Bedeutung zu, als damals zum ersten Mal das Ausmaß und die Auswirkungen einer Luftverunreinigung den Behörden bewußt wurden. Zwar betraf diese Übersterblichkeit in erster Linie ältere und bereits erkrankte Personen, jedoch zeigte dieses Ereignis mit aller Deutlichkeit, daß die Luftverunreinigung Ausmaße annehmen kann, die die Gesundheit und das Leben des Menschen ernsthaft gefährden. Inzwischen ist es in England durch entsprechende gesetzliche Maßnahmen und durch die Einschränkung der Kaminfeuerung gelungen, das Auftreten solcher Katastrophen zu verhindern oder zumindest abzuschwächen.

Beim ersten Smog-Alarm in Berlin am 2. Februar 1987 fordern Demonstranten die Verringerung des Schadstoffausstoßes von Kraftfahrzeugen.

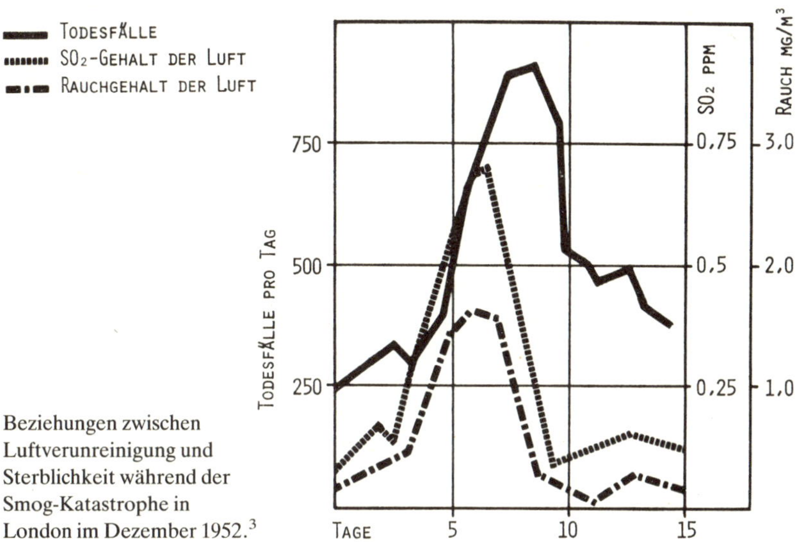

Beziehungen zwischen Luftverunreinigung und Sterblichkeit während der Smog-Katastrophe in London im Dezember 1952.[3]

Welche Komponenten der Luftverschmutzung sind nun für die beobachtete Übersterblichkeit verantwortlich?

Das Reizgas Schwefeldioxyd

Schwefeldioxyd (SO_2) ist ein spezifisch schweres, farbloses, stechend riechendes Gas, das sich in Wasser zu schwefliger Säure löst, die in Schwefelsäure übergehen kann. Dieser Vorgang spielt vor allem beim Zusammentreffen mit Nebeltröpfchen eine große Rolle, da hierdurch SO_2 in eine besonders gut lungengängige Form (Aerosol) übergeht. SO_2 entsteht beim Verbrennen von Schwefel. Da Heizöl und Kohle 0,5 bis 1 Prozent Schwefel enthalten, kamen im Zuge der zunehmenden Industrialisierung und des steigenden Energiebedarfs große Mengen von SO_2 aus Industrie-, Kraftwerks- und Wohnhausschornsteinen in die Luft. In der Bundesrepublik werden derzeit jährlich etwa 3 Millionen Tonnen SO_2 in die Luft gepustet. Von ihnen stammen 63 Prozent aus den Kohle- und Heizölkraftwerken, 24 Prozent aus der Industrie, 9,5 Prozent von Kleinverbrauchern, aber nur 3,6 Prozent aus dem Verkehr (s. Abb. S. 89). Da sich Schwefeldioxyd relativ leicht nachweisen läßt, wird es heute als Leitgas der Luftverschmutzung angesehen.

In sehr reiner Luft trifft man Schwefeldioxyd in Konzentrationen von nur 1 µg/m³ an. Die Konzentrationen in der Luft nehmen mit dem Grade der Industrialisierung und der Bevölkerungsdichte zu. So lagen etwa 1981 die Werte an SO_2 in Schleswig-Holstein zwischen 17 und 28 µg/m³, während im Ruhrgebiet an einigen Stellen der von der TA Luft (Technische Anleitung Luft) festgelegte Grenzwert von 140 µg/m³ vielfach überschritten wurde.[4] Der Zielwert der Weltgesundheitsorganisation für die Konzentration von SO_2 in der Luft liegt übrigens mit 40 bis 60 µg/m³ wesentlich unter dem von der TA Luft festgelegten Wert.

Schwefeldioxyd ist ein Reizgas, das in höheren Konzentrationen auf die Schleimhäute von Nase, Rachen, Kehlkopf, Luftröhre und Augen, bei verstärkter Atmung aber auch auf die tieferen Atemwege schädigend einwirkt. Akute Reizerscheinungen treten bei empfindlichen Personen ab einer Konzentration von etwa 2,5 mg/m³ auf, jedoch kann bei längerer Einwirkung eine Gewöhnung eintreten. Der MAK-Wert für SO_2 beträgt 2 ppm = 5,3 mg/m³.

Es gibt zahlreiche epidemiologische Untersuchungen, in denen gezeigt wurde, daß bereits erheblich niedrigere Konzentrationen an SO_2 für empfindliche Personen und insbesondere für Atemwegskranke zu Schädigungen führen können. So bestand bei der bereits geschilderten Smogkatastrophe 1952 in London eine direkte Beziehung zwischen der Anzahl der Todesfälle und der Konzentration an SO_2 in der Luft, die hier 0,7 ppm = 1,9 mg/m³ erreichte (s. Abb. S. 91). Interessant ist auch eine in New York Anfang der sechziger Jahre durchgeführte Tag-zu-Tag-Analyse der Beziehung von Sterblichkeit und dem Schwefeldioxydgehalt der Luft. Die Mortalität wurde als Abweichung von den über fünf Jahre gemittelten Durchschnittswerten ausgedrückt. Bei SO_2-Konzentrationen von weniger als 0,1 ppm = 266 µg/m³ war die tägliche Mortalität um 3,5 Todesfälle niedriger als die Norm. Sie stieg steil an, wenn die SO_2-Konzentrationen 0,2 ppm überschritten.[3] In experimentellen Untersuchungen wurde weiterhin nachgewiesen, daß SO_2 bereits in relativ niedriger Konzentration die Krampfbereitschaft der Bronchialmuskulatur gegenüber Acetylcholin, dem Überträgerstoff des parasympathischen Nervensystems, erhöhen kann. Asthmatiker sind somit gegenüber SO_2 besonders empfindlich, und auch nur kurzfristig eintretende Erhöhungen der Luftkonzentrationen an SO_2 (sogenannte interkurrente Schadstoffspitzen) können ihr Leiden verschlimmern und unter Umständen zum Tod führen.[5]

Stickstoffoxyde

Neben Schwefeldioxyd und Schwebestäuben gehören die Stickstoffoxyde zu den wichtigsten Komponenten der Luftverschmutzung. Chemisch handelt es sich um mehrere Verbindungen (Stickstoffdioxyd, Stickstoffoxyd, Distickstofftetroxyd und Distickstofftrioxyd), von denen Stickstoffdioxyd die größte Bedeutung hat. Diese Gase werden auch als Nitrosegase bezeichnet, haben einen stechenden Geruch und üben in höheren Konzentrationen eine starke Reizwirkung auf die Atemwege aus bis hin zum Auftreten eines toxischen Lungenödems. Stickstoffoxyde entstehen beim Verbrennen unter hoher Temperatur: Die in der atmosphärischen Luft enthaltenen Gase Stickstoff und Sauerstoff reagieren miteinander. In der Bundesrepublik wurden 1984 – nach den Angaben des Bundesumweltamtes – die Emissionen an Stickstoffoxyden zu 57 Prozent durch Kraftfahrzeuge, zu 28 Prozent durch Energiegewinnung und zu 11 Prozent industriell verursacht; die Gesamtemission betrug 3 Millionen Tonnen (Abb. S. 89).

Da der Kraftverkehr Hauptproduzent dieser Verbindungen ist, finden sich besonders hohe Konzentrationen in den Großstädten. In Großstädten der USA wurden an Tagen starker Luftverunreinigung mittlere Konzentrationen von 0,1 bis 0,2 ppm (entsprechend 180 beziehungsweise 360 $\mu g/m^3$) mit Spitzenwerten bis zu 1,7 ppm festgestellt. In Los Angeles kam es 1962 sogar zu Spitzenwerten von 3 ppm (entsprechend 5,4 mg/m^3), was nur knapp unter dem in der Bundesrepublik gültigen MAK-Wert für Stickstoffdioxyd von 5 ppm (entsprechend 9 mg/m^3) liegt. Dies ist eine Konzentration, bei der die Luft bereits eine rötlich-braune Färbung annimmt und ein stechender Geruch wahrzunehmen ist. In der Bundesrepublik sind derartig hohe Konzentrationen bisher nicht aufgetreten. Aber auch bei uns hat sich die Belastung mit Stickstoffoxyden infolge des zunehmenden Autoverkehrs erhöht. So stieg die Konzentration von Stickstoffoxyden in der Innenstadt von Frankfurt seit den sechziger Jahren kontinuierlich an und erreichte 1982 Werte zwischen 90 und 100 $\mu g/m^3$.[4] In Schleswig-Holstein werden dagegen nur Konzentrationen zwischen 14 und 23 $\mu g/m^3$ gemessen.[6]

Die Angaben über die Toxizität von Nitrosegasen sind unterschiedlich. Einerseits wurden an Versuchspersonen nach Exposition gegenüber 5 ppm nur geringe Auswirkungen auf die Atemfunktion gefunden und bei Schweißern im Schiffsbau trotz häufiger Exposition mit 10 ppm nur ein leicht gesenkter Blutdruck festgestellt. Andererseits bewirken aber schon Konzentrationen von NO_2 ab etwa 0,6 ppm eine Erhöhung des Strömungswiderstandes in den Atemwegen, und im Tierversuch konnte bereits mit 0,25 ppm NO_2 eine partielle reversible Veränderung des Lungenkollagens und durch 0,5 ppm eine Minderung der Infektresistenz festgestellt werden. Insbesondere aber sind es epidemiologische Beobachtungen, die den Krankheitswert erhöhter Stickstoffoxydkonzentrationen in der Luft belegen. So wurde in eingehenden Untersuchungen in den USA festgestellt, daß Kinder im Gebiet mit hohen Stickstoffdioxydwerten (0,06 bis 0,11 ppm) deutlich schlechtere Werte bei den Lungenfunktionstesten hatten als diejenigen in Kontrollgebieten mit einer niedrigen Stickstoffdioxydkonzentration von nur 0,05 ppm. Weiterhin war die Häufigkeit der akuten Erkrankungen der Atmungsorgane sowohl bei Kindern als auch bei Erwachsenen in den Gebieten mit hohem Stickstoffdioxydgehalt eindeutig höher als in den Kontrollgebieten.[3] Hieraus ist zu schließen, daß die gesundheitliche Gefährdung bereits bei einer Stickstoffdioxydkonzentration von 0,06 ppm beginnt. Dementsprechend wurde der MIK-Wert auch auf diese Größe (100 $\mu g/m^3$) festgelegt.

Stäube

Stäube sind gleichmäßige Verteilungen fester Stoffe in Gasen, die durch mechanische Prozesse oder durch Aufwirbelung entstehen. Staubpartikel können sich sehr lange Zeit in der Luft halten und mit dem Wind über ganze Kontinente verfrachtet werden. In neuerer Zeit wurde durch Vergleich mit alten Messungen gezeigt, daß auch in einwandfreien Reinluftgebieten wie über dem Ozean die Teilchenkonzentration zugenommen hat; dies könnte sich auf den Wärmehaushalt und das Klima auswirken, ohne daß sich diese Einwirkung derzeit quantitativ erfassen läßt. Daß staubförmige Partikel Kondensationskerne für die Nebelbildung darstellen und früher wesentlich zur Entstehung des Londoner Nebels beigetragen haben, wurde bereits gesagt. Durch Verbot der Kohleheizung und Umstellung auf Gas sowie durch Sanierung der Industrieabgase konnte die Luft in London im übrigen ganz wesentlich verbessert werden. In der Bundesrepublik sind Staubemissionen überwiegend auf industrielle Verursacher (57 Prozent), daneben auf Energiegewinnung insbesondere durch Kohlekraftwerke (23 Pro-

Beziehungen zwischen dem Staubgehalt der Luft und der Sterblichkeit der Bevölkerung in Buffalo/USA.[3]

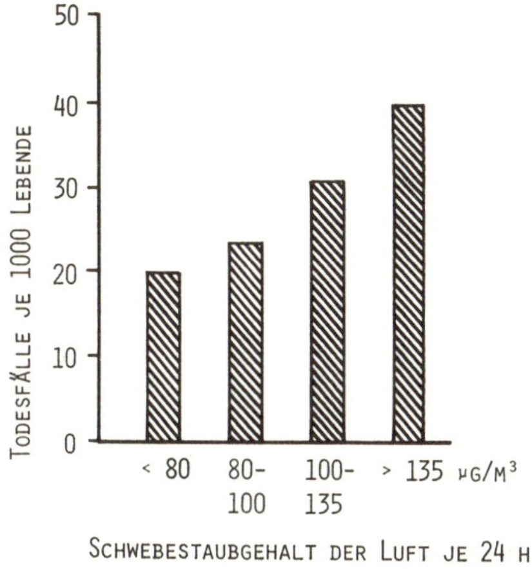

zent) und der Rest auf Verkehr und Kleinverbraucher zurückzuführen (s. Abb. S. 89). Die Gesamtemission an Stäuben wird auf jährlich 0,65 Millionen Tonnen geschätzt.

Die gesundheitlichen Auswirkungen von Schwebestäuben sind abhängig von der Größe der Partikel sowie von deren Zusammensetzung. Partikel mit einem Durchmesser von mehr als 10 µm werden im Nasenraum zurückgehalten, kleinere Partikel gelangen in die Luftröhre und solche mit einem Durchmesser unter 3 µm gelangen in die Lungenbläschen. Stäube sind Träger zahlreicher anorganischer und organischer Verbindungen, von denen in gesundheitlicher Hinsicht Sulfate, Nitrate, polyzyklische Kohlenwasserstoffe und Schwermetalle am wichtigsten sind.

Epidemiologische Untersuchungen in den USA haben gezeigt, daß die Sterblichkeit der Bevölkerung mit dem Schwebstoffgehalt der Luft ansteigt (s. Abb. oben). Besonders ausgeprägt war der Einfluß der Luftverunreinigung durch Stäube auf die Sterblichkeit nach chronischen Erkrankungen der Atemorgane, sie stieg auf das Dreifache. Auch die Häufigkeit des Auftretens dieser Erkrankungen steht mit dem Staubgehalt der Luft in einem eindeutigen Zusammenhang. So stieg die Häufigkeit von chronischer Bronchitis bei Nichtrauchern ab Schwebestaubkonzentrationen von etwa 0,2 mg/m^3, bei Rauchern bereits ab 0,1 bis 0,15 mg/m^3. Bei Kindern nahmen Atemwegserkrankungen im Bereich von 0,09 bis 0,14 mg/m^3 zu, und Konzentrationen von 0,07 bis

0,15 mg/m^3 steigerten Husten, Schleimbildung und Atemnot. In mehreren epidemiologischen Studien konnte auch eine Beziehung zwischen dem Schwebstoffgehalt der Luft und der Sterblichkeit an verschiedenen Krebserkrankungen (Speiseröhre, Magen, Prostata, Blase) nachgewiesen werden. Dies dürfte auf den Gehalt der Schwebstoffe an kanzerogenen Stoffen wie polyzyklischen Aromaten, Asbest oder bestimmten Metallen (Chrom, Arsen, Nickel) beruhen.

Pseudokrupp

Es kann kein Zweifel daran bestehen, daß neben Atemwegserkrankten insbesondere Kinder gegen schädliche Luftverschmutzungen sehr empfindlich sind. So befaßten sich mehrere amerikanische Untersuchungen mit der Wirkung von Luftverunreinigungen auf die Erkrankungshäufigkeit von Schulkindern. In jeder dieser Untersuchungen wiesen Schulkinder aus Wohngebieten mit hoher Luftverunreinigung eine stärkere Anfälligkeit für Krankheiten der Atmungsorgane auf als solche aus Gegenden mit weniger verunreinigter Luft.[8] In einer epidemiologischen Studie in der Bundesrepublik wurde festgestellt, daß Kinder aus dem Rhein-Main-Gebiet häufiger vergrößerte, nicht glatte Halsmandeln und vergrößerte Halslymphknoten aufwiesen als Kinder zweier Kontrollgruppen aus einer weniger belasteten Region (Schwarzwald und Bayern).[9] Dieser Befund ist als eine Folge der häufigeren Atemwegsinfekte zwanglos zu erklären und bestätigt die Ergebnisse der amerikanischen Studien.

In den letzten Jahren ist in der Bundesrepublik eine sehr lebhafte Diskussion darüber entstanden, ob und inwieweit der sogenannte Pseudokrupp der Kinder durch Luftschadstoffe verursacht oder mitverursacht wird. Es handelt sich hierbei um eine plötzlich einsetzende, meist infektiös-entzündlich bedingte Verengung im Bereich von Kehlkopf und Luftröhre. Diese Entzündung wird vorwiegend durch Viren, seltener durch Bakterien, Mykoplasmen oder Allergene ausgelöst. Als typische Symptome gelten Heiserkeit und bellender Husten, Atemnot und plötzlicher Beginn ohne oder nach nur kurzfristigen Erkältungszeichen. Das Krankheitsbild tritt seit jeher gehäuft in den Wintermonaten auf.

Bei der Frage nach der Bedeutung von Luftverschmutzung als Teilursache des Pseudokrupp muß zunächst festgestellt werden, daß die

Sterblichkeit an Krankheiten der Atmungsorgane im Kleinkindalter in der Bundesrepublik seit dreißig Jahren stark rückläufig ist; so verminderte sich der Anteil der Atemwegserkrankungen an der Säuglingssterblichkeit von 12 auf 3 Prozent. Mikrozensuserhebungen zeigen darüber hinaus, daß auch die Häufigkeit von Atemwegserkrankungen bei Kindern deutlich zurückgegangen ist.[10] Diese Daten lassen keinen Einfluß der gestiegenen Luftverschmutzung auf Atemwegserkrankungen bei Kindern erkennen. Wenn überhaupt, dann kann die Luftverschmutzung bei uns nur in geringem Umfang an den Atemwegserkrankungen der Kinder beteiligt sein.

Ob die Erkrankungshäufigkeit an Pseudokrupp im Gegensatz zu den Atemwegserkrankungen insgesamt in den letzten Jahren zugenommen hat, gleich geblieben ist oder abgenommen hat, ist weder für die Bundesrepublik insgesamt noch für einzelne Regionen bekannt. In zahlreichen epidemiologischen Untersuchungen wurde inzwischen versucht, die Bedeutung der Luftverschmutzung für die Entstehung dieses Krankheitsbildes abzuklären. In mehreren dieser Untersuchungen wurde ein Zusammenhang zwischen dem Auftreten dieses Krankheitsbildes und der Luftbelastung festgestellt, so etwa von einer Frankfurter Arbeitsgruppe. In anderen Studien ließ sich ein solcher Zusammenhang nicht feststellen. Die Schwierigkeiten bei der Durchführung derartiger Studien sind groß, was bereits mit der eindeutigen Diagnosestellung beginnt. Eine weitere Schwierigkeit stellen Störfaktoren dar, wie etwa das zeitlich gemeinsame Auftreten von Kaltluft und vermehrter Luftverschmutzung im Winter, die beide das Auftreten von Pseudokrupp begünstigen können. Weiterhin ist auch zu beachten, daß stärker durch die Umwelt belastete Wohngebiete meist von gesundheitlich stärker gefährdeten Sozialschichten bewohnt werden. Dabei ist auch die Bedeutung des Passivrauchens nicht zu vergessen, weil Raucher in sozial schlechter gestellten Familien häufiger anzutreffen sind als in besser gestellten.[10]

Insgesamt sprechen die vorliegenden Daten nach meiner Ansicht dafür, daß dort, wo erhöhte Schadstoffbelastungen der Luft vorkommen, diese wahrscheinlich zumindest als Teilursache oder als Auslöser von Pseudokrupp in Frage kommen. In Reinluftgebieten wie Schleswig-Holstein dagegen spielt die Luftverunreinigung keine Rolle, wie erst kürzlich in einer gemeinsam mit zahlreichen niedergelassenen Ärzten durchgeführten Erhebung des Lübecker Umweltamtes festgestellt wurde.

»Indoor Pollution«

Bei der Berurteilung von Schäden durch Luftverunreinigung darf nicht übersehen werden, daß der Mensch heute etwa 70 Prozent seiner Zeit in der häuslichen Umwelt oder in öffentlichen Gebäuden, aber nur 30 Prozent in der Arbeitsumwelt oder im Freien verbringt. Durch Isolier- und Wärmedämm-Maßnahmen zum Zwecke der Energieeinsparung ist es zu einer Einschränkung der natürlichen Belüftung in Innenräumen gekommen, was zwangsläufig zu einer Anreicherung von Schadstoffen auch in der Innenluft führen muß.

Die wichtigste Quelle der Innenluftverschmutzung ist Tabakrauch. Nur rund ein Drittel des Tabakqualms, der sogenannte Hauptstrom, gelangt zum Raucher. Der Rest dagegen, der Nebenstrom, entweicht dem Glutkegel und vermischt sich mit der Zimmerluft. Der Nebenstrom enthält aber die gleichen Schadstoffe wie der Hauptstrom, nämlich außer Nikotin zahlreiche weitere toxische Substanzen wie Kohlenmonoxyd, Stickstoffoxyde, Cadmium, Blausäure, Aldehyde, Phenole, polyzyklische aromatische Kohlenwasserstoffe und Nitrosamine, die teilweise zu den kanzerogenen oder cokanzerogenen Stoffen gehören. Einige dieser Stoffe finden sich im Nebenstrom sogar sehr viel stärker konzentriert als im Hauptstrom, so Formaldehyd, Nitrosamine und polyzyklische aromatische Kohlenwasserstoffe. Je nach Intensität der Lüftung können sich diese Stoffe in der Innenluft anreichern und somit auch den Passivraucher gefährden. Neben Belästigungen und Reizungen der Augen und der Atemwege können bei passiv rauchenden Kindern und anderen Risikopersonen vermehrt Erkrankungen der Atemwege auftreten.[11] In der Lübecker Pseudokrupp-Studie war der Anteil der rauchenden Eltern bei erkrankten Kindern mit 55,5 Prozent gegenüber dem allgemeinen Prozentsatz der Raucher in der Bevölkerung von etwa 36 Prozent erheblich erhöht! Das Bundesgesundheitsamt hat zum Gesundheitsrisiko des Passivrauchens folgendes ausgeführt: »Das Bundesgesundheitsamt in Berlin ist nach dem heutigen Stand der wissenschaftlichen Erkenntnisse der Ansicht, daß das unfreiwillige Einatmen von Zigarettenrauch (Passivrauchen) in verräucherten Räumen nicht nur eine Belästigung, sondern auch ein Gesundheitsrisiko darstellt und gesundheitsschädlich wirken kann. Die mit dem Passivrauchen möglicherweise verbundenen Gesundheitsbelastungen und Krankheiten sind Kopfschmerzen, Atembeschwerden, Husten, Schwindel, Bronchitis und Emphysem. Nach den vorliegenden ca. 20

epidemiologischen Studien muß es auch als sehr wahrscheinlich angesehen werden, daß Passivrauchen Lungenkrebs mit hervorrufen kann. Das Einatmen von Tabakrauch kann weiterhin die Beschwerden bei bestimmten Erkrankungen – z. B. Angina pectoris – verstärken. Besonders empfindlich gegenüber Tabakrauch sind Schwangere und Personen mit chronischer Bronchitis, Asthma, Herz- und Kreislaufkrankheiten und Tabakrauchallergie. Hinweise auf weitere schädliche Folgen wie Herz-Kreislauf-Krankheiten und verschiedene andere Krebsarten liegen vor. Auch die Weltgesundheitsorganisation hält Passivrauchen für ein unbestreitbares Gesundheitsrisiko.«[12] (siehe auch Kapitel 10).

Weitere Quellen für eine Verschmutzung der Innenraumluft sind raumgebundene Heizungen und Kochstellen, die Kohlendioxyd, aber auch Stickoxyde und Schwefeldioxyd abgegeben können. So können sich beim Betrieb von Gasfeuerungen die Raumluftkonzentrationen an Kohlenmonoxyd verfünffachen. Eine weitere Quelle der Verschmutzung von Raumluft bietet die Raumausstattung. Mit der Leichtbauweise wurden zunehmend Möbel aus Spanplatten produziert, die Formaldehydharze als Bindemittel enthalten und Formaldehyd ausscheiden. Deshalb wurde bereits 1977 vom Bundesgesundheitsamt ein Richtwert von 0,1 ppm Formaldehyd für Innenraumluft empfohlen (siehe Kapitel 3). Um die Wohnräume gemütlicher zu gestalten, verkleideten unzählige Heimwerker ihre Wände mit Holz, das sie dann mit Holzschutzmitteln imprägnierten: viele dieser Mittel enthielten Pentachlorphenol, das in die Raumluft überging (siehe Kapitel 7). Als weitere Quellen für die Raumluftverschmutzung kommen schließlich Lösungsmittel und Klebstoffe, Reinigungs- und Desinfektionsmittel, Desodorantien und Haarsprays sowie Flecken- und Abbeizmittel in Frage.[11]

Bei einer Risikoabschätzung der Einflüsse der Luftverschmutzung müssen wir deshalb in Zukunft neben der Außenluft auch die Schadstoffkontamination der Innenraumluft in stärkerem Umfange als bisher berücksichtigen.

5 Krebs durch synthetische und natürliche Gifte

Krebserkrankung als Tribut an die Zivilisation?

In den industriell entwickelten Ländern stirbt jeder vierte bis fünfte Mensch an bösartigen Geschwülsten, die wir gewöhnlich unter dem Begriff »Krebs« subsumieren. Dieser Prozentsatz ist in unterentwickelten Ländern niedriger; nicht, weil dort die Umwelt und die Lebensverhältnisse besser sind, sondern weil die Sterblichkeit an Ernährungsstörungen und Infektionskrankheiten erheblich größer ist, so daß viele Einwohner gar nicht die Lebensjahrzehnte erreichen, in denen Krebs hauptsächlich auftritt.

Die *Ursachen,* die beim einzelnen zu einer bösartigen Geschwulst führen, lassen sich meist nicht feststellen. Wir kennen jedoch eine Vielzahl von Faktoren, die grundsätzlich in der Lage sind, im Tierversuch oder auch beim Menschen Krebs auszulösen. Zu nennen sind hier neben physikalischen Einflüssen wie energiereichen Strahlen in erster Linie chemische Stoffe, die sogenannten Karzinogene. Ihre Entdekkung erfolgte bereits vor mehr als zweihundert Jahren (1775) durch den englischen Wundarzt Percival Pott, der das gehäufte Auftreten des Hodensackkrebses bei Kaminfegern auf deren berufliche Exposition gegenüber Ruß und Teer zurückführte. Heute wissen wir, daß Pott mit dieser Annahme recht hatte, daß es sich ferner bei den krebsauslösenden Inhaltsstoffen in Ruß und Teer um polyzyklische aromatische Kohlenwasserstoffe handelt, und wir kennen inzwischen über tausend chemische Verbindungen, die sich im Tierexperiment als krebsauslösend erwiesen haben; bei etwa dreißig dieser Verbindungen (meist Arbeitsstoffen) ist auch eine karzinogene Wirksamkeit beim Menschen gesichert.

Da nur etwa ein Prozent aller bösartigen Geschwülste des Menschen erblich bedingt ist, könnten theoretisch 99 Prozent auf exogene Faktoren zurückzuführen sein. Im folgenden soll erörtert werden, welche Bedeutung in diesem Zusammenhang den krebsauslösenden Stoffen (Karzinogenen) zukommt. Vorher aber müssen einige Grundbegriffe der Onkologie (Geschwulstlehre) erörtert werden, deren Kenntnis für ein Verständnis der Probleme der chemischen Karzinogenese erforderlich ist.

Was ist Krebs?

Nach der Definition der Weltgesundheitsorganisation ist unter einer Geschwulst (Tumor) eine Gewebsvermehrung zu verstehen, »deren Wachstum überschießt, mit dem normalen Gewebe nicht koordiniert ist und auch dann anhält, wenn der auslösende Reiz nicht mehr wirksam ist«. Die Fähigkeit der Gewebsvermehrung durch Zellteilung ist grundsätzlich eine Eigenschaft, die, beginnend bei der befruchteten Eizelle, allen menschlichen Zellen primär zukommt; sie ist die Voraussetzung der menschlichen Entwicklung. Auch nach dem Abschluß der Wachstumsphase behalten nahezu alle Gewebe diese Fähigkeit; eine Ausnahme machen nur die sogenannten Ruhegewebe wie die Ganglienzellen und der Skelettmuskel, deren Fähigkeit zur Zellteilung nach dem Abschluß des körperlichen Wachstums verlorengeht. Viele Gewebe müssen sich sogar aus funktionellen Gründen ständig erneuern, um ihren Aufgaben im Organismus nachzukommen. Wir sprechen in diesem Zusammenhang von Wechsel- oder Mausergeweben, zu denen das blutbildende System, das lymphatische System, die Epidermis (äußere Hautschicht) sowie die Epithelzellen der Schleimhäute gehören. Das normale Gewebswachstum durch Zellteilung erfolgt aber nur in dem Umfange, der im Gesamtinteresse des Organismus erforderlich ist; verschiedene regelnde Einflüsse der Zellen untereinander sowie auch übergeordneter Regulationssysteme, wie etwa das endokrine System, halten die Vermehrungstendenz der Zellen und Gewebe in Grenzen.

Das Wachstum eines Tumors ist gegenüber diesem normalen Gewebswachstum selbständig (autonom), unterliegt also nicht den regelnden Einflüssen des Organismus. Der Tumor wirkt wie ein Parasit und schädigt den Gesamtorganismus durch sein schnelles und schrankenloses Wachstum in vielfältiger Weise.

Nach der Art des Wachstums und der aus ihr resultierenden Gefährlichkeit für den Gesamtorganismus lassen sich bösartige von gutartigen Geschwülsten unterscheiden. In beiden Fällen kommt es infolge der kontinuierlichen Zellteilung zu einer Gewebsvermehrung. Bei *gutartigen Tumoren* bleiben die neugebildeten Zellen auf relativ engem Raume beieinander liegen, die Geschwulst wächst wie eine Kartoffel im Erdboden und ist meist von einer bindegewebigen Kapsel umgeben; wir sprechen von einem verdrängenden Wachstumstyp. Das Wachstum *bösartiger Tumoren* ist demgegenüber vergleichbar dem Eindringen von Pflanzenwurzeln in das Erdreich: Der Tumor wächst nach allen Seiten infiltrierend in das umliegende Gewebe und achtet dabei auch nicht die Organgrenzen; so kann ein bösartiger Tumor der Haut in die darunterliegenden Muskeln und Knochen, gegebenenfalls sogar in die Körperhöhlen und die inneren Organe eindringen. Es ist offensichtlich, daß dieser Wachstumstyp zu sehr viel gröberen Zerstörungen führt als das verdrängende Wachstum eines gutartigen Tumors. Auch kann ein bösartiger Tumor infolge seines Wachstumstyps nur unter sehr weitgehender Mitnahme umliegender Gewebe operativ entfernt werden und, sofern dieses nicht möglich ist, nur unvollständig eliminiert werden, was zum Auftreten neuer Geschwülste am alten Ort (sogenannter Rezidive) führen kann. Die Gefährlichkeit eines bösartigen Tumors wird zusätzlich durch seine Fähigkeit zur Bildung von Tochtergeschwülsten (Metastasen) verstärkt: Komplexe von Tumorzellen lösen sich vom Primärtumor und werden auf dem Blut- oder dem Lymphwege in andere Gewebe und Organe verschleppt, wo sie sich niederlassen und weiterwachsen.

Die Bezeichnung bösartiger Geschwülste mit dem Ausdruck »Krebs« soll auf Hippokrates zurückgehen, der ihn zur Beschreibung eines oberflächlich sichtbaren, fortschreitenden und nicht heilenden Geschwürs benutzt haben soll. Von griechisch *karkinos* (Krebs) leitet sich der Name Karzinom, von lateinisch *cancer* (Krebs) der Ausdruck kanzerogen (krebserzeugend) ab. Krebs ist keinesfalls ein einheitliches Krankheitsbild; vielmehr gibt es allein beim Menschen über hundert verschiedene Krebsarten, die sich nach dem Herkunftsgewebe in die Hauptgruppen bösartiger epithelialer Tumoren (Karzinome) und bösartiger mesenchymaler, vom Binde- und Stützgewebe ausgehender Tumoren (Sarkome) einteilen lassen, wobei etwa 90 Prozent in die erste Gruppe fallen.

Krebsdispositionen

Wir kennen mehrere Faktoren, die die Empfänglichkeit (Disposition) für das Entstehen einer bösartigen Geschwulst beeinflussen. Der wichtigste Faktor ist das Alter: Das Auftreten von Krebs steigt bei den meisten Formen mit zunehmendem Alter deutlich an. Diese Altersdisposition gilt vor allem für die bösartigen epithelialen Geschwülste (Karzinome), während Sarkome sowie auch Leukämien (Blutkrebs) bereits im frühen Kindesalter vorkommen können. Da diese aber seltener sind als Karzinome, ändert sich nichts an dem Tatbestand, daß Krebs insgesamt in seiner Häufigkeit mit zunehmendem Alter ansteigt.

Eine Geschlechtsdisposition für Krebs insgesamt gibt es nicht: Die allgemeine Erkrankungshäufigkeit und Sterblichkeit an Krebs sind bei Mann und Frau annähernd gleich groß. Es gibt aber bei einzelnen Tumoren durchaus Unterschiede, so treten etwa Lungen- und Ösophaguskrebs häufiger beim Manne, das Gallenblasen-Karzinom dagegen häufiger bei der Frau auf. Schließlich scheint es auch eine familiäre Disposition zu geben: Unter den Kindern eines krebskranken Elternteils tritt Krebs häufiger auf als unter Kindern nicht erkrankter Eltern. Letztlich muß wohl aber auch jeder einzelne eine spezielle Individualdisposition besitzen, die wir allerdings bisher mit keiner diagnostischen Maßnahme erfassen können.

Wie entsteht Krebs?

Für das Verständnis des Krebsproblems sind zwei Tatsachen von eminenter Bedeutung:

1. Krebs entsteht immer aus einer normalen Körperzelle; zwar verändert sich die Krebszelle gegenüber ihrer Ausgangszelle nicht nur in der Funktion, sondern auch im Aussehen – hierauf beruht die mikroskopische Krebsdiagnose –, jedoch läßt sich auch bei noch so starker Entartung fast immer erkennen, von welchem Zelltyp die Entwicklung ausgegangen ist.
2. Krebs ist primär immer eine lokalisierte Erkrankung, die sich deshalb auch durch operative Entfernung, sofern diese radikal möglich ist, heilen läßt.

Welche Faktoren aber sind es nun, die dazu führen, daß aus einer normalen, in den Zellverband und in den Organismus eingefügten Zelle eine sich autonom, losgelöst von den Regelungsvorgängen des Organismus, teilende Krebszelle entwickelt?

Eine Zelle besteht aus dem Zellkern, dem diesen umgebenden Zytoplasma und aus mehreren, in das Zytoplasma eingebetteten Strukturelementen, den sogenannten Zellorganellen. Der Zellkern ist der Chef der Zelle, der fast alle in der Zelle stattfindenden Stoffwechselvorgänge direkt oder indirekt kontrolliert. Außerdem enthält der Zellkern im Chromatin, das sich während der Zellteilung zu den Chromosomen formiert, die genetische Information der Zelle, die bei der Zellteilung erbgleich auf die beiden Tochterzellen weitergegeben wird. Träger dieser genetischen Information sind, worauf bereits hingewiesen wurde, die Desoxyribonucleinsäuren (DNS, engl. DNA). Durch eine Änderung in der Zusammensetzung dieser kompliziert aufgebauten Kerneiweiße, wie sie etwa unter dem Einfluß radioaktiver Strahlen oder chemischer Substanzen, aber auch spontan auftreten kann, verändert sich auch die genetische Information der Zelle. Spielt sich ein solcher Vorgang in den Keimdrüsen (Gonaden) ab, so kann es zu einer qualitativen oder quantitativen Änderung in der Struktur eines neuen Individuums kommen: wir sprechen von einer Mutation, die in der Mehrzahl der Fälle eine Negativ-Mutation im Sinne einer Verschlechterung der Erbsubstanz darstellt. Zahlreiche vererbbare Erkrankungen beruhen auf derartigen Störungen in der Erbsubstanz.

Sofern sich eine Veränderung der DNS nicht in den Keimdrüsen, sondern in anderen somatischen Zellen des menschlichen Organismus abspielt, kann sich lokal ein neuer, in seinen Eigenschaften von der Mutterzelle abweichender Zelltyp entwickeln, der diese DNS-Veränderungen an seine Tochterzellen weitergibt und der sich auch nach Aufhören des auslösenden Reizes weiter teilt: eben eine Krebszelle (s. Abb. S. 105). Derartige somatische Mutationen sind nach heutiger Kenntnis die Ursache für die Umwandlung einer normalen in eine Krebszelle. Allerdings besitzt der Organismus mehrere Möglichkeiten, eine derart ausgelöste Veränderung zu beseitigen, ehe sie seine Existenz gefährdet. So gibt es Fermente, die eine beschädigte DNS reparieren und hierdurch die somatische Mutation rückgängig machen können; neuere Untersuchungen haben gezeigt, daß sich die Aktivität dieser Reparaturenzyme durch häufige Einwirkung krebsauslösender Faktoren steigern läßt. Des weiteren ist der Organismus in der Lage,

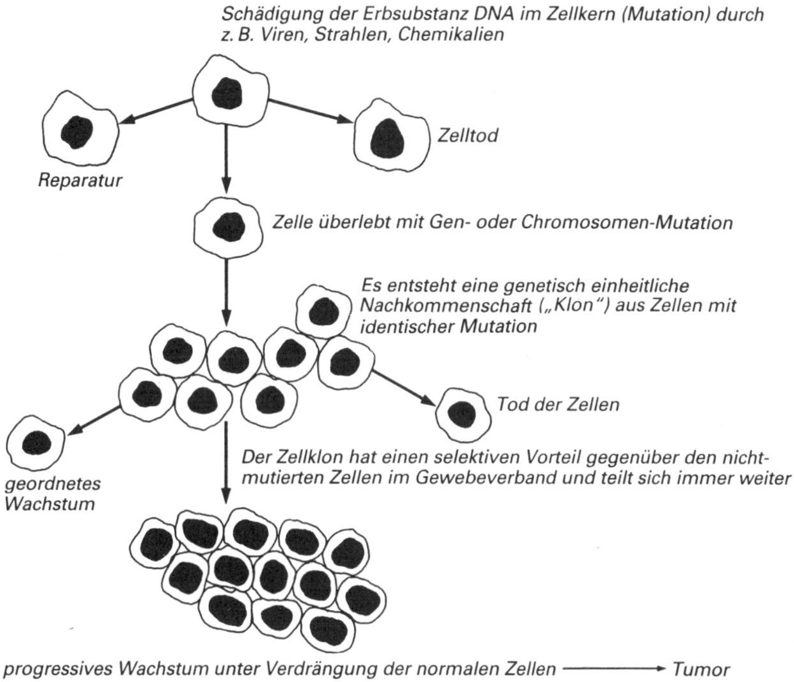

Entstehung von Krebs durch somatische Mutation. Zellklon ist eine Gruppe genetisch identischer, aus einer einzelnen Zelle hervorgegangener Zellen (nach W. Sandritter).

krebsartig veränderte Zellen immunologisch zu erkennen und auch auf immunologischem Wege zu beseitigen. Warum diese Abwehrmechanismen dann schließlich im Einzelfalle doch nicht greifen und ein Krebs entsteht, ist noch weitgehend unklar.

Für die Mutationstheorie insbesondere des durch chemische Substanzen ausgelösten Krebses spricht schließlich, daß die Mehrzahl dieser Kanzerogene gleichzeitig im Tierexperiment auch mutagen (das heißt also erbgutverändernd) wirksam ist und daß weiterhin für nahezu alle diese Substanzen eine chemische Interaktion mit den DNS experimentell nachgewiesen werden konnte.

Es sei nicht verschwiegen, daß es sich bei diesen Ausführungen um eine sehr vereinfachte Darstellung unserer heutigen Kenntnisse zur Entstehung des Krebses handelt. Es gibt zahlreiche ungeklärte Fragen, so etwa die Ursache der langen Latenzzeit, die zwischen der Einwirkung einer krebsauslösenden Noxe und dem Auftreten eines Tumors vergeht und die beim Menschen mehrere Jahrzehnte betragen kann. Offensichtlich ist es so, daß die in ihrer DNS-Struktur geschädigte Zelle zunächst längere Zeit im Ruhezustand verharrt und möglicherweise erst unter dem Einfluß zusätzlicher Faktoren in eine schnellteilende Tumorzelle übergeht.

Tumorpromotoren

Die meisten Karzinogene sind so stark wirksam, daß die mehrmalige oder oft schon einmalige Anwendung nach einer entsprechenden Latenzzeit zur Bildung von Krebs führt. Dieses ist durch zahlreiche Tierexperimente eindeutig nachgewiesen. Unter natürlichen Bedingungen ist es allerdings so, daß der menschliche Organismus meist mit nur sehr kleinen Mengen von Karzinogenen in Berührung kommt. Sie reichen allein nicht aus, um einen Krebs auszulösen, können sich aber mit später einwirkenden weiteren Dosen des gleichen oder auch eines anderen Karzinogens, sofern dieses auf das gleiche Gewebe beziehungsweise die gleiche Zelle einwirkt, in ihrer Wirkung summieren. Nach unserer heutigen Kenntnis spielt aber beim Zustandekommen eines Tumors neben dem eigentlichen Karzinogen (von einigen Autoren auch als Solitär-Karzinogen bezeichnet) der zusätzliche Einfluß von sogenannten Tumorpromotoren eine wichtige Rolle. Es handelt sich hierbei um Substanzen, die allein nicht krebserzeugend wirken, jedoch in der Lage sind, die Wirkung eines Karzinogens (im Unterschied zum Promotor auch als Initiator zu bezeichnen) so zu verstärken, daß eine unterschwellige, allein nicht zum Tumor führende Dosis des Karzinogens nun zur Ausprägung eines Krebses führt. Tumorpromotoren wirken, wenn man sie auf die gesunde Haut bringt, meist reizend und verursachen Rötung, Verdickung und eine vorübergehende Steigerung der Zellteilungsrate. Man kann sogar sagen, daß allgemein Maßnahmen, die zu einer erhöhten Zellteilungsaktivität im Gewebe führen, das Entstehen von Tumoren im Sinne der Promotion begünstigen können. Bestrahlt man zum Beispiel Ratten mit einer geringen, allein noch nicht zur krebsigen Entartung des Knochenmarks (Leukämie) führenden Dosis und setzt sie daraufhin wiederholten Entblutungen aus, die das Knochenmark zur Teilung reizen, kann sich eine Leukämie entwikkeln. Entblutung allein ohne vorherige Bestrahlung hat keine derartige

Wirkung. Die zeitweilige Steigerung der Zellteilungsaktivität des Knochenmarks führt also zu einer Manifestation der karzinogenen Strahlenbelastung.

Durch Tumorpromotion lassen sich zahlreiche Phänomene der menschlichen Pathologie erklären. So führen chronische Entzündungen mit erhöhten Zellumsatzraten wie etwa die chronische Magenschleimhautentzündung, die chronische Bronchitis oder das Magengeschwür gar nicht so selten zu krebsiger Entartung, was sich durch die erhöhte Zellteilungsaktivität erklären läßt, die den durch Karzinogene initiierten Zellen überhaupt erst eine entsprechende Vermehrung und Entwicklung zum Tumor ermöglicht. Tierexperimentell ließ sich durch eine chronische Reizung der Rückenhaut von Mäusen mit Salzsäure oder Kalilauge zunächst eine chronische Entzündung auslösen, aus der heraus sich dann ein Hautkrebs entwickelte. Selbstverständlich sind weder Salzsäure noch Kalilauge karzinogen im engeren Sinne; sie wirken nur über den chronischen Reiz- und Entzündungsprozeß. Tumorpromotion scheint somit ein weitgehend unspezifischer und in den meisten Fällen wohl auch naturgegebener Vorgang zu sein, der im Einzelfall aber zur Manifestation einer Krebsgeschwulst aus einer durch karzinogene Wirkung initiierten Zelle oder Zellgruppe führen kann.

Bei der Entstehung menschlicher Krebse dürften vor allem die wachstumsfördernden Hormone eine Promotorwirkung entfalten, so etwa die männlichen und weiblichen Geschlechtshormone, deren Einwirkung auf das Wachstum insbesondere von Karzinomen des Genitalsystems seit langem bekannt ist und auch therapeutisch ausgenutzt wird. Insgesamt aber ist die Bedeutung von Tumorpromotoren für die Entstehung des menschlichen Krebses noch weitgehend unklar.

Epidemiologische Beweise für die Wirksamkeit von Umweltnoxen bei der Krebsentstehung

Experten nehmen heute an, daß 60 bis 90 Prozent aller beim Menschen entstehenden malignen Tumoren direkt oder indirekt durch natürliche oder künstliche Umweltkarzinogene verursacht werden.[1, 2] Die stärkste Stütze für die eminente Bedeutung von Umweltnoxen bei der Krebsgenese des Menschen stammt aus epidemiologischen Untersuchungen über die Krebshäufigkeit an verschiedenen Orten und zu verschiedenen Zeiten. Aus einer Übersicht von Doll und Peto[3] ist zu entnehmen, daß die altersbezogene Häufigkeit der 19 wichtigsten Krebsformen in geographischer Hinsicht mindestens um den Faktor 6 schwankt, das heißt also in den Gebieten mit der größten Häufigkeit sechsmal höher ist als in denen mit der niedrigsten. Für bestimmte Krebsformen ist dieses Verhältnis aber noch wesentlich größer. So tritt zum Beispiel der Ösophaguskrebs im Nordosten des Iran dreihundertmal häufiger auf als in Nigeria, Leberkrebs hundertmal häufiger in Moçambique als in England und das Peniskarzinom in Teilen von Uganda dreihundertmal häufiger als bei Juden in Israel. Diese starken geographischen Unterschiede weisen auf die Existenz karzinogener Noxen in der jeweiligen Umwelt hin, wobei man das niedrigste Vorkommen einer bestimmten Krebsform als das natürliche, nicht durch äußere Noxen erhöhte ansehen kann.

Es spricht wenig dafür, daß genetische Faktoren für diese starken geographischen Unterschiede in der Krebsinzidenz verantwortlich sind. So entspricht die Krebshäufigkeit bei schwarzen Amerikanern nicht der in ihrem Herkunftsort Westafrika, sondern viel stärker der von weißen Amerikanern, oder aber die dänischer Adoptivkinder nicht der ihrer biologischen, sondern ihrer Adoptiveltern.[4]

Beweisend für die Bedeutung exogener Noxen bei der Krebsentstehung aber sind die Migrationsstudien an größeren Bevölkerungsgruppen. Ein besonders markantes Beispiel hierfür ist die Krebshäufigkeit japanischer Einwanderer in den Vereinigten Staaten.[3,5] In Japan treten jährlich 98 Fälle von Magenkrebs pro 100000 Einwohner auf, in den Vereinigten Staaten dagegen nur 15 Fälle. Auch das Leberkarzinom ist in Japan erheblich häufiger als in den USA. In den USA ist andererseits der Krebs des Colons und der Prostata erheblich häufiger als in Japan. Bereits bei den nach Kalifornien ausgewanderten Japanern selbst trat eine Verminderung in der Häufigkeit des Magen- und Leberkarzinoms und eine Zunahme beim Colon- und Prostatakarzinom ein. Noch ausgeprägter war diese Angleichung bei ihren in Amerika geborenen Kindern, und in der zweiten Generation entsprach dann die Krebsinzidenz bei den eingewanderten Japanern nahezu vollständig der eingesessener Kalifornier. Dieses Ergebnis beweist, daß exogene Noxen mit der Fähigkeit, Magen- und Leberkrebs auszulösen, in Japan häufiger vorkommen müssen als an der Westküste der USA, während andererseits hier die Noxen stärker ausgeprägt sind, die zur Entstehung des Colon- und Prostatakarzinoms führen.

Auch zeitliche Änderungen in der Krebsinzidenz weisen auf die ursächliche Bedeutung exogener Faktoren hin. Dabei handelt es sich nicht um die vielfach berufene Zunahme der Krebshäufigkeit insgesamt, die fälschlicherweise oft als Indiz für eine zunehmende Umweltbelastung mit krebsauslösenden Schadstoffen angsehen wird. Diese ist vielmehr in erster Linie auf die längere Lebenserwartung und auf den Rückgang anderer Todesursachen, insbesondere der Infektionskrankheiten, zurückzuführen. Auch spielen hierbei die in früherer Zeit sehr viel unzureichenderen Methoden der Diagnostik von Krebserkrankungen und der Praktiken ihrer Registrierung eine verfälschende Rolle.[6] Ob tatsächlich in geschichtlicher Zeit eine echte, altersstandardisierte Zunahme in der Krebshäufigkeit stattgefunden hat, ist ungeklärt.

Jedoch gibt es eindeutige zeitliche Verschiebungen im Auftreten einzelner Organkrebse. So haben sich von 1950 bis 1975 die standardisierten Häufigkeitsraten des Magenkrebses in den meisten Ländern der Erde in spektakulärer Weise um 40 bis 60 Prozent vermindert, während im gleichen Zeitraum ein Anstieg in der Häufigkeit des Bronchialkarzinoms zwischen 40 und 400 Prozent zu verzeichnen war.[3] Während die Zunahme des Bronchialkarzinoms heute allgemein als Folge des verstärkten Zigarettenrauchens angesehen wird, sind die Ursachen für die Häufigkeitsabnahme des Magenkarzinoms weniger eindeutig; wahrscheinlich handelt es sich um die Folge verbesserter Ernährungsbedingungen mit einer vermehrten Aufnahme frischer oder durch Kälte konservierter Nahrungsmittel und einem verminderten Verzehr besonders karzinogenreicher geräucherter und gepökelter Produkte.

Polyzyklische aromatische Kohlenwasserstoffe (PAK)

Der erste Nachweis einer karzinogenen Wirkung chemischer Stoffe anhand des Kaminfegerkrebses vor mehr als zweihundert Jahren beruhte auf dem Gehalt des Rußes und Teers an polyzyklischen Aromaten. Auch der Beginn der experimentellen Karzinogenforschung ist mit dieser Stoffklasse verbunden; denn 1915 beschrieben japanische Forscher erstmalig das Entstehen lokaler Tumoren an der Haut des Kaninchens nach Pinselung mit Steinkohlenteer.[7] Es handelt sich bei den PAK um kondensierte Ringsysteme, deren Grundstruktur das Benzol darstellt; Prototyp und bekanntester Vertreter dieser Karzinogengruppe ist das 3,4-Benzpyren oder Benzo(a)pyren, das wegen seiner relativ guten Nachweisbarkeit oft als Leitsubstanz für das Vorkommen von

Benzo(a)pyren

PAK allgemein benutzt wird. Für etwa fünfzehn Vertreter dieser Stoffklasse ist bisher eine karzinogene Wirkung im Tierexperiment nachgewiesen worden.

PAK müssen, bevor sie karzinogen wirken können, im Organismus metabolisch umgewandelt, das heißt zu dem eigentlich karzinogen wirkenden Stoff aktiviert werden. Diese Eigenschaft teilen sie mit den meisten Karzinogenen. Die Aktivierung erfolgt vornehmlich durch Enzyme des endoplasmatischen Retikulums, eines in nahezu allen Zellen, besonders aber in der Leber vorkommenden Fermentsystems. Zahlreiche Faktoren genetischer und nichtgenetischer Natur können die Aktivitäten dieser giftenden wie auch die von entgiftenden Fermenten in einem im Einzelfall nicht vorhersehbaren Ausmaß beeinflussen; hierdurch kommen zusätzliche Faktoren ins Spiel, die Ursache der unterschiedlichen individuellen Disposition gegenüber Krebs sein können.

Die karzinogene Wirkung der PAK ist in erster Linie eine lokale: Sie rufen nach Pinselung auf der Haut oder Injektion unter die Haut Tumoren am Orte der Applikation hervor. Ebenso ließen sich durch Einbringung in die Luftröhre Lungentumoren induzieren. Eine Inhalation dieser Substanzen führt nur dann zu Tumoren, wenn diese gemeinsam mit einem irritierenden Stoff (wie Schwefeldioxyd) erfolgt. Nach oraler Aufnahme ist die karzinogene Wirkung der PAK relativ gering; erst durch sehr hohe Dosen ließen sich Tumoren auslösen, die sich vorwiegend auf den Magen lokalisierten. Neben Tierversuchen hat es auch vereinzelte Versuche am Menschen gegeben, in denen durch PAK gutartige Epitheliome der Haut ausgelöst werden konnten, die aber nach Absetzen voll reversibel waren.[7]

Herkunft der PAK

Die meisten PAK kommen nicht natürlich vor, sondern entstehen durch die unvollständige Verbrennung organischen Materials bei Temperaturen zwischen 500 und 950 °C. Je größer der Sauerstoffmangel bei

Verbrennungsvorgängen ist, um so mehr PAK werden gebildet; da Verbrennungsvorgänge heute noch nicht so gesteuert werden können, daß sie vollständig ablaufen, führt Energiegewinnung durch fossile Brennstoffe notwendigerweise auch zu einer Emission von PAK, so daß diese heute überall in unserer Umwelt vorkommen. Nur dort, wo kaum fossile Brennstoffe verwendet werden wie in Island, gibt es keine Umweltbelastung durch PAK. In den USA beruht die Gesamtemission von PAK zu etwa 75 Prozent auf der Verbrennung von Kohle zu verschiedenen Zwecken einschließlich der Koksherstellung, und nur 2 Prozent entfallen auf Fahrzeugabgase.

Aufnahme mit der Luft

Die durch Verbrennungsvorgänge in die Luft emittierten PAK verbleiben dort oder werden an Rußpartikel gebunden und können so durch deren Ablagerung in Wasser, Böden und pflanzliche Nahrungsmittel gelangen. Nur in einem Lande wie Island, in dem fossile Brennstoffe durch die Nutzung von natürlichen Heißwasserquellen kaum verbrannt werden, ließen sich in Bodenproben keine PAK nachweisen. Die Konzentration von PAK in der Luft ist abhängig von der Bevölkerungsdichte und der Industrialisierung[8]; sie ist im Winter als Folge der Heizungsemission höher als im Sommer. So betrug die Benzo(a)pyren-Konzentration in der Luft von Bonn im Juli 4,4, im Februar dagegen 133 μg/1000 m^3.[2] Generell sind die PAK-Konzentrationen in der Luft der Bundesrepublik fünf- bis zehnmal höher als in den USA, was auf die größere Zahl von häuslichen Kohleöfen zurückzuführen ist. Infolge der unterschiedlichen Emissionen schwankt die jährliche Aufnahme von PAK über die Luft durch die Einwohner in einem weiten Bereich[9]; in der Bundesrepublik beträgt die jährliche Aufnahme von Benzo(a)-pyren in ländlichen Regionen etwa 2,5 μg, in weniger belasteten Städten 40 μg und in stark belasteten Großstadtzentren bis zu 200 μg.

Neben der globalen Luftverschmutzung spielt für die Aufnahme von PAK die individuelle durch Rauchen eine große Rolle. In Tabakrauchkondensaten konnten bisher etwa 60 dieser Verbindungen identifiziert werden, hinzu kommen noch mehrere 100 Methyl- und Alkylderivate. Die Aufnahme von Benzo(a)pyren durch das Rauchen einer Zigarette liegt zwischen 10 und 50 ng und kann bei ungefilterten Zigaretten bis zu 150 ng reichen.[9, 10] Bei einem täglichen Konsum von 25 Zigaretten sind dies 0,25 bis 1,25 μg täglich oder aber 91 bis 456 μg im Jahr, also erheblich mehr als durch stark belastete Großstadtluft.

Aufnahme mit der Nahrung

Neben der Luft ist die Nahrung eine weitere wichtige Quelle für die Aufnahme von PAK. Diese kommen mit Ausnahme unzubereiteter tierischer Nahrungsmittel wie rohes Fleisch in allen anderen Nahrungsmitteln, insbesondere pflanzlicher Herkunft, wie Gemüse, Getreide, Obst und Fetten in nicht unerheblicher Menge vor (Tabelle 5). Herkunft ist der PAK-Gehalt der Luft, was daraus zu ersehen ist, daß in Industriegebieten gewachsenes Gemüse und Obst etwa zehnmal höhere Mengen an Benzo(a)pyren enthält als solches aus industriefernen Regionen. Durch Waschen von Gemüse und Obst läßt sich der PAK-Gehalt leider nur um 10 Prozent reduzieren.[10]

Tabelle 5 Geschätzte Menge an Benzo(a)pyren (B[a]P), die jährlich pro Kopf der Bevölkerung mit der Nahrung aufgenommen wird. Nach R. Preussmann.[10]

Lebensmittel	Verbrauch pro Kopf und Jahr kg bzw. m^3	Durchschnittl. Gehalt an B(a)P μg/kg	Aufgenomm. Menge B(a)P pro Jahr μg/Kopf
Gemüse	66		
industriefern gewonnen		12,1	120
industrienah gewonnen		90	594
Brotgetreide	92		
industriefern gewonnen		0,7	68
industrienah gewonnen		2,2	203
rauchgasgetrocknet		4,4	406
Obst	51		
industriefern gewonnen		2,1	16
industrienah gewonnen		13,4	100
Margarine	11	6,9	75
Pflanzliche Öle und Fette	2,5	8,3	20
Räucherwaren	18	1,5	27
Trinkwasser	1 m^3	7	7
Holzkohlegegrillte Produkte	0,5	8	4
Bohnenkaffee	2	0,3	0,7

Mittelwert 0,35 bis 1,2 mg/Kopf/Jahr

Bei der thermischen Zubereitung von Lebensmitteln durch Rösten, Braten, Backen oder Fritieren entstehen nur unbedeutende zusätzliche Mengen an karzinogenen PAK. Höhere Werte entstehen allerdings durch das Räuchern infolge der Aufnahme von Rauchgasen. Aber auch bei so zubereiteten tierischen Lebensmitteln liegen die Konzentrationen im allgemeinen niedriger als in pflanzlichen Nahrungsmitteln. Eine Höchstmengenverordnung beschränkt in der Bundesrepublik im übrigen das Vorkommen von Benzo(a)pyren in geräucherten Fleischwaren auf 1 µg/kg. Bei auf Holzkohlengrill zubereitetem Fleisch wurden allerdings höhere Konzentrationen bis 50 µg/kg gemessen; dies beruht auf der Pyrolyse des in das offene Feuer tropfenden Fettes, wobei die hierbei entstandenen PAK mit dem Rauch wieder in das Fleisch gelangen.[10]

Die insgesamt mit der Nahrung aufgenommene Menge an Benzo(a)-pyren dürfte pro Kopf höchstens 3 µg täglich oder 1 mg pro Jahr betragen.[10] Eine neuere Statistik aus Ungarn geht von einer jährlichen Aufnahme von 475 µg aus.[11] Diese Mengen sind, wie Untersuchungen an Mäusen gezeigt haben, bei oraler Zufuhr allein noch nicht karzinogen wirksam.

Polyzyklische Aromate und menschlicher Krebs

Die Bedeutung der PAK für die menschliche Krebsentstehung ist noch weitgehend unklar.[12] Mit Sicherheit sind sie für den Skrotumkrebs des Schornsteinfegers sowie den Hautkrebs der Teerarbeiter verantwortlich. Es spricht auch einiges dafür, daß sie als lokal wirkende Karzinogene an der krebsauslösenden Wirkung des Tabakrauchens beteiligt sind; allerdings reichen die hier vorkommenden Mengen an PAK allein nicht zur Erklärung seiner karzinogenen Wirkungsstärke aus, aber neben den PAK kommen auch nahezu alle anderen bekannten Karzinogene (Nitrosamine, Arsen, Chromat und andere) im Tabakrauch vor. Weiterhin wird das häufigere Auftreten von Bronchialkarzinomen in städtischen Regionen gegenüber dem Land von manchen Autoren mit den höheren PAK-Konzentrationen in der städtischen Luft in Beziehung gesetzt.[8, 12] Hiergegen wurde allerdings eingewendet, daß die städtische Jugend früher zu rauchen beginne und generell der Zigarettenkonsum in Städten höher sei als auf dem Lande und dies die höhere Inzidenz von Bronchialkarzinomen erklären könne.[8, 12] Schließlich wird vermutet, daß der in Westungarn besonders häufig vorkommende Magenkrebs auf den dort vorherrschenden Konsum hausgeräucherter Fleischprodukte mit ihrem besonders hohen Gehalt an PAK zurückzuführen sei. Auch die in anderen Ländern wie Island und Finnland besonders hohe Erkrankungsrate an Magenkrebs soll auf der Vorliebe für geräucherte Fleisch- und Fischprodukte beruhen.[11]

N-Nitroso-Verbindungen

Obwohl die einfachste N-Nitroso-Verbindung, das N-Nitrosodimethylamin, bereits seit über hundert Jahren bekannt ist, wurde die karzinogene Wirksamkeit dieser Verbindungsgruppe erst vor etwa zwei Jahrzehnten durch Druckrey, Schmähl und Preussmann entdeckt.[13] Inzwischen wurden mehr als zweihundert Verbindungen aus dieser Gruppe im Tierversuch auf karzinogene Wirkung untersucht, über 80 Prozent erwiesen sich als wirksam. Chemisch lassen sich die N-Nitroso-Verbindungen in zwei Gruppen, nämlich in die Nitrosamine und Nitrosamide

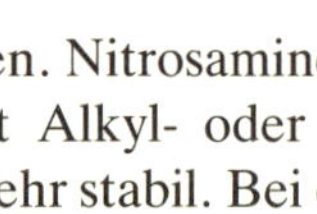

Nitrosamin
(N-Nitrosodimethylamin)

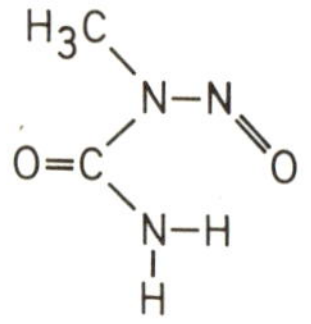

Nitrosamid
(N-Nitrosomethylharnstoff)

einteilen. Nitrosamine sind die N-Nitroso-Derivate sekundärer Amine, die mit Alkyl- oder Allylresten substituiert sind; sie sind chemisch meist sehr stabil. Bei den Nitrosamiden stellt demgegenüber ein Substituent einen Acylrest dar; Nitrosamide sind meist sehr instabil.[13]

Nitrosamine sind (wie auch die PAK) sogenannte Präkarzinogene, die sich erst im Organismus zu den eigentlich wirksamen proximalen Karzinogenen entwickeln. Im Gegensatz hierzu bedürfen Nitrosamide wahrscheinlich keiner enzymatischen Aktivierung, sondern zerfallen im Organismus spontan in die karzinogen wirkenden Produkte. Nitrosamine wirken deshalb nicht lokal, sondern nach metabolischer Aktivierung systemisch, während Nitrosamide sowohl lokal an der

Applikationsstelle als auch systemisch karzinogen wirksam sind. Die N-Nitroso-Verbindungen erzeugen am Versuchstier ein breites Spektrum von Tumoren in praktisch allen Organen, wobei sich durch entsprechende Auswahl von Substanz, Dosis und Applikationsart bestimmte Zielorgane selektiv und reproduzierbar treffen lassen. Von den untersuchten zahlreichen Tierspezies erwies sich bisher keine gegen die karzinogene Wirkung dieser Substanzklasse als resistent. Es ist deshalb sehr unwahrscheinlich, daß der Mensch anders reagiert.[7]

Entstehung exogen und endogen

N-Nitroso-Verbindungen kommen in der Natur normalerweise nur in Spuren vor. Sie können jedoch aus sekundären und tertiären Aminen sowie dem Nitrosyl-Ion des Nitrits bei saurem pH sowohl außerhalb des menschlichen Organismus als auch in ihm (vor allem im Magen) gebildet werden.[10, 14] Die Belastung durch diese Karzinogene erfolgt also einerseits exogen durch die Aufnahme vorgebildeter sowie endogen durch im Körper produzierte Verbindungen. Quelle der zunächst zu erörternden exogenen Belastung sind Lebensmittel, Tabakrauch, Kosmetika, Arzneimittel sowie berufliche Exposition.

Vorkommen in Lebensmitteln

N-Nitroso-Verbindungen finden sich vor allem in gepökelten Fleischwaren, in Bier und Käse; alle anderen Lebensmittel enthalten diese Verbindungen nur sporadisch und in minimalen Konzentrationen.[13] Das Vorkommen dieser Verbindungen in gepökelten Lebensmitteln beruht auf dem Zusammentreffen der in Fleisch wie auch Fisch reichlich vorhandenen nitrosierbaren Amine sowie des im Pökelsalz bis zu einer Maximalkonzentration von 0,6 Prozent erlaubten Konservierungsstoffs Nitrit; ungepökelte Produkte enthalten keine N-Nitroso-Verbindungen. Im angloamerikanischen Raum ist der Frühstücksspeck wesentliche Ursache der Belastung, da er extrem hohe Mengen an N-Nitroso-Verbindungen enthalten kann.[13]

Während Käse im allgemeinen nur relativ geringe Mengen an Nitrosodimethylamin enthält, erregte der von Preussmann, Eisenbrand und Spiegelhalder[15] Ende der siebziger Jahre geführte Nachweis von

Nitrosaminen im Bier großes Aufsehen (Tabelle 6). Überraschenderweise fand sich nämlich bei der Analyse von über zweihundert Bierproben in etwa 70 Prozent der Fälle eine Verunreinigung mit Nitrosodimethylamin, wobei die mittlere Konzentration 2,5 ppb (µg/kg) betrug. Der höchste Wert von 68 ppb wurde in Rauchbier gefunden, einer besonders in Bayern beliebten Spezialität, hohe Konzentrationen außerdem auch in Starkbieren und dunklen Bieren.[10, 15] In amerikanischen Bieren fand sich N-Nitrosodimethylamin in Konzentrationen bis zu 14 ppb.[16] Mit Ausnahme von schottischem Whisky wurden in anderen alkoholischen Getränken dagegen keine Nitrosamine gefunden.[17]

Als Quelle der Nitrosamin-Verunreinigung des Biers erwies sich Malz, da bei dessen Darren durch direkte Feuerung Stickoxyde entstehen, die wahrscheinlich mit im Malz vorhandenem Dimethylamin oder anderen Vorstufen zu Nitrosodimethylamin reagieren. Durch geeignete technologische Veränderungen des Darrprozesses beim Mälzen ließ sich inzwischen der Nitrosamingehalt im Malz und im Bier stark vermindern (Tabelle 6). So reduzierte sich der mittlere Nitrosodimethylamingehalt des Biers von 2,5 ppb im Jahr 1978 auf nur 0,4 ppb im Jahr 1981.[15]

Nach dem Ernährungsbericht 1976 der Deutschen Gesellschaft für Ernährung liegt die mittlere tägliche Pro-Kopf-Aufnahme flüchtiger Nitrosamine mit Nahrungsmitteln etwa bei 1,2 µg, wovon zwei Drittel auf Bier, 10 Prozent auf gepökelte Fleisch- und Wurstwaren, nur ein

Tabelle 6 N-Nitrosodimethylamin (NDMA)-Konzentrationen in deutschen Bieren vor und nach Änderung der Mälztechnologie. Nach R. Preussmann u. a.[15]

Biersorte	1978/79				1981			
	n	% Positiv (<0,5 ppb)	$\overline{x}$ ppb	x_{max} ppb	n	% Positiv (<0,5 ppb)	$\overline{x}$ ppb	x_{max} ppb
Pils	54	65	1,2	7	169	24	0,43	6,5
Export und Lager	42	67	1,2	7	179	26	0,39	2,0
Starkbier, hell	25	76	1,9	8	38	26	0,42	1,6
Weizenbier und Kölsch	22	23	0,2	1	19	5	0,32	0,7
Alt	25	76	2,7	11	21	24	0,96	7,0
Starkbier, dunkel	22	68	6,0	47	25	32	0,51	4,0
Rauchbier	9	100	18,0	68	3	100	1,50	2,0
Alle Sorten	199	66	2,5	68	454	24	0,44	7,0

Prozent auf Käse und der Rest auf sonstige Lebensmittel zurückzuführen ist.[13] Der Anteil des Biers und damit die Gesamtaufnahme dürfte durch die inzwischen erfolgten Veränderungen in der Mälztechnologie aber geringer geworden sein.

Vorkommen in Luft, Wasser und Tabakrauch

In Luft und Wasser kommen normalerweise nur Spuren von N-Nitroso-Verbindungen vor. In der Umgebung einiger chemischer Fabriken wurden allerdings höhere Konzentrationen gemessen; mit einer Kontamination ist somit nur lokal bei bestimmten industriellen Herstellungsprozessen zu rechnen. Flüchtige Nitrosamine wurden auch in der Innenluft neuer Autos nachgewiesen.[18] Gelegentlich wurden im Abwasser chemischer Fabriken sporadisch Nitrosamine gefunden, nicht jedoch im Trinkwasser.

Flüchtige Nitrosamine kommen im Rauch von Zigaretten und Zigarren in nicht unerheblichen Mengen vor. Sie entstehen wahrscheinlich durch Reaktion von Stickoxyden mit Aminen bei der Verbrennung des Tabaks, wobei der Nitrosamingehalt durch den hohen Nitratgehalt des Tabaks noch verstärkt wird. Aber auch unverbrannter Tabak enthält bereits N-Nitroso-Verbindungen, die während des Fermentierungsprozesses aus Nikotin gebildet werden [19]; die Entstehung von Mund- und Lippenkarzinomen durch Tabakkauen dürfte hierdurch zu erklären sein.[9, 10]

Ein Raucher, der eine handelsübliche Filterzigarette raucht, nimmt über den Hauptstrom 15 bis 30 ng an flüchtigen Nitrosaminen sowie 0,8 bis 1,4 μg an tabakspezifischen Nitrosaminen auf. Die Belastung durch das Rauchen von zwanzig Zigaretten übersteigt somit die tägliche Nitrosaminaufnahme über Lebensmittel beträchtlich. Rauch ohne Filter erhöht die Aufnahme nochmals um den Faktor 2 bis 5.[13]

Bemerkenswert ist, daß der Nitrosamingehalt im Nebenstromrauch, der ja in die Atmosphäre und nicht zum Raucher gelangt, zehn- bis vierzigmal höher ist als in dem vom Raucher direkt inhalierten Hauptstromrauch. Dementsprechend wurden in Luftproben aus verräucherten Innenräumen hohe Konzentrationen von Nitrosaminen gemessen, die durch Passivrauchen aufgenommen werden und nach einstündigem Aufenthalt die Nitrosaminmenge erreichen können, die ein Raucher mit dem Hauptstrom von dreißig Zigaretten inhaliert.[20] Es ist deshalb nicht weiter erstaunlich, daß die toxikologische Bedeutung des Passivrauchens nach wie vor Gegenstand der Diskussion ist und gerade in letzter Zeit wieder öffentliches Interesse erregt hat (siehe auch Kapitel 4 und 10).

Vorkommen in Kosmetika

N-Nitrosodiäthanolamin wurde in teilweise hohen Konzentrationen in kosmetischen Produkten wie Gesichtscremes und Shampoo nachgewiesen; dieses Karzinogen wird durch die menschliche Haut resorbiert und kann im Urin nachgewiesen werden. Es entsteht in den Kosmetika durch Verwendung von Di- und Triäthanolamin als Emulgierungsmittel und durch den Vertrieb dieser Stoffe in Metallbehältern, die mit Nitrit zum Korrosionsschutz behandelt werden, wodurch die Komponenten einer Nitrosaminbildung vorgegeben sind.[10, 13]

Endogene Bildung von N-Nitroso-Verbindungen

Die endogene, im menschlichen Körper ablaufende Bildung von N-Nitroso-Verbindungen aus den Vorstufen nitrosierbarer Amine und nitrosierender Agenzien ist erwiesen.[14] So führte etwa das Verfüttern von Aminen, Amiden und Nitrit an Versuchstieren zu Tumoren, die für die entsprechende N-Nitroso-Verbindung, die sich gebildet hatte, typisch waren. Auch kam es im Blut von Probanden zu einem Anstieg der Konzentration von Nitrosodimethylamin und Nitrosodiäthanolamin im Anschluß an eine Mahlzeit aus Spinat, Frühstücksspeck, Tomaten und Bier, ein Befund, der allerdings in anderen Untersuchungen nicht bestätigt werden konnte.[21] Eine solche In-vivo-Synthese von Karzinogenen ist einzigartig und kommt sonst nicht vor. Hauptort der endogenen Bildung von N-Nitroso-Verbindungen ist der Magen mit seinem sauren Milieu. Darüber hinaus könnte aber eine solche Nitrosierung auch im Darm, in der infizierten Harnblase sowie in der infizierten Vagina erfolgen, wobei Bakterien durch Produktion von Vorstufen oder aber als Katalysatoren beteiligt sein könnten.

Die Vorstufen einer Nitrosaminbildung

Vorstufen der endogenen Nitrosaminbildung sind einerseits sekundäre nitrosierbare Amine, die nahezu überall in der Nahrung vorkommen oder aber durch Kochprozesse und Konservierungsmaßnahmen zusätzlich entstehen können. Eine ebenfalls wichtige Quelle von Aminpräkursoren sind bestimmte Arzneimittel mit sekundären Aminstrukturen, aus denen im Organismus ebenfalls N-Nitroso-Verbindungen entstehen können. Neben Aminophenazon, das aus dem Handel genommen wurde, gibt es eine Reihe weiterer nitrosierbarer Arzneimittel (Oxytetrazyklin, Chlorpromazin, Dextropropoxyphen und andere), die jedoch durch eine relativ geringe Nitrosaminbildung in keinem Falle die Gefährlichkeit von Aminophenazon erreichen dürften.[22]

Nitrit als das wohl wichtigste Nitrosierungsmittel von Aminen ist in bestimmten Lebensmitteln, vor allem in gepökelten Waren, vorhanden und kann mit ihnen aufgenommen werden. Darüber hinaus wird aber Nitrit im menschlichen Körper auch endogen gebildet, und zwar in erster Linie durch mikrobiologische Reduktion aus Speichelnitrat sowie aus Ammoniak und anderen reduzierten Stickstoffverbindungen im Darm.[23] Praktisch dürfte das im Speichel gebildete Nitrit die größte Bedeutung haben, da es nach Verschlucken im sauren Milieu des Magens sofort als Nitrosierungsmittel zur Verfügung steht. Die Nitritbildung im Speichel korreliert mit der Nitrataufnahme durch die Nahrung. So ließ sich nach Genuß nitratreicher Gemüse wie Spinat oder Rote-Bete-Saft ein erheblicher Anstieg der Nitrat- wie auch der Nitritkonzentration im Speichel nachweisen.[13, 24]

Mit Nahrungsmitteln werden in der Bundesrepublik Deutschland täglich im Durchschnitt 75 mg Nitrat und 3,3 mg Nitrit aufgenommen, was weniger als die Hälfte des von der WHO festgelegten ADI-Wertes (*a*cceptable *d*aily *i*ntake) ist (3,65 mg/kg für Nitrat und 0,13 mg/kg für Nitrit). Der Hauptanteil des Nitrats (etwa 70 Prozent) stammt aus Gemüsen, der des Nitrits aus gepökelten Fleischprodukten sowie Brot und Backwaren.[13] Besonders nitratreich (1000 bis 5000 mg/kg) sind alle Salatarten, Spinat, Rote Bete, Rettich, Radieschen, Mangold, Fenchel, Grünkohl, Wirsingkohl und Chinakohl, während grüne Bohnen, Erbsen, Broccoli, Chicorée, Gurken, Rosenkohl, Spargel, Tomaten, Zwiebeln und Kartoffeln zu den nitratarmen Gemüsen zählen (unter 500 mg/kg). Mittlere Nitratgehalte (500 bis 1000 mg/kg) finden sich in Blumenkohl, Kohlrabi, Möhren und Sellerie. Durch einseitige Ernäh-

Durch intensive Düngung erhöht sich der Nitratgehalt in Gemüse und Grundwasser.

rung kann die Nitrataufnahme den ADI-Wert deutlich überschreiten, da unter Umständen schon 100 ml eines nitratreichen Gemüsesaftes (wie Rote-Bete-Saft) ausreichen, um an die ADI-Grenze zu gelangen. Allerdings muß man dabei berücksichtigen, daß die Nitrosaminbildung im Magen durch den allgemein hohen Vitamin-C-Gehalt im Frischgemüse gehemmt wird. Das Bundesgesundheitsamt hat Richtwerte für den Nitratgehalt einiger Gemüse aufgestellt: Kopfsalat und Rote Bete 3000 mg/kg, Spinat 2000 mg/kg. Diese Richtwerte sind als Hilfe für den Produzenten gedacht, der durch Änderung seiner Düngung den Nitratgehalt seiner Produkte vermindern kann. In vielen Gebieten der Bundesrepublik wird nämlich massiv stickstoffhaltiger Dünger, sei es als Mineraldünger oder als Naturprodukt, eingesetzt, wodurch sich die Nitratgehalte in pflanzlichen Lebensmitteln erhöhen können.

Die mit der zunehmend intensivierten Landbewirtschaftung verbundene hohe Stickstoffdüngung belastet aber nicht nur den Nitratgehalt von Gemüse, sondern auch das Grund- und Trinkwasser. So stellte eine Arbeitsgruppe der Weltgesundheitsorganisation fest, daß sich die

Nitratkonzentrationen im Grundwasser durch Düngung und intensive Tierhaltung in den letzten zwanzig Jahren weltweit erhöht hätten, ein Trend, der wahrscheinlich weiter anhalten wird und auch für die Bundesrepublik gilt.[25, 26] Als Folge der steigenden Grundwasserkonzentrationen hat sich auch die Nitratkonzentration im Trinkwasser in den letzten Jahren laufend erhöht. Der Nitratgehalt des Trinkwassers ist aber für die Gesamtnitratzufuhr von erheblicher Bedeutung, da die durchschnittliche tägliche Aufnahme von 75 mg Nitrat durch Lebensmittel bereits bei einem Nitratgehalt des Trinkwassers von 35 mg/l verdoppelt und durch 70 mg/l verdreifacht wird. Wegen der möglichen Zusammenhänge zwischen Nitrataufnahme und Nitrosaminbildung sowie der in einigen epidemiologischen Studien festgestellten Korrelation zwischen dem Nitratgehalt des Trinkwassers und dem Auftreten von Magenkrebs[25] wurde der höchstzulässige Nitratgehalt im Trinkwasser in der Bundesrepublik ab 1. Oktober 1986 von 90 auf 50 mg/l herabgesetzt. Dieser Grenzwert dürfte allerdings kaum von allen Trinkwasserversorgungsanlagen eingehalten werden können, wobei dieses nicht nur für Einzelversorgungs-, sondern auch für größere Sammelversorgungsanlagen zutrifft. Insbesondere in landwirtschaftlich intensiv genutzten Arealen wie etwa den Wein- und Maisanbaugebieten Württembergs, den Tabak- und Spargelanbaugebieten Badens oder in Gebieten mit intensiver Tierhaltung wie in manchen Regionen Niedersachsens ist die Nitratzufuhr in das Grundwasser hierfür zu hoch.[27, 28] Dies darf aber nicht dazu führen, daß Wasserwerke eine weitere Aufbereitungsstufe brauchen, sondern muß durch eine geringere und sachgemäßere Stickstoffdüngung behoben werden.

Außer Nitrit und Nitrat kommen auch Stickoxyde als Nitrosierungsmittel in Betracht, die bei der Verbrennung fossiler Brennstoffe entstehen. Es besteht eine Korrelation zwischen hohen Spiegeln von NO_2 in der Luft und dem Auftreten von Krebs in manchen städtischen Regionen. Da Stickoxide selber nicht karzinogen wirken, kann die Bildung von Nitrosaminen hier das verbindende Glied sein.

Nitrit und Nitrat – eine besondere Gefahr für Säuglinge

An dieser Stelle sei eine andere Gefährdung durch Nitrit und Nitrat erwähnt, die mit der Nitrosaminbildung nichts zu tun hat. Nitrite haben nämlich die Fähigkeit, den in den Erythrozyten enthaltenen roten Blutfarbstoff Hämoglobin durch Oxydation seines Eisens in das schokoladenbraune Methämoglobin (Hämiglobin) umzuwandeln. Hierdurch verlieren die Erythrozyten ihre Fähigkeit, Sauerstoff zu transportieren, und es kommt zu einer Vergiftung, die, wie bei Kohlenmonoxyd, auf einer Unterbrechung des Sauerstofftransports beruht. Der Tod tritt bei einer Methämoglobinkonzentration von 50 Prozent an innerer Erstikkung ein. Besonders gefährdet sind Säuglinge in den ersten drei Lebensmonaten, da ihr Hämoglobin besonders schnell durch Nitrit zu Methämoglobin oxydiert wird und ihre Fermente zur Rückgewinnung von Hämoglobin aus Methämoglobin noch nicht entwickelt sind. Hinzu kommt, daß Säuglinge in ihrem Darm Nitrat in Nitrit umwandeln können.

Schwere und sogar tödliche Vergiftungen durch Methämoglobinbildung sind bei Säuglingen nach dem Genuß von Spinat vorgekommen, wenn dessen Nitrat durch längeres, insbesondere ungekühltes Aufbewahren bakteriell in Nitrit umgewandelt worden war, ferner auch bei künstlich ernährten Säuglingen, deren Pulvernahrung mit nitrit- und nitratreichem Brunnenwasser zubereitet wurde. In der Säuglingsernährung verwendeter Spinat sollte deshalb unter 300 mg Nitrat pro kg und das Trinkwasser weniger als 30 mg Nitrat pro Liter enthalten. Auch darf gekochter Spinat nicht aufbewahrt und aufgewärmt erneut verwendet werden. Die so beliebte Spinatfütterung der Säuglinge beruht übrigens auf einem Druckfehler: In einer Ernährungstabelle wurde der Eisengehalt des Spinats durch eine Kommaverschiebung auf das Zehnfache des tatsächlichen Wertes erhöht!

N-Nitroso-Verbindungen und menschlicher Krebs

Die Bedeutung der N-Nitroso-Verbindungen für die Entstehung maligner Tumoren beim Menschen ist noch weitgehend unklar. Die Beurteilung wird dadurch erschwert, daß sich die bisherigen Erkenntnisse allein auf das Vorkommen der leicht bestimmbaren flüchtigen Verbindungen erstrecken, wenig dagegen über das Vorkommen nichtflüchtiger N-Nitroso-Verbindungen in der Umwelt bekannt ist, die inzwischen aber in Tabakblättern und kosmetischen Produkten in relativ hoher Konzentration nachgewiesen werden konnten. Das gesamte Ausmaß der Belastung kann deshalb noch nicht beurteilt werden. Das Problem wird weiter dadurch erschwert, daß die Exposition gegenüber den Vorstufen der N-Nitroso-Verbindungen möglicherweise von größerer Bedeutung ist als die Aufnahme bereits gebildeter. Jedoch liegen die vom Menschen aufgenommenen oder endogen gebildeten Mengen an N-Nitroso-Verbindungen im gleichen Dosisbereich, der im Tierversuch karzinogen wirksam ist. Man kann deshalb vermuten, daß bestimmte, lokal gehäuft vorkommende Karzinome wie etwa das des Ösophagus und das des Magens auf eine erhöhte Einnahme von N-Nitroso-Verbindungen etwa durch gesalzenen und getrockneten Fisch[29] oder aber auf hohe Kozentrationen von Nitrat im Trinkwasser[25] zurückzuführen sind und daß auch global ein Teil der bisher noch nicht durch andere Ursachen kausal zu erklärenden Malignome durch N-Nitroso-Verbindungen bedingt sein könnte.[12] Andererseits wird vermutet, daß die Abnahme der Magenkrebshäufigkeit in den letzten Jahrzehnten auf die vermehrte Benutzung von Eisschränken und eine hierdurch verminderte bakterielle Umwandlung von Nitrat zu Nitrit mit der Folge verminderter Bildung von N-Nitroso-Verbindungen zurückzuführen ist.[13]

Aflatoxine: Krebs durch Schimmel

1960 verendeten in England nach Verfütterung verschimmelter Erdnußkerne etwa 100000 Truthühner. Als Ursache erwiesen sich Stoffwechselprodukte der Schimmelpilze Aspergillus flavus und Aspergillus parasiticus, die in der Umwelt weit verbreitet sind. Die von ihnen gebildeten Aflatoxine sind nicht nur stark hepatotoxisch, sondern auch karzinogen wirksam. Chemisch handelt es sich um eine einheitlich strukturierte Gruppe von Difurocumarinen mit einem charakterisitischen heterozy-

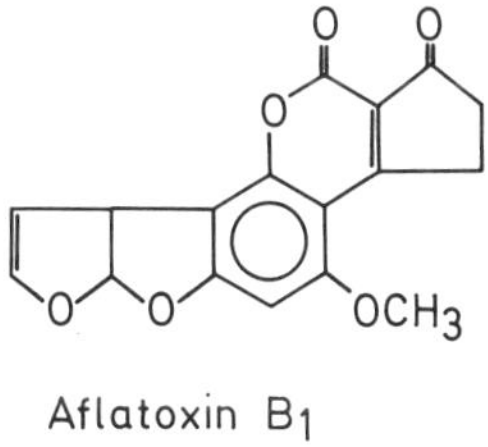

Aflatoxin B_1

klischen Grundgerüst aus fünf Ringen. Der Hauptvertreter, das Aflatoxin B_1, ist das stärkste bisher bekannte chemische Karzinogen.

Karzinogen wirken die Aflatoxine vor allem auf die Leber: Bei Ratten bilden sich bereits nach Zufuhr der niedrigen Konzentration von 1 µg/kg Nahrung Leberkarzinome. Die hepatokarzinogene Wirksamkeit der Aflatoxine ließ sich auch an anderen Tierarten wie Rhesusaffen und anderen Primaten sowie Enten, Frettchen, Forellen und anderen Fischen nachweisen.[10, 30]

Vorkommen der Aflatoxine

Aflatoxinbildende Schimmelpilze sind weit verbreitet und können verschiedenste Lebens- und Futtermittel insbesondere bei feuchtwarmer Lagerung befallen. Grundsätzlich ist davon auszugehen, daß alle verschimmelten Lebensmittel potentiell aflatoxinhaltig sein können; sie sind deshalb zum Verzehr nicht geeignet. Da das Toxin durch Diffusion auch in tiefere Schichten eindringen kann, können auch nicht sichtbar verschimmelte Teile von Lebensmitteln aflatoxinhaltig sein; großzügige Entfernung aller Schimmelstellen ist deshalb notwendig. In der Bundesrepublik Deutschland wurde Aflatoxin unter anderem in verschimmeltem Brot, Obst und Mehl nachgewiesen; als aflatoxinreichstes Produkt mit einem Gehalt von 7000 µg/kg B_1 und 1000 µg/kg G_1 erwies sich ein spontan verschimmeltes diätetisches Vollweizenschrot, das seinerzeit aus verschimmeltem Material hergestellt und in Reformhäusern wegen angeblich gesundheitsfördernder Eigenschaften vertrieben wurde.[31] Die wichtigsten Aflatoxinträger sind heute Erdnüsse, Mandeln und Marzipan, daneben noch gelegentlich Mais, Reis und Getreideprodukte. In solchen Risikoprodukten erwiesen sich bis zu 25 Prozent der untersuchten Proben als aflatoxinpositiv.[10] Nach der Aflatoxinverordnung von 1977, die für Nüsse, Mandeln, Getreide und Mohn gilt, darf in der Bundesrepublik die Gesamtmenge an Aflatoxin 10 µg/kg, die von Aflatoxin B_1 5 µg/kg nicht überschreiten.

Keine Aflatoxine in Käse und Wein

Die zur Käseherstellung verwendeten Schimmelpilze bilden keine Aflatoxine; bei der Untersuchung von 169 Proben 19 handelsüblicher Käsesorten wurde in keinem einzigen Fall Aflatoxin nachgewiesen.[31] Weiterhin wurden in Modellversuchen verschiedene Käsesorten mit aflatoxinbildenden Schimmelpilzen künstlich geimpft, wobei sich ergab, daß der Kulturschimmel des Camembert-Käse sowie des Romadur das Wachstum dieser aflatoxinbildenden Pilze verhinderte. Bei Tilsiter Käse, der mit Aspergillus flavus und Aspergillus parasiticus infiziert wurde, konnten dagegen größere Mengen von Aflatoxin B_1 nachgewiesen werden; sekundär verschimmelter Käse sollte deshalb ebenso wie andere verschimmelte Lebensmittel nicht verzehrt werden. Grundsätzlich können auch Weintrauben von Aspergillus flavus befallen werden; die Untersuchung von 33 Weinen führte jedoch nur bei zwei Proben zu einem Aflatoxinnachweis in Spuren.[31] Bei der Untersuchung von 17 Weinen, die aus edelfaulem Lesegut stammten, wurden in keinem Fall Aflatoxine nachgewiesen.[32]

Aflatoxine und Leberkrebs

Während die Aflatoxine in den Industriestaaten mit ihrer hohen Lebensmittelhygiene und ihrem gemäßigten Klima kein sehr großer Risikofaktor hinsichtlich der Krebsgenese sind – in den USA werden nur 2 Prozent der Leberkrebsfälle auf Aflatoxine zurückgeführt[33] –, ist die Aflatoxinbelastung über die Nahrung in tropischen Regionen mit unterentwickelter Lebensmitteltechnologie erheblich größer. Bestimmte Bevölkerungsgruppen sind hier regelmäßig Aflatoxinen in der Nahrung ausgesetzt, wobei die tägliche Aufnahme sehr hoch sein kann.[10] Dabei besteht ein eindeutiger Zusammenhang zwischen der Aflatoxinaufnahme und dem Auftreten von primärem Leberkrebs. Aus diesem Grunde dürften Aflatoxine die wahrscheinlich wichtigste Ursache für den so häufigen primären Leberkrebs in tropischen Ländern sein.[3, 10, 34]

Natürliche Karzinogene in Pflanzen und Pilzen

Zahlreiche Pflanzen und Pflanzenprodukte enthalten karzinogen wirksame Inhaltsstoffe in teilweise erheblichen Konzentrationen. Die Bedeutung dieser natürlich vorkommenden Karzinogene für die Krebshäufigkeit des Menschen ist weitgehend unklar. Wahrscheinlich sind sie nur von lokaler Bedeutung, ohne die Gesamtinzidenz nennenswert zu beeinflussen. Im folgenden werden ohne Anspruch auf Vollständigkeit die wichtigsten dieser Naturkarzinogene dargestellt.

Cycasin ist eine Verbindung, die in den Wurzeln, Blättern und Samen von Cycadaceen vorkommt (zum Beispiel in Cycas-Palmen). Diese Palmen und ihre Nüsse werden in den Tropen und Subtropen auch heute noch gelegentlich als Nahrung verwendet. Cycasin zeigte im Tierexperiment eine hohe karzinogene Aktivität, insbesondere an Leber, Niere und Darm.[34] Allerdings gibt es keinen Hinweis darauf, daß die Krebssterblichkeit von Bevölkerungsgruppen, die cycasinhaltige Nahrung zu sich nehmen, besonders hoch liegt; möglicherweise wird durch die Nahrungszubereitung Cycasin zerstört.[7, 34]

Auch der *Adlerfarn* enthält karzinogen wirksame Inhaltsstoffe.[7, 34, 35] Dies wurde aus dem Auftreten von Tumoren bei Tieren geschlossen, die auf adlerfarntragenden Weiden lebten oder mit getrocknetem Farn gefüttert worden waren. Intestinal- und Blasentumoren konnten an insgesamt acht verschiedenen Tierarten bestätigt werden. Der Adlerfarn ist in der Welt weit verbreitet, seine jungen Blätter werden in manchen Gegenden der USA, Japans und Neuseelands als Salat gegessen und könnten für die dort auftretenden Tumoren des Gastrointestinaltraktes mitverantwortlich sein. Auch die große Häufigkeit des Ösophagus- und Magenkarzinoms in Japan wird mit dem Genuß von Farnsalaten in Zusammenhang gebracht.[36] Da die Milch von Kühen, die mit Adlerfarn gefüttert wurden, bei Ratten zu Tumorbildung führte, ist auch durch den Genuß der Milch adlerfarnfressender Kühe beim Menschen eine Karzinogenese denkbar.

Pyrrolizidinalkaloide kommen in einer großen Zahl von Pflanzen vor, die als Unkräuter auch in gemäßigten Zonen vertreten sind, vor allem aber in den Tropen wachsen. Sie werden in manchen Gegenden als sogenannte Busch-Tees genossen und führen in erster Linie zu Schädigungen der Leber.[34, 35] In Indien starben 1975 durch Verunreinigung von Hirse beziehungsweise Weizen mit Pyrrolizidinalkaloiden 28 Menschen an Leberschädigungen, in Afghanistan erkrankten aus der gleichen Ursache zwischen 1972 und 1974 1600 Menschen, von denen viele starben.[7] Diese Alkaloide besitzen im Tierexperiment eine karzinogene Wirkung, die sich vorwiegend auf die Leber, aber auch auf andere Organe erstreckt.[34] Auch einige viel verwendete Heilpflanzen wie Huflattich, Beinwell oder Pestwurz enthalten diese Verbindungen und werden deshalb derzeit vom Bundesgesundheitsamt hinsichtlich ihrer weiteren Zulassung überprüft.

Safrol und das chemisch nahe verwandte *Estragol* sind Bestandteile vieler ätherischer Öle, die zur Nahrung verwendet werden. Safrol findet sich in Anisöl, Kampferöl, Zimtöl, im Öl der Muskatnuß sowie in Spuren auch in Ingwer, Kakao, schwarzem Pfeffer und anderen Gewürzen. Safrol wurde früher als Geschmacksstoff Getränken zugesetzt, was verboten wurde, nachdem sich seine Wirkung als schwaches Hepatokarzinogen bei Ratten herausgestellt hatte.[34] Estragol findet sich in Estragon, Fenchel und Basilikum. Estragon selbst sowie eines seiner Abbauprodukte wirken hepatokarzinogen.

Hydrazine sind mehr oder weniger stark karzinogen wirksame Verbindungen und kommen in einigen eßbaren Pilzen vor.[34] So enthält die Frühjahrslorchel elf Hydrazine, von denen drei karzinogen wirksam sind; das in ihr enthaltene Gyrometrin wirkt außerdem leberschädigend, so daß dieser Pilz schon aus diesem Grunde als giftig anzusehen ist. Der Wiesenchampignon, der in großem Umfange gezüchtet wird, enthält das Hydrazin *Agaritin.* Enzymatisch oder unter sauren Bedingungen wird es in 4-Hydroxymethylphenylhydrazin und L-Glutaminsäure gespalten; die erste Verbindung erwies sich im Tierversuch als karzinogen. Einiges Agaritin wird auch durch den Pilz in ein Diazonium-Derivat umgewandelt, das ebenfalls ein Karzinogen darstellt.[37] Die praktische Bedeutung dieser Befunde ist offen.

Anorganische Karzinogene

Auch zahlreiche anorganische Stoffe wie Arsen, Asbest, Chromat und Nickel sind aus der Gewerbemedizin als karzinogen wirksam bekannt; als Umweltkarzinogene spielen sie jedoch wegen ihres vorwiegend gewerblichen beziehungsweise lokalisierten Auftretens nur eine untergeordnete Rolle. Dagegen sind in letzter Zeit einige weit verbreitete Schwermetalle wie Blei und Cadium als zumindest potentiell karzinogen erkannt worden. Arsen, Blei und Cadmium wurden bereits (auch hinsichtlich ihrer karzinogenen Potenz) in Kapitel 2 dargestellt.

Asbest

Asbest ist ein Sammelbegriff für eine Klasse anorganischer hydratisierter Silikate mit fasriger Struktur, die eine bisher unerreichte Kombination technisch notwendiger Eigenschaften wie Hitzebeständigkeit, mechanische Festigkeit, Elastizität, Biegsamkeit und Verspinnbarkeit besitzen. Diese Eigenschaften haben Asbest seit etwa einem Jahrhundert zu einem wesentlichen Bestandteil der modernen Zivilisation werden lassen. In der Bundesrepublik Deutschland werden jährlich etwa 200000 t Rohasbest verarbeitet. Asbesthaltige Produkte werden in den verschiedensten Gewerbezweigen angewendet und weiterverarbeitet; man schätzt, daß es über 3000 Anwendungsmöglichkeiten für Asbest gibt.[9, 38] In der Bundesrepublik gliedert sich der Verbrauch wie folgt: 60 Prozent Asbest-Zementrohre, 10 Prozent Pappen, Papiere, Filter und Dichtungen, 8 Prozent Reibbeläge, 8 Prozent Fußbodenbeläge, 4 Prozent Textilprodukte und 10 Prozent Sonstiges.[39]

Asbestose

Durch ständiges Einatmen von Asbeststaub kann es zur Asbeststaublungen-Erkrankung (Asbestose) kommen, bei der es sich um eine allgemeine, chronisch fortschreitende interstitielle Fibrose (Vernarbung) des Lungengewebes mit Beteiligung der Pleura (Lungenfell) und erheblicher Schrumpfungsneigung handelt. Auf dem Boden einer Asbestose kommt es in etwa der Hälfte der Fälle nach einer Latenzzeit von zwanzig bis vierzig Jahren zu Bronchialkarzinomen oder aber zu dem sonst sehr seltenen Mesotheliom der Lunge. Dieser vom Lungenfell ausgehende Tumor ist der typische, durch Asbest ausgelöste Krebs. Auch Mesotheliome des Peritoneums (Bauchfell) sowie Karzinome von Kehlkopf, Speiseröhre und Magen wurden bei Asbestose gehäuft beobachtet.

Die karzinogene Wirkung des Asbests ist durch tierexperimentelle Untersuchungen bestätigt worden.[9] In den Körper aufgenommene Asbestfasern wandern durch die Gewebe und Zellen und durchdringen auch den Zellkern. Wahrscheinlich interferieren sie mechanisch mit dem Chromatin und drängen dabei im Laufe der Zeit einige Nukleotide aus den Desoxyribonukleinsäuren, was dann zu einer somatischen Mutation und zur Tumorentstehung führen kann.[9]

Für die tumorerzeugende Wirkung des Asbests ist seine Faserform von entscheidender Bedeutung: Das Maximum tumorerzeugender Wirkungen erfolgt durch Fasern mit einer Länge von über 10 μm und einem geometrischen Durchmesser von weniger als 0,5 μm. Auffallend ist, daß sich das durch Asbest verursachte Bronchialkarzinom fast völlig auf Zigarettenraucher beschränkt; bei zigarettenrauchenden

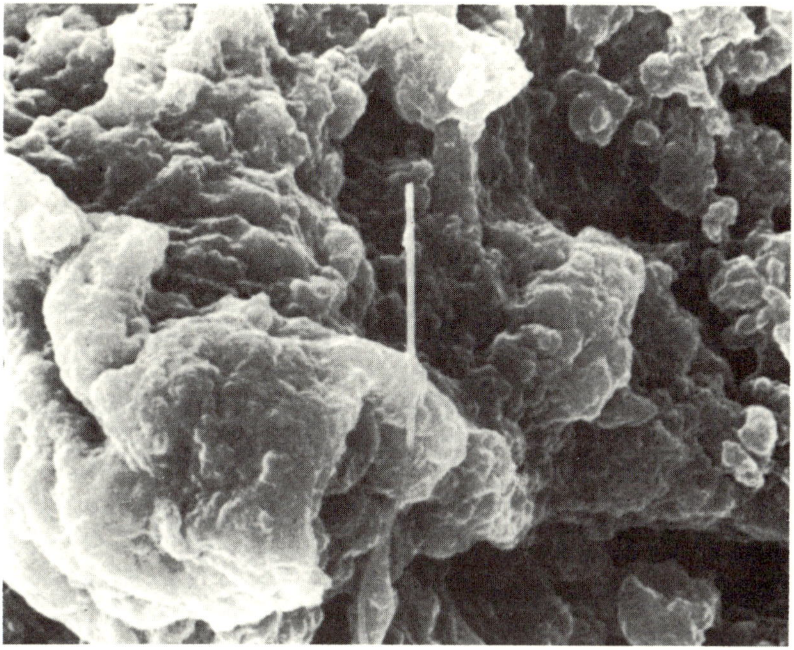

Asbestfasern in der Lunge können Krebs auslösen. Hier hat sich eine winzige Asbestfaser in das Lungengewebe gebohrt.

Asbestarbeitern ist das Risiko, ein Bronchialkarzinom zu bekommen, achtzig- bis neunzigmal größer als bei Menschen, die beiden Risiken nicht ausgesetzt sind.

Ökologische Gefährdung durch Asbest

Da Asbest vollkommen beständig ist, bleiben einmal in die Umwelt gelangte Mengen dort für immer. Aufgrund der vielfältigen Anwendung von Asbest ist somit die Gefahr einer ökologischen Vergiftung durchaus gegeben, wobei die Luft wichtigstes Überträgermedium ist. In der Bundesrepublik Deutschland schwanken die Luftkonzentrationen von Asbest zwischen 0,1 und 785 ng/m^3 und liegen somit beträchtlich unter den für berufliche Exposition geltenden technischen Richtkonzentrationen von 100000 ng/m^3 für fasrigen Asbest und

4 Millionen ng/m^3 für asbesthaltigen Feinstaub.[10] Hauptquellen für die Asbestverunreinigung der Luft sind der Abrieb von Bremsbelägen und die Bearbeitung von Asbestprodukten im Freien ohne Absaugvorrichtung. In Hamburg wurde das Auftreten von Mesotheliomen nicht nur bei Asbestarbeitern, sondern auch bei der in der Nähe von Asbestfabriken lebenden Bevölkerung festgestellt, wobei die Fabriken zum Teil bereits vor mehreren Jahren stillgelegt worden waren. Ebenfalls in Hamburg wurde eine erhöhte Asbeststaubbelastung in einem Bürohochhaus festgestellt, bei dem in den siebziger Jahren im Rahmen von Umbauarbeiten der Hohlraum zwischen Stahlbeton und Fassade mit Asbest ausgespritzt worden war. Der Aufenthalt in diesem Hochhaus ist derzeit nur mit Staubschutzmasken möglich. Weiterhin hat sich gezeigt, daß Asbestkörperchen in der Lunge in 25 bis 50 Prozent der Fälle auch ohne jede besondere Asbestexposition vorkommen.[2] Eine Verminderung der ökologischen Asbestbelastung durch Verwendung asbestfreier Ersatzstoffe muß angestrebt werden.[39]

Chrom und Chromate

Aus der Arbeitsmedizin ist bekannt, daß die sechswertigen Verbindungen des Chroms Verätzungen und Geschwüre an der Haut und an Schleimhäuten sowie Reizerscheinungen im Bereich der oberen Luftwege hervorrufen. Nach chronischer Einwirkung von Chromaten auf die Bronchialschleimhaut können maligne Lungentumoren (Chromat-Lungenkrebs) entstehen; histologisch handelt es sich dabei vorwiegend um Plattenepithelkarzinome, die nach einer Latenzperiode von elf bis dreißig Jahren auftreten.[38] Im Tierexperiment ließen sich durch Chromate lokal Sarkome und durch intrabronchiale Implantation sowie Inhalation Adenokarzinome der Lunge auslösen. Die Gefährdung durch Chrom und Chromate ist ausschließlich industriell und nicht ökologisch.[9]

Nickel

Das Auftreten von Lungenkrebs durch Inhalation von Nickel und seinen Verbindungen gilt in der Arbeitsmedizin als gesichert; in England sind Krebserkrankungen der Atemwege durch Nickel bereits länger als

Berufskrankheit anerkannt. In der Bundesrepublik Deutschland wurden sie ab 1. April 1988 ebenfalls in die Liste der Berufskrankheiten aufgenommen.

Karzinogene Proteinpyrolysate in Lebensmitteln

Eines der interessantesten und vielleicht wichtigsten Kapitel der Umwelttoxikologie wurde von japanischen Autoren des Arbeitskreises um Sugimura[40, 41] aufgeschlagen: In stark angebratenen Oberflächen von Fleisch und Fisch fanden sich Substanzen, die eine mutagene Aktivität aufwiesen. Die für diese Wirkung verantwortlichen Produkte konnten isoliert und chemisch identifiziert werden und erwiesen sich als komplexe heterozyklische aromatische Amine. Bei Mäusen *in vivo* ließen sich durch diese Verbindungen Hepatokarzinome und Angiosarkome erzeugen, bei Ratten auch Karzinome anderer Lokalisation; beim Hamster führte die subkutane Injektion zu Sarkomen. Die Bedeutung dieser Untersuchungsergebnisse liegt auf der Hand. Es bleibt allerdings zu prüfen, ob auch bei üblicher küchenmäßiger Zubereitung von Nahrungsmitteln entsprechende Pyrolyseprodukte entstehen. Jedoch dürfte bereits jetzt die Empfehlung gerechtfertigt sein, zu stark gebratene oder gar verkohlte Lebensmittel nicht zu verzehren.

Karzinogen wirkende Arzneimittel

Alle heute neu entwickelten Arzneimittel werden einer sorgfältigen toxikologischen Analyse einschließlich der Prüfung auf Karzinogenität unterzogen, so daß bei ihrer Anwendung kein Risiko eingegangen wird. Bei älteren Arzneimitteln liegen solche Daten dagegen häufig nicht vor. Auch müssen karzinogene Nebenwirkungen bei solchen Arzneimitteln gelegentlich in Kauf genommen werden, die der Behandlung lebensbedrohender Erkrankungen dienen und für die keine Alternative einer anderen Therapie besteht. Quantitativ dürften die durch Arzneimittel beim Menschen erzeugten malignen Tumoren jedoch keine allzu große Rolle spielen; nach einer Schätzung von Schmähl[22] ist nur etwa eine Krebserkrankung von 10000 durch Arzneimittel verursacht. Allerdings kann die Gefährdung bei Patientengruppen, die mit intensiv karzinogen wirkenden Medikamenten behandelt

Tabelle 7 Geschätzte Anzahl der weltweit durch Arzneimittel bisher verursachten Fälle von Krebs. Nach D. Schmähl.[22]

Substanz	Fälle ca.	Lokalisation der Tumoren
Arsen	500	Haut, Lunge, Leber
Chloramphenicol	30	Leukämien
Zytostatika	800	Leukämien, Blase, Lunge
Phenacetin	200	Niere
Phenylbutazon	100	Leukämien
Diethylstilbestrol (transplazentar)	250	Vagina
Teersalben	30	Haut

werden müssen, natürlich erheblich höher sein. Tabelle 7 gibt einen Überblick über die Arzneimittel, deren karzinogene Wirkung gesichert ist, einschließlich der durch sie schätzungsweise insgesamt ausgelösten Krebsfälle. Das älteste bekannte Medikament mit karzinogener Wirkung ist Arsen, auf das schon eingegangen wurde. Arsen wurde früher zur Behandlung der Psoriasis in Form der Fowlerschen Lösung verwendet; diese Therapie ist heute überholt.

Chloramphenicol ist als Antibiotikum seit 1949 im Gebrauch und erzeugt sehr selten (1:20000 bis 1:100000) eine aplastische Anämie, die in Leukämie übergehen kann. Die Anwendung dieses Antibiotikums wurde deshalb auf vitale Indikationen eingeschränkt. In der Gruppe der *Zytostatika* sind insbesondere die alkylierenden Verbindungen im Tierversuch karzinogen wirksam (zum Beispiel Stickstoff-Lost-Verbindungen, Cyclophosphamid). Inzwischen wurde ihre karzinogene Wirkung auch am Menschen durch kasuistische Mitteilungen bestätigt. Die zytostatisch wirkenden Antimetaboliten erwiesen sich demgegenüber als nicht karzinogen wirksam.[22] Zytostatika sollten deshalb nur bei vitaler Indikation eingesetzt werden, wobei das Risiko einer Auslösung von Zweittumoren gegenüber dem möglichen Nutzen der Therapie abgewogen werden muß. Die ursächliche Rolle des *Phenacetin-Abusus* bei der Entstehung von Nierenbeckenkarzinomen ist bisher nur epidemiologisch verifiziert; im Tierexperiment ist Phenacetin nicht karzinogen wirksam.[22, 42]

Phenylbutazon erzeugt als Nebenwirkung hämatologische Störungen einschließlich Leukopenie, Thrombozytopenie, Agranulozytose und aplastischer Anämie. Wie im Falle von Chloramphenicol ist gelegentlich ein Übergang in Leukämie beschrieben worden, wobei die Anwendungszeit zwischen fünf Tagen und zwölf Jahren und die Latenzperioden zwischen zwölf Monaten und zwölf Jahren schwankten.[22, 42]

Diethylstilbestrol ist ein synthetisches Östrogen (weibliches Geschlechtshormon), das insbesondere in den USA in großem Umfange therapeutisch verwendet wurde. Anfang der siebziger Jahre beobachtete man in den USA ein gehäuftes Auftreten von Adenokarzinomen des Genitaltraktes (insbesondere der Vagina) bei jungen Mädchen zwischen 14 und 22 Jahren, eine Erkrankung, die normalerweise in diesem Alter äußerst selten ist. Bei näherer Untersuchung stellte sich heraus, daß die Mütter dieser Mädchen im ersten Drittel der Schwangerschaft wegen drohender Fehlgeburt mit Diethylstilbestrol in hoher Dosis behandelt worden waren. Das Auftreten dieses seltenen Tumors ist auf eine vorgeburtliche transplazentare karzinogene Einwirkung zurückzuführen. Man schätzt, daß in den USA etwa 500000 bis zwei Millionen junger Frauen vorgeburtlich Diethylstilbestrol ausgesetzt waren; gemessen an dieser großen Zahl ist die Zahl der bis heute beobachteten Karzinome der Scheide bei jungen Mädchen (etwa 250) vergleichsweise gering. Jedoch zeigt dieses Beispiel, daß erstens auch beim Menschen grundsätzlich transplazentare karzinogene Wirkungen möglich sind und daß zweitens Störungen im Hormonhaushalt Schwangerer die Entwicklung malignen Wachstums beim Kind auslösen oder begünstigen können.[22] Inzwischen wurde eine transplazentare Karzinogenese durch Diethylstilbestrol im Tierversuch nachgewiesen; auch Nitrosamine erwiesen sich im Tierversuch als transplazentar karzinogen. Im deutschsprachigen Raum wurde kein gehäuftes Auftreten von Vaginalkarzinomen bei jungen Mädchen beobachtet, was wahrscheinlich darauf zurückzuführen sein dürfte, daß hier zur Abortprophylaxe niemals Östrogene in so hohen Dosen wie in den USA verabreicht wurden – meist auch noch in Kombination mit Gestagenen. In diesem Zusammenhang ist darauf hinzuweisen, daß das in den USA in den siebziger Jahren beobachtete Ansteigen des Endometriumkarzinoms möglicherweise auch auf eine Östrogenbehandlung zurückzuführen ist. Außerdem können Östrogene sowohl bei Tieren als auch beim Menschen Lebertumoren auslösen. Anfang der siebziger Jahre verdichtete sich der Verdacht, daß bei Frauen, die über längere Zeit orale Kontrazeptiva eingenommen hatten, gehäuft Lebertumoren auftreten können. Diese Tumoren können von gutartigen Adenomen bis zu hepatozellulären Karzinomen reichen, wobei sich die Adenome aber häufig durch Blutungen klinisch bösartig verhalten. Obwohl der Kausalzusammenhang keineswegs allgemein anerkannt ist, muß dieses (zahlenmäßig freilich geringe) Risiko bei der Anwendung oraler Kontrazeptiva im Auge behalten werden.[22, 42]

Teerhaltige Salben lösen Karzinome der Haut aufgrund ihres Gehaltes an polyzyklischen Aromaten aus.

Die Östrogen-Skandale

Östrogene haben auch als ökologische Schadstoffe Aufsehen erregt. Sie besitzen nämlich neben ihren geschlechtsspezifischen Wirkungen die Eigenschaft, den Eiweißansatz zu fördern (sogenannte anabole Wirkung) und erhöhen hierdurch den Fleischansatz. Deshalb wurden sie früher in der Tiermast eingesetzt, was jedoch in der Bundesrepublik

Im Staatlichen Veterinäramt in Arnsberg wird Kalbfleisch auf Östrogene untersucht.

schon seit langem verboten ist. Sofern diese Hormone aus tierärztlicher Indikation zur Stärkung schwächlicher Tiere oder zur Abwendung von Krankheiten eingesetzt werden müssen, darf dies nur an solchen Stellen erfolgen, die für den menschlichen Verzehr nicht verwendet werden (zum Beispiel Injektion in die Hautfalte am Ohrgrund). Außerdem muß die Behandlung mehrere Wochen vor der Schlachtung des Tieres beendet sein. Trotz dieser eindeutigen gesetzlichen Bestimmungen wurde 1980 ausgerechnet das karzinogen wirkende Diethylstilbestrol in Babynahrung nachgewiesen, die aus dem Inland stammte. Wenn auch die Konzentrationen im Hinblick auf eine hormonelle Wirkung als unbedenklich anzusehen waren, erregten sie wegen der karzinogenen Wirkung dieser Verbindung mit Recht öffentlichen Zorn.

Etwas anders ist der Hormonskandal bei der Kälberaufzucht in Nordrhein-Westfalen zu bewerten, der 1988 Aufsehen erregte. Hier waren ebenfalls verbotenerweise weibliche Geschlechtshormone als Masthilfen eingesetzt worden, jedoch nicht Diethylstilbestrol oder andere synthetische Hormone, sondern natürliche Östrogene, wie sie auch im Körper des erwachsenen Rindes oder Menschen vorkommen. Um das angeblich »verseuchte« Fleisch zu beseitigen, wurden Hunderte von Kälbern in Eilaktionen dem Abdecker zugeführt. Dies war eine unnötige und überzogene Maßnahme. Selbst beim sofortigen Verzehr dieser Tiere hätte man nämlich nur Hormonmengen aufgenommen, wie sie auch beim Verzehr des Fleisches erwachsener Rinder konsumiert werden. Außerdem hätten sich diese Hormone in einem Zeitraum von nur 14 Tagen im Körper der Kälber abgebaut. Man hätte also in aller Ruhe einige Wochen abwarten können, um die Tiere dann ordnungsgemäß zu schlachten. Auch eine weitere Aufzucht wäre durchaus möglich gewesen. Hiermit sollen keinesfalls kriminelle Handlungsweisen wie die Anwendung unerlaubter Masthilfen beschönigt werden; jedoch schoß die öffentliche Panikmache der Medien und das Vorgehen der verantwortlichen Politiker in diesem Fall weit über das Ziel hinaus.

Die praktische Bedeutung der chemischen Karzinogene

Aus den dargelegten Fakten geht unzweideutig hervor, daß in unserer Umwelt viele potente Karzinogene vorkommen und daß diese uns über die Umweltmedien Nahrung, Luft und Wasser erreichen. Es kann ferner kein Zweifel bestehen, daß sie beim Menschen Krebs auslösen können und demgemäß an der Entstehung der menschlichen Krebskrankheit beteiligt sind. Der Umfang dieser Beteiligung läßt sich nun weniger aus den Ergebnissen der Tierexperimente als vielmehr aus Beobachtungen am Menschen abschätzen. Die englischen Epidemiologen Doll und Peto[3] kamen auf der Grundlage umfangreicher Beobachtungen zu dem Ergebnis, daß die in den USA vorkommenden Krebstodesfälle zu 30 Prozent durch Tabak, zu 3 Prozent durch Alkohol, zu 35 Prozent durch diätetische Faktoren, zu 4 Prozent durch berufliche Exposition, zu 2 Prozent durch Luftverschmutzung, zu einem Prozent durch Arzneimittel und andere ärztliche Maßnahmen, zu 7 Prozent durch reproduktives und sexuelles Verhalten, zu 3 Prozent durch geophysikalische Faktoren und zu 10 Prozent durch Infektionen verursacht sind.

Die karzinogene Wirkung des Rauchens ist mit Sicherheit auf die im Tabak und im Tabakrauch enthaltenen karzinogenen Substanzen wie polyzyklische Aromate, Nitrosamine, Cadmium und anderes mehr zurückzuführen. Die durch Alkoholkonsum verursachten Krebserkrankungen treten fast ausschließlich bei Rauchern auf, während Alkohol allein weder im Tierexperiment eine karzinogene Wirksamkeit besitzt noch bei Nichtrauchern eine nennenswerte Häufung von Krebs auslöst.[3] Die potenzierende Wirkung des Alkohols auf den Raucherkrebs ist wahrscheinlich darauf zurückzuführen, daß Alkohol exogene Karzinogene in Lösung bringt und so ihren Kontakt mit den Zellen des Organismus erleichtert. Insofern sind also auch die dem Alkoholmißbrauch zugeschriebenen Krebstodesfälle auf exogene Karzinogene zurückzuführen. Die mit 35 Prozent besonders stark zu Buche schlagenden diätetischen Faktoren bei der Krebsentstehung bestehen nach Doll und Peto in der Aufnahme von Karzinogenen mit der Nahrung, der Bildung von Karzinogenen im Körper, dem Transport, der Aktivierung oder Reaktivierung von Karzinogenen, der promovierenden Wirkung von Ernährungsfaktoren und Überernährung, sind also auch überwiegend auf Karzinogenbelastung zurückzuführen. Gleiches gilt schließlich für die beruflich bedingten sowie die durch Luftverschmutzung und medizinische Maßnahmen ausgelösten Krebserkrankungen. Summiert man diese Prozentsätze, so kommt man zu dem Ergebnis, daß etwa drei Viertel aller Krebstodesfälle beim Menschen durch chemische Karzinogene verursacht werden und nur ein Viertel auf anderen Faktoren beruht.

Kausale Klärung der Krebsursache im Einzelfall kaum möglich

Trotz dieser als gesichert anzusehenden kausalen Bezüge ist es schwer und in der Mehrzahl der Fälle unmöglich, die für eine Krebsentstehung ursächlichen Faktoren im Einzelfall zu verifizieren. Dies hat mehrere Ursachen:

- die beim Menschen sehr lange, bis zu mehreren Jahrzehnten reichende Latenzzeit zwischen der Einwirkung eines Karzinogens und der klinischen Manifestation eines Tumors;
- die Interferenz von Karzinogenen mit Faktoren, die ihre Wirkung verstärken (andere Karzinogene, Kokarzinogene, Tumorpromotoren) oder sie aber abschwächen (zum Beispiel Ascorbinsäure, Selen, Vitamin A, C und E, andere Karotine) und deren Erforschung derzeit noch keinesfalls abgeschlossen ist;
- die Beteiligung körpereigener Fermente, Kofermente und Substrate an der für viele Karzinogene notwendigen metabolischen Aktivierung und deren Beeinflussung durch tageszeitliche, jahreszeitliche, diätetische und andere Faktoren;
- die Existenz von Entgiftungs- und Reparaturmechanismen, die die Wirkung von Karzinogenen in einem im Einzelfall nicht zu beurteilenden Umfang aufheben können und die ebenfalls von vielen äußeren Faktoren abhängig sind;
- die Fähigkeit des Organismus, bereits entstandene Tumorzellen immunologisch zu erkennen und zu beseitigen, und die von zahlreichen äußeren Faktoren (zum Beispiel Infektionen) beeinflußbare Stärke dieser Immunabwehr.

Wenn auch die Existenz derart vieler Imponderabilien eine ursächliche Beziehung zwischen den karzinogenen Noxen und dem Krebsgeschehen im Einzelfalle heute noch nicht klar zeigt, so wird uns in Zukunft die Computertechnik dies vielleicht ermöglichen.

6 Gefährliche Lösungsmittel

Der tödliche Klebstoff: Benzol

Die in einer Lübecker Fabrik beschäftigte Arbeiterin H. fühlte sich seit etwa einem Jahr zunehmend matt und elend, sie wurde bei Anstrengungen kurzluftig und fiel durch ihre Blässe auf. Ihre Regelblutungen waren verlängert und verstärkt, es bestand ein großes Schlafbedürfnis, und abends beobachtete sie Ödeme an den Knöcheln. Schließlich wurde sie am 3. Oktober 1936 in das Lübecker Allgemeine Krankenhaus aufgenommen. Hier wurde eine schwere Störung der Blutbildung festgestellt: die Zahl der roten und weißen Blutkörperchen wie auch die Konzentration des roten Blutfarbstoffs Hämoglobin waren auf ein Drittel, die Zahl der für die Blutgerinnung notwendigen Blutplättchen sogar auf ein Viertel des Normalwertes abgesunken. Die Hämoglobinkonzentration nahm während des stationären Aufenthaltes weiter bis auf 8 Prozent des Normalwertes ab. Es stellten sich starke Genitalblutungen und häufiges Erbrechen ein. Trotz intensiver Behandlung mit Bluttransfusionen, Eisen- und Leberpräparaten sowie blutungsstillenden Mitteln starb die junge Frau am 25. November 1936. Bei der Sektion fanden sich alle Zeichen einer starken Blutarmut (Anämie) mit nur geringen Regenerationszeichen im Knochenmark. Bei der Arbeitsplatzanalyse ergab sich, daß die Verstorbene mit der Abdichtung von Gasmasken beschäftigt gewesen war. Diese erfolgte mit in Benzol gelöstem Gummi, der auf die Nähte der Masken aufgetragen wurde. Diese Arbeit geschah zwar in einem Glaskasten, der nach unten geöffnet und an einen Ventilator angeschlossen war, so daß ein kräftiger Luftstrom das verdunstende Lösungsmittel aus dem Kasten absaugte, jedoch war Benzolgeruch wahrnehmbar. Zwei weitere in diesem Arbeitsraum tätige Frauen erkrankten ebenfalls an einer schweren Anämie, kamen aber mit dem Leben davon.[1]

Die Ursache dieser schweren Vergiftungen war das zum Kleben der Gasmasken benutzte Lösungsmittel *Benzol.* Es handelt sich bei Benzol um die einfachste aromatische Verbindung, bei der sechs Kohlenstoff-

Benzol

atome ringförmig angeordnet und jeweils mit einem Wasserstoffatom verbunden sind. Benzol wird aus Steinkohlenteer oder Erdöl gewonnen und ist eine farblose, dem Benzin ähnliche, bei 80 °C siedende Flüssigkeit. Es ist ein ausgezeichnetes Lösungsmittel für viele organische Substanzen und wurde deshalb früher in großem Umfange als Löse- und Reinigungsmittel bei der Produktion von Gummiwaren, in der chemischen Industrie, in Druckereien, Waffenfabriken und anderen Betrieben verwendet. Wegen seiner hohen Giftigkeit ist es heute weitgehend durch andere, weniger toxische Lösungsmittel ersetzt worden. Während des Zweiten Weltkriegs nahmen freilich die Vergiftungsfälle in allen Ländern wieder zu, weil man gezwungen war, nicht mehr erhältliche andere Lösungsmittel durch Benzol zu ersetzen. Noch in den Jahren 1957 bis 1960 kam es in der Schweizer Uhrenindustrie zu sieben tödlich verlaufenden Benzolvergiftungen.[2]

Benzol ist, wie die anderen organischen Lösungsmittel auch, ein starkes Narkotikum: Bei Inhalation höherer Konzentrationen kommt es nach einem vorübergehenden Rauschzustand zur Bewußtlosigkeit, die im weiteren Verlauf in eine tödliche Atemlähmung übergehen kann. Bei chronischer Exposition entwickelt sich demgegenüber, wie aus den geschilderten Fällen ersichtlich, eine schwere Schädigung des Knochenmarks, die zu einem völligen Versagen der Blutbildung führen kann (aplastische Anämie). Für diese Schädigung ist nicht Benzol selber, sondern ein aus ihm durch die Enzyme des Körpers gebildetes hochreaktives Epoxid verantwortlich, das sich mit den Nukleinsäuren des Knochenmarks verbindet und hierdurch die Neubildung der Blutzellen stört. Typisch für die toxische Wirkung des Benzols ist die lange Latenz zwischen der ersten Einwirkung und dem Auftreten der Blutschädigung, die Monate bis Jahre betragen kann. In einigen Fällen haben sich die Blutbildschädigungen erst längere Zeit nach dem Verlassen des gefährdenden Arbeitsplatzes entwickelt! Neben der Hemmung der Blutbildung können sich auch krebsartige Veränderungen des weißen Blutbildes (Leukämien) nach Benzolexposition entwickeln; bisher sind im Schrifttum etwa vierhundert Fälle von Benzolleukämie beschrieben worden. Benzol gehört somit zu den wenigen Substanzen, deren karzinogene Wirkung am Menschen selbst eindeutig gesichert ist.

Benzol als Umweltgift

Leider ist Benzol nicht nur ein giftiger Arbeitsstoff, sondern auch – als Bestandteil des Benzins, in dem es in einer Konzentration zwischen 1 und 3 Prozent enthalten ist – ein Umweltschadstoff. Das Umweltbundesamt hat 1982 eine Schätzung vorgelegt, nach der in der Bundesrepublik jährlich etwa 60000 Tonnen Benzol in die Luft emittiert werden. Der Löwenanteil an dieser gewaltigen Menge, nämlich etwa 55000 Tonnen, entfällt auf die Emissionen der Otto-Motoren, der Rest verteilt sich auf Kokereien (etwa 2400 Tonnen), Mineralölraffinerien sowie Lagerung, Umschlag und Transport von Vergaserkraftstoffen (etwa 2000 Tonnen) und die chemische Industrie (460 Tonnen). Nach den Berechnungen einer Arbeitsgruppe des Länderausschusses für Emissionsschutz ist Benzol zu etwa einem Zehntel an den durch Luftverschmutzung ausgelösten Krebsfällen beteiligt. Die Benzol-Emission der Otto-Motoren läßt sich durch Drei-Wege-Katalysatoren verhindern, mit denen allerdings derzeit nur 2,4 Prozent unserer Kraftfahrzeuge ausgestattet sind. Weiter ist zu berücksichtigen, daß auch beim Tanken erhebliche Mengen von Benzol, nämlich im ungünstigsten Falle bis zu 0,8 mg, eingeatmet werden können. Dies könnte man durch eine spezielle Rückführeinrichtung an der Zapfpistole vermeiden; die erste umweltfreundliche Tankstelle der Bundesrepublik mit einer solchen Vorrichtung wurde in München eröffnet.

Neben Benzol gibt es eine Vielzahl anderer organischer Verbindungen, die teils allein, teils in Gemischen als technische Lösungsmittel bei der Metall- und Textilentfettung, der Lackverdünnung oder Klebstofflösung verwendet werden. Sie besitzen, wie Benzol, in höheren Konzentrationen eine narkotische Wirkung und führen bei chronischer Exposition zu vielfältigen Schädigungen, wobei insbesondere Leber und Niere sowie das zentrale und periphere Nervensystem Zielorgane ihrer Toxizität sind. Von den vielen Substanzen und Substanzgruppen, die als Lösungsmittel verwendet werden und toxikologische Bedeutung

Mit einem neuartigen Fahrzeug für Chemie- und Strahlenschutz ist die Feuerwehr in Celle ausgerüstet worden. Der Wagen enthält außer Vollschutz- und Strahlenschutzanzügen auch Geräte zur Messung und Bergung radioaktiver Stoffe.

haben, gehe ich im folgenden auf die aliphatischen Kohlenwasserstoffe vom Typ des Benzins und die halogenierten aliphatischen Kohlenwasserstoffe vom Typ des Tetrachlorkohlenstoffs näher ein.

Ein verhängnisvolles Reinigungsmittel: Benzin

Ein eineinhalbjähriges Mädchen trank aus einer auf dem Tisch stehengebliebenen Flasche irrtümlich etwa 0,1 Liter Reinigungsbenzin. Danach kam es zu Übelkeit und kurz darauf zur Bewußtlosigkeit. Etwa 30 Minuten nach dem Unfall wurde das Kind in schwer verfallenem Zustand mit zyanotischen Lippen und Nägeln in das Krankenhaus eingeliefert. Während der Vorbereitung zur Magenspülung kam es zu einem Blutsturz, woraufhin sich Atmung und Herztätigkeit verschlechterten und die Herztätigkeit plötzlich aufhörte. Trotz intensiver

Wiederbelebungsmaßnahmen verstarb das Kind eine Stunde nach der Einlieferung. In einem zweiten Falle hatte ein zweijähriges Mädchen etwa 0,05 Liter Reinigungsbenzin getrunken. Auch hier kam es zu einem plötzlichen Bewußtseinsverlust, wobei dieses Kind aber bereits vor der Einlieferung ins Krankenhaus verstarb.[3]

Die Ursache dieser tödlichen Vergiftungen war normales *Benzin,* chemisch ein Gemisch aus gesättigten und ungesättigten aliphatischen Kohlenwasserstoffen, die im Vergleich zu den zyklischen Verbindungen vom Typ des Benzols an und für sich relativ ungiftig sind. Das im Kraftverkehr sowie auch zur Reinigung verwendete Leichtbenzin besteht vor allem aus den aliphatischen Kohlenwasserstoffen Hexan, Heptan und Octan. Benzin ist, wie andere Lösungsmittel auch, ein starkes Narkotikum, führt jedoch, wie aus den beiden Fallbeispielen zu sehen ist, leicht zu einer tödlichen Atemlähmung. Tödliche Benzinnarkosen sind auch beim Arbeiten in Benzinkesseln und bei der Kleiderreinigung mit Benzin vorgekommen. Bei oraler Zufuhr ist eine Benzindosis von etwa 7,5 ml/kg tödlich, was für einen Erwachsenen etwa einem halben Liter entspricht. Wie die angeführten Beispiele erkennen lassen, liegt die tödliche Dosis bei Kindern natürlich erheblich niedriger. Nach versehentlicher intravenöser Injektion in die Blutbahn infolge Verwechslung führten bereits 2 bis 3 ml zu sofortiger Bewußtlosigkeit und anschließendem Tod.[4]

Tetrachlorkohlenstoff – ein tödlicher Schluck

Ein 61jähriger Mann nahm infolge starken Durstgefühls einen kräftigen Schluck aus einer Bierflasche; diese enthielt aber nicht das gewünschte Bier, sondern Tetrachlorkohlenstoff. Es trat sofort heftiges Erbrechen auf. In der falschen Annahme, sich hierdurch entgiften zu können, trank er anschließend ein Glas heiße Milch. (Tatsächlich emulgiert Milch Lösungsmittel wie Tetrachlorkohlenstoff und beschleunigt dadurch deren Resorption!) Wenig später traten heftige Durchfälle und eine allgemeine Mattigkeit auf; der Patient wurde dann in eine Klinik eingewiesen. Hier entwickelte sich in den folgenden Tagen das Bild einer schweren Leber- und Nierenschädigung. In der zweiten Krankheitswoche kam es zu einer Harnverhaltung, am 12. Tage trat Gelbsucht ein, der Patient wurde schließlich bewußtlos und verstarb am 16. Tage unter den Zeichen eines Leberversagens (Coma hepaticum). Autoptisch fand man eine vollständige Zerstörung der Leber sowie Schädigungen der Niere und der Bauchspeicheldrüse.[5]

In einem ähnlichen Vergiftungsfall trank ein 25jähriger Mann im Alkoholrausch nur 10 ml Tetrachlorkohlenstoff aus einem Fläschchen, das als Fleckentferner im Haushalt aufbewahrt wurde und mit der Bezeichnung »Slivovice« versehen war. Auch er trank danach Milch, es folgten Erbrechen, später Gelbsucht und Harnverhaltung, und auch dieser Patient konnte trotz intensiver klinischer Behandlung nicht gerettet werden; drei Wochen nach dem Genuß des Giftes starb er im Leberkoma.[6]

Tetrachlorkohlenstoff (CCl_4), eine relativ einfache organische Verbindung aus einem Kohlenstoff- und vier Chloratomen, ist Prototyp einer Vielzahl halogenierter, das heißt mit Jod, Brom, Chlor oder Fluor substituierter aliphatischer Kohlenwasserstoffe. Diese Verbindungen stellen die wichtigste Klasse organischer Lösungsmittel mit vielseitiger Anwendung dar, sie sind außerdem Ausgangsstoffe für chemische Synthesen und werden auch in Kühlanlagen verwendet. Tetrachlorkohlenstoff wurde früher nicht nur vielfach als Putzmittel für Maschinen, sondern auch in Haushalten als Fleckentferner angewandt. Einige gasförmige Fluorchlorkohlenstoffverbindungen mit niedriger Toxizität werden als Treibgase für Aerosole eingesetzt (Freon, Frigen). Weitere Lösungsmittel aus dieser Gruppe sind Trichlormethan (Chloroform, $CHCl_3$), das früher auch als Narkosemittel verwendet wurde, Dichlormethan (Methylenchlorid, CH_2Cl_2), 1,1,1-Trichloräthan (Methylchloroform, CH_3CCl_3), Trichloräthylen (»Tri«, $ClHC = CCl_2$) und schließlich Tetrachloräthylen und Vinylchlorid, auf die noch näher eingegangen wird.

In toxikologischer Hinsicht stellen diese Stoffe keine einheitliche Wirkgruppe dar, vielmehr unterscheiden sie sich in ihrer Giftigkeit sehr stark, was unter anderem von ihrer Verteilung im menschlichen Organismus und ihrer weiteren Metabolisierung abhängt. Viele dieser Verbindungen sind nämlich an und für sich gar nicht giftig, sondern werden erst im Organismus durch körpereigene Enzyme in die eigentlichen Gifte umgewandelt. Dies trifft zum Beispiel für Tetrachlorkohlenstoff zu, aus dem nach enzymatischer Abspaltung eines Chloratoms eine hochtoxische Radikalverbindung wird, die die Membranen der Zellen und Zellorganellen zerstört. Da die höchsten giftenden Enzymaktivitäten in der Leber vorkommen, ist es nicht erstaunlich, daß nahezu alle halogenierten aliphatischen Kohlenwasserstoffe die Leber schädigen; das zweite Zielorgan ihrer Toxizität ist die Niere. Bei chronischen Vergiftungen kann es auch zu Störungen im zentralen und peripheren Nervensystem kommen.

Gefahr durch Tetrachloräthylen bei der chemischen Reinigung

Eine Verbindung aus der Gruppe der aliphatischen Halogenkohlenwasserstoffe, die in neuester Zeit starkes öffentliches Interesse gefunden hat, ist Tetrachloräthylen ($Cl_2C = CCl_2$, auch Perchloräthylen oder einfach »Per« genannt). Diese Verbindung wird zur Entfettung von Metalloberflächen und zur chemischen Reinigung von Textilien verwendet. Anfang 1987 wurde im Rahmen eines Forschungsprojektes des Bundesgesundheitsamtes festgestellt, daß Lebensmittel, die in un-

Bei der chemischen Reinigung wird Perchloräthylen (Per) verwendet, das gesundheitliche Schäden verursachen kann.

mittelbarer Nähe von chemischen Reinigungen verkauft worden waren, überhöhte Mengen von Perchloräthylen enthielten. Dieses war aus den Anlagen der chemischen Reinigungen ausgetreten und hatte sich besonders in fetthaltigen Lebensmitteln angereichert. Auch in mehreren über chemischen Reinigungen gelegenen Wohnungen wurden erhebliche Belastungen der Luft und Anreicherungen von Per in Lebensmitteln festgestellt. Schließlich fand sich Tetrachloräthylen auch in hochwertigem ausländischen Olivenöl, ohne daß man bisher genau weiß, wie es dort hineingekommen ist.

Nun kann aufgrund tierexperimenteller Daten und arbeitsmedizinischer Erfahrungen davon ausgegangen werden, daß die in den Lebensmitteln gefundenen Konzentrationen keine akute Schädigung der menschlichen Gesundheit auslösen. Die akute Giftigkeit der Verbindung ist nämlich relativ gering; sie beruht, wie generell bei chlorierten Kohlenwasserstoffen, auf einer Dämpfung des zentralen Nervensystems, einer lokal reizenden Wirkung auf Haut und Schleimhäute und einer Schädigung von Leber und Niere[7]. Daß aber auch von einem relativ ungiftigen Stoff erhebliche Gefahren ausgehen, wenn die vorgeschriebenen Grenzwerte und Schutzmaßnahmen nicht eingehalten werden, zeigt der folgende Fall:

Der 23jährige, bisher völlig gesunde Hennry P. war seit dem 6. Januar 1967 in einer chemischen Schnellreinigung in Hessen tätig. Seit dem 1. September 1968 wurde er als Filialleiter eingesetzt, wobei ihm neben der Kleiderbearbeitung und Reinigung auch die Wartung der Maschinen oblag. Mitte September fiel ihm erstmals eine zunehmende Appetitlosigkeit auf. Am 20. Oktober 1968 hatte er ein körperlich anstrengendes Fußballspiel. Danach traten starke Beschwerden mit Husten und Atemnot auf. Er arbeitete noch bis zum 22. Oktober, mußte aber am 23. Oktober wegen zunehmender Atemnot, Husten, Erbrechen und Schweißausbrüchen arbeitsunfähig geschrieben werden. Eine Röntgenuntersuchung ergab die Verdachtsdiagnose einer Bronchopneumonie (Entzündung der Bronchien und der Lunge). Wegen dieser Diagnose und des sich weiter verschlechternden Allgemeinzustandes wurde der Patient am 26. Oktober in ein Krankenhaus eingewiesen. Hier kam es sehr schnell zu einer Gelbsucht und zu einer starken Abnahme der Urinproduktion, später auch zu Fieber. Nach ständiger Verschlechterung des Allgemeinzustandes starb Hennry P. am dritten Tage nach der Krankenhausaufnahme an Herzstillstand und Kreislaufversagen. Bei der Sektion wurden eine Lungenentzündung und ein Lungenödem sowie eine toxische Schädigung von Leber und Herzmuskulatur festgestellt. Chemisch-analytisch fanden sich im Gehirn des Patienten toxische Abbauprodukte von Tetrachloräthylen.

Die gewerbeärztlichen Untersuchungen am Arbeitsplatz ergaben, daß die Luftkonzentration von Tetrachloräthylen in der chemischen Reinigung 250 ppm betrug, also das Zweieinhalbfache des damals gültigen MAK-Wertes von 100 ppm (inzwischen wurde dieser auf 50 ppm reduziert). Noch höhere Konzentrationen entstanden beim Überlaufen der Maschinen, wobei warmes Per in einen Eimer abgelassen werden mußte. Hinzu kam, daß infolge Undichtigkeit einer Klappe das Lösungsmittel auf heiße Rohre tropfte und verdampfte. Schließlich wurden stärker verschmutzte Kleider mittels einer improvisierten Sprühanlage in einem geschlossenen, unbelüfteten Raum mit Per behandelt, was nach den Sicherheitsregeln der Berufsgenossenschaft nur im Freien oder bei ausreichender Belüftung des Arbeitsraumes erlaubt ist. Alle diese Arbeiten wurden von dem Verstorbenen ohne Maske durchgeführt.[8]

Der derzeit gültige MAK-Wert von 50 ppm Tetrachloräthylen = 345 mg/m^3 wurde von der zuständigen Arbeitsstoffkommission der Deutschen Forschungsgemeinschaft auf der Grundlage einer Vielzahl toxikologischer Daten am Tier und jahrzehntelanger arbeitsmedizinischer Erfahrungen am Menschen festgelegt. Er schützt vor der zentraldepressorischen und lokalreizenden Wirkung sowie den toxischen Wirkungen auf Leber und Niere, berücksichtigt allerdings nicht den in den letzten Jahren auf der Grundlage tierexperimenteller Untersuchungen an Mäusen und Ratten aufgekommenen Verdacht, daß Tetrachloräthylen eine krebserzeugende Wirkung besitzt. Wenn auch eine solche Wirkung bisher am Menschen epidemiologisch nicht bestätigt werden konnte, so muß Tetrachloräthylen dennoch als ein potentielles Karzinogen angesehen und die Belastung durch diesen Schadstoff so gering wie möglich gehalten werden. Das Bundesgesundheitsamt empfahl deshalb einen anzustrebenden Grenzwert von 0,1 mg Tetrachloräthylen pro m^3 Raumluft beziehungsweise pro kg Lebensmittel, bei Konzentrationen über 5 mg/m^3 Raumluft seien gesundheitliche Gefahren zu befürchten, und Lebensmittel mit einem Gehalt von mehr als 1 mg/kg Tetrachloräthylen seien zum Verzehr nicht geeignet.

Diese vom Bundesgesundheitsamt festgelegten Grenzwerte sind erheblich niedriger als der MAK-Wert; sie gründen nämlich nicht auf toxikologischen Daten, sondern stellen eine Vorsorgemaßnahme dar, die nach dem heutigen Stande des Wissens bei allen potentiell karzinogen wirkenden Stoffen erforderlich ist. Toxikologisch begründete Grenzwerte sind nämlich nur dort zulässig, wo ein Kontakt mit einem Stoff wie am Arbeitsplatz unvermeidlich und in Kauf zu nehmen ist, wo aber auch durch ständige Überwachung der Atemluftkonzentrationen und der Gesundheit der Beschäftigten eine Schadensvorsorge getroffen wird. Außenstehende dürfen keinesfalls in gleichem Umfange belastet werden, da sie von dem Kontakt überhaupt keinen Nutzen haben und auch nicht arbeitsmedizinisch überwacht werden. Deshalb müssen durch entsprechende technische und bauliche Maßnahmen die Emissionen von Tetrachloräthylen in die Umwelt möglichst vollständig unterbunden werden. Der Fachausschuß Gesundheitlicher Umweltschutz der Ärztekammer Schleswig-Holstein hat dementsprechend gefordert, die Zulassungskriterien für chemische Reinigungen so festzulegen, daß diese nicht in Wohn- und Mischgebieten, sondern nur noch in Industriegebieten betrieben werden dürfen; die Annahmestellen für das Reinigungsgut können dagegen durchaus kundennah bleiben. In Supermärkten mit Lebensmittelverkauf haben chemische Reinigungen selbstverständlich überhaupt nichts zu suchen.

Durch derartige Maßnahmen sollte auch ohne ein Verbot chemischer Reinigungen eine Beseitigung der Umweltgefährdung durch Tetrachloräthylen möglich sein. Ein Ersatz dieser Substanz durch ein anderes Reinigungsmittel ist nämlich nicht ohne weiteres möglich, weil andere chlorierte Kohlenwasserstoffe zumindest ebenso toxisch und kanzerogen wirken und die in toxikologischer Hinsicht günstiger zu bewertenden fluoridierten Chlorkohlenwasserstoffe in ökologischer Hinsicht untragbar sind, da sie die Ozonschicht der Erde zerstören. Mit Recht fordert das Bundesgesundheitsamt, daß nach anderen, für Gesundheit und Umwelt weniger bedenklichen Ersatzstoffen gesucht werden muß.

Die Vinylchloridkrankheit

Am 11. Januar 1972 meldete sich in der Bonner Universitäts-Hautklinik ein 32jähriger Chemiearbeiter. Er war als Autoklavenreiniger in der Produktion des Kunststoffes PVC (Polyvinylchlorid) beschäftigt und gab an, daß er zwei Jahre nach Aufnahme seiner Arbeit zum ersten Mal starke Schmerzen am rechten Zeigefinger empfunden habe. Die Beschwerden hätten sich im Laufe der letzten 13 Monate auf sämtliche Finger ausgedehnt. Zudem habe er ein auffallend starkes Schwitzen an den Fingern sowie eine außergewöhnliche Kälteempfindlichkeit bemerkt. Die Hände des Arbeiters waren geschwollen und dunkel gefärbt, die Fingerendknochen verdickt. Bei der Untersuchung wurden nicht nur Knochenveränderungen an den Fingern mit Fingerverkürzung und Auftreibungen der Endglieder, sondern auch Veränderungen der Haut sowie eine Schädigung der Leber festgestellt. Dieses war der erste Fall von Vinylchloridkrankheit in der Bundesrepublik, dem später viele weitere folgten.[9]

Vinylchlorid (Monochloräthylen, $ClHC = CH_2$) ist ein halogenierter Kohlenwasserstoff, der großtechnisch zur Herstellung des Kunststoffes PVC verwendet wird und lange Zeit als wenig toxisch galt. Wie wir heute aus den Erfahrungen der Arbeitsmedizin in der Bundesrepublik,

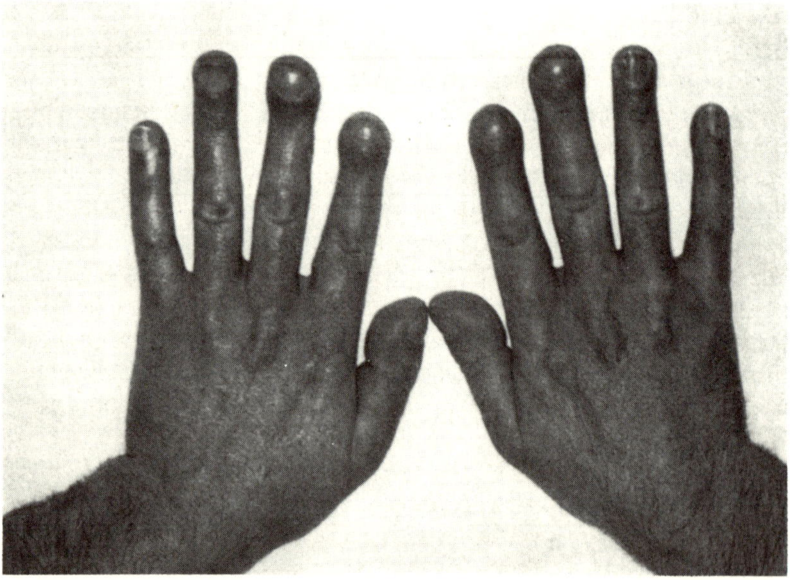

Kolbige Auftreibung und deutliche Verkürzung der Fingerendglieder und der Fingernägel durch Vinylchlorid bei einem Chemiearbeiter.[9]

in den USA und anderen Ländern wissen, besitzt er bei chronischer Exposition eine ganz spezifische Toxizität, die sich in Form der sogenannten Vinylchloridkrankheit äußert.[10] Neben Störungen der Durchblutung insbesondere der Finger und einer langsamen Auflösung der Fingerendglieder kommt es zu Verhärtungen der Haut (Sklerodermie), Schädigungen der Leber und schließlich zum gehäuften Auftreten eines sehr seltenen Tumors, eines von den Blutgefäßen ausgehenden Sarkoms (Hämangiosarkom) der Leber. Dieses Krankheitsbild wurde bisher nur bei der Herstellung und der Verarbeitung des Vinylchlorids beobachtet; die Verarbeitung des aus ihm durch Polymerisation entstehenden Kunststoffes Polyvinylchlorid (PVC) stellt demgegenüber kein besonderes Gesundheitsrisiko dar.

Die Schnüffelsucht

Ein besonderer toxikologischer Aspekt ergibt sich aus der mißbräuchlichen Anwendung organischer Lösungsmittel, um Rauschzustände zu erreichen. Diese Schnüffelsucht ist in den meisten Industrieländern einschließlich der Ostblockstaaten seit langem bekannt; erste Berichte über eine zunehmende Verbreitung unter Kindern und Jugendlichen erschienen in den fünfziger und sechziger Jahren in den USA, ab 1970 dann auch in Europa. In der Regel werden die mißbrauchten Lösungsmittel in einen kleinen Plastikbeutel gegossen und aus ihm wie aus einer Narkosemaske über Mund und Nase eingeatmet; oft wird auch direkt aus Dosen oder Lappen inhaliert. Mißbraucht können alle Mittel werden, die Dämpfe abgeben oder bereits in flüchtiger Form vorliegen. Es handelt sich dabei um Klebstoffe und Klebstoffverdünner, Farb- und Lackverdünner, Nagellack und Nagellackentferner, Fleckenmittel, Lösemittel für Kopiergeräte, Feuerzeug- und Propangas, Haar- und Lacksprays oder auch nur um einfaches Kraftfahrzeugbenzin.[11] All diese Stoffe sind frei zugänglich und stellen damit ein erhebliches Mißbrauchspotential dar.

Die Ursache für den willentlichen Mißbrauch organischer Lösungsmittel beruht auf ihrer pharmakologischen Grundeigenschaft, der narkotischen Wirkung. Zu Beginn einer Narkose kommt es nämlich zu einem Stadium der Erregung (Exzitationsstadium), das mit dem Gefühl körperlichen und geistigen Wohlbefindens (Euphorie) und rauschartigen Zuständen verbunden ist und von vielen geschätzt wird. Deshalb sind auch Narkotika selber, wie etwa Äther oder Chloroform, häufig mißbraucht worden, und der Genußwert des Alkohols beruht ebenfalls im wesentlichen auf dem der Alkoholnarkose vorangehenden Exzitationsstadium (siehe auch Kapitel 10). Neben Rausch- und Erregungszuständen kann es beim Schnüffeln von Lösungsmitteln auch zu illusionären Verkennungen, Veränderungen der Farbwahrnehmung und zu Halluzinationen kommen. Bei vielen Schnüfflern entwickelt sich schließlich eine Abhängigkeit, wobei der Lösungsmittelmißbrauch unter Umständen bis ins Erwachsenenalter hinein fortgesetzt wird. Dies ist dann meist mit einer Toleranzentwicklung verbunden, die zu einer erheblichen Steigerung der täglichen Konsummengen führt, wobei ein täglicher Konsum von einem halben Liter Lösungsmittel und wiederholtes Schnüffeln über 10 bis 12 Stunden nicht selten sind.

Schnüffler sind in zweifacher Hinsicht gefährdet. Einerseits kann es während des Schnüffelns zu akuten Atemstörungen, etwa durch einen Spasmus des Kehlkopfes, oder aber zu einer zentralen Lähmung des Atemzentrums infolge Überdosierung kommen. Besonders gefährdet

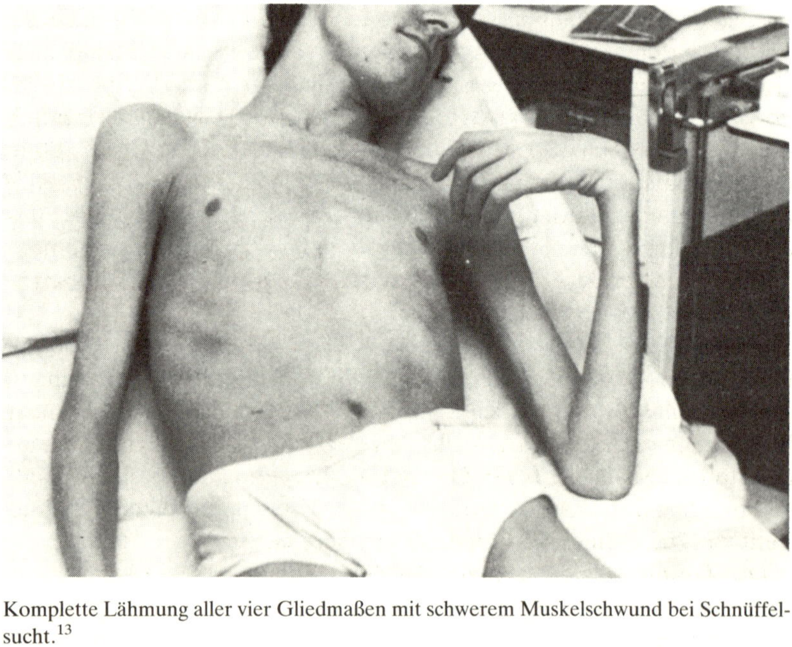

Komplette Lähmung aller vier Gliedmaßen mit schwerem Muskelschwund bei Schnüffelsucht.[13]

sind Schnüffler, die einen großen Plastikbeutel über den Kopf ziehen oder sich Sprays und Aerosole direkt in Nase und Mund sprühen. Weiterhin sind auch Rhythmusstörungen des Herzens mit der Folge eines Herzstillstandes möglich.

Im Frühjahr 1983 wurde ein Achtzehnjähriger in bewußtlosem Zustand in ein Berliner Krankenhaus eingeliefert. Die Ursache der Bewußtlosigkeit war zunächst unklar. Der Jugendliche lebte in einem Heim und hatte, wie sich später herausstellte, bereits seit Monaten verschiedenste Lösungsmittel geschnüffelt. Zwei Tage vor der Einlieferung hatte er offensichtlich mit einer neuen Substanz herumexperimentiert und deren Dämpfe inhaliert. Anderen Heiminsassen war am Abend aufgefallen, daß er schwer wesensverändert und wie betrunken wirkte. Es kam zu einem Streit und zu einer Balgerei unter den Jugendlichen, innerhalb derer der Achtzehnjährige ohne Verletzungen oder erkennbaren Anlaß plötzlich leblos zusammenbrach. Die in das Heim gerufene Feuerwehr fand ihn reaktions- und bewußtlos am Boden liegend. Nachdem im Krankenhaus festgestellt wurde, daß Kreislauftätigkeit und Atmung aufgehört hatten, wurden intensivmedizinische Wiederbelebungsmaßnahmen durchgeführt. Jedoch erholte sich der Patient nicht mehr aus dem Zustand tiefster Bewußtlosigkeit, die Hirnstromkurven zeigten, daß seine Hirntätigkeit aufgehört hatte. Chemisch-analytisch ließ sich nachweisen, daß er Dämpfe eines Kühlverdichtungsmittels sowie eines trichloräthylenhaltigen Reinigungsmittels eingeatmet hatte. Durch diese Stoffe war es während der Balgerei offensichtlich zu einer Rhythmusstörung des Herzens und danach zu einem Aufhören der Herztätigkeit und einem Kreislaufstillstand gekommen. Die hierdurch verursachte Sauerstoffnot des Gehirns hatte dieses irreversibel geschädigt.[12]

Die Zahl der Todesfälle und akuten Vergiftungen im Zusammenhang mit dem Schnüffeln von Lösungsmitteln ist in der Bundesrepublik nicht bekannt, da es ein zentrales Erfassungsregister für lösungsmittelabhängige Todesfälle nicht gibt. In Großbritannien wurden 1981 39 Todesfälle durch Schnüffeln registriert, und in den USA rechnet man mit einer Zahl von 300 tödlichen Komplikationen pro Jahr.

Die Gesundheitsgefährdung des Schnüfflers besteht andererseits darin, daß ein langfristiger chronischer Mißbrauch von Lösungsmitteln zu einer Schädigung des zentralen und peripheren Nervensystems mit vielfältiger Symptomatik führt: Schwindel, Kopfschmerzen, hirnorganische Wesensveränderungen, skandierende Sprache, Delirien und Depressionen sowie sensible und motorische Ausfälle (Empfindungsstörungen und Lähmungen, s. Abb. S. 150) sind in der Literatur beschrieben worden.[13] Computertomographisch lassen sich bei fortgeschrittenem Mißbrauch die Zeichen einer Gehirnatrophie nachweisen. Auch wurden bei Schwangerschaften unter Lösungsmittelmißbrauch Schädigungen des Föten beobachtet. Die großen gesundheitlichen Gefahren der Schnüffelsucht sollten dazu veranlassen, sich mehr mit ihr zu befassen und ihr in möglichst frühen Phasen entgegenzuwirken.

Diäthylenglykol: der gepanschte Wein

Diäthylenglykol ist ein viel gebrauchtes technisches Lösungsmittel, das auch als Weichmacher, Frostschutzmittel, Bremsflüssigkeit und als Feuchthaltemittel in der Tabakverarbeitung Verwendung findet. Diese Substanz – bis dahin nur Fachleuten bekannt – ist durch ihre mißbräuchliche und verbotene Anwendung zur »Verbesserung« vornehmlich österreichischer Weine Mitte der achtziger Jahre zu einer der bekanntesten Chemikalien geworden. Diäthylenglykol ist eine farblose, geruchlose und süßschmeckende Flüssigkeit, die dem Wein zugesetzt wurde, um einen höheren Extraktanteil vorzutäuschen und so die Einstufung in höhere Prädikatsstufen zu erreichen. Die Konzentrationen reichten meist von 1 bis 10 g/l, der höchste gemessene Gehalt betrug 48 g/l.

Vergiftungen mit Diäthylenglykol sind bei dessen Anwendung zur Lösung von Arzneimitteln vorgekommen. So traten 1937 in den USA nach Einnahme eines in Diäthylenglykol gelösten Sulfonamids 353 schwere Vergiftungen mit 105 Todesfällen auf, während 1971 in Kapstadt sieben Kinder nach Einnahme eines in Diäthylenglykol gelösten Beruhigungsmittels starben. Zielorgan der toxischen Wirkung des Diäthylenglykols ist die Niere, und mit tödlichen Vergiftungen muß beim Menschen ab einer Dosis von 1 g/kg Körpergewicht gerechnet werden. Mit hochbelasteten Weinen hätten also durchaus zur Vergiftung ausreichende Mengen an Diäthylenglykol aufgenommen werden können. Tatsächlich sind jedoch Fälle, in denen toxische Wirkungen durch derartige Weine ausgelöst wurden, nicht bekanntgeworden.[14] Vielleicht hat der mit dem Wein gleichzeitig aufgenommene Äthylalkohol die Toxizität des Diäthylenglykols vermindert.

7 Pestizide

Sinnvolle Schädlingsbekämpfung

Der Ausdruck Pestizide (von lat. *pestis,* ansteckende Krankheit, und lat. *caedere,* in Zusammensetzungen *-cidere,* töten) bezeichnet chemische Mittel zur Bekämpfung von pflanzlichen und tierischen Schädlingen, welche die Nahrung des Menschen oder andere Lebensgüter wie Holz und Bauwerke angreifen oder aber Krankheiten durch Biß und Stich übertragen. Mit der bakteriellen Infektionskrankheit Pest, die im Mittelalter als verheerende Seuche durch die Lande zog, ist dieser Ausdruck zwar sprachlich, nicht aber inhaltlich verwandt. Innerhalb des Sammelbegriffs Pestizide ist eine Einteilung in folgende Untergruppen üblich: Insektizide = Mittel gegen Insekten, Fungizide = Mittel gegen Pilze, Akarizide = Mittel gegen Spinnmilben, Nematozide = Mittel gegen Nematoden (Würmer), Moluskizide = Mittel gegen Schnecken, Rodentizide = Mittel gegen Nagetiere, Herbizide = Mittel gegen Unkräuter. Pestizide werden heute weltweit in einer Menge von jährlich etwa einer Million Tonnen angewendet. Der Bedarf für diese Chemikalien wird aus Verlusten an landwirtschaftlichen Produkten durch Schädlinge und Krankheitserreger hergeleitet, die je nach Kulturpflanze zwischen 25 und 45 Prozent liegen und in den Entwicklungsländern bis zu 80 Prozent und mehr erreichen können. Darüber hinaus stehen Erkrankungen und Todesfälle durch Infektionen, die von Insekten übertragen werden (vor allem Malaria), immer noch an der Spitze aller Krankheitsursachen der Erde.

Die heute vielfach vertretene These, daß man auf Schädlingsbekämpfungsmittel ohne weiteres verzichten könne, geht an den Realitäten einer ständig wachsenden und in einem hohen Prozentsatz hungernden Erdbevölkerung vorbei. Bereits im Mittelalter sind zahlreiche Hungersnöte nachweislich auf das seuchenhafte Auftreten von Pflan-

Pflanzenschutzmittel werden mit dem Hubschrauber über die Weinberge versprüht.

zenkrankheiten oder Schädlingen und die damit verbundene Vernichtung ganzer Ernten zurückzuführen. So wurde im Gebiet zwischen Mainz und Fulda im Jahre 873 n. Chr. kurz vor der Ernte die gesamte Frucht auf dem Halm durch riesige Heuschreckenschwärme vernichtet. Ein drastisches Beispiel für die weitreichenden politischen Folgen von Pflanzenkrankheiten sind die revolutionären Aufstände 1848 in Deutschland, die weitgehend den Charakter von Hungerrevolten hatten.[1] Damals war die Kartoffelernte durch einen phytopathogenen Schimmelpilz, der die Krautfäule der oberirdischen Pflanze und die Braunfäule der Knolle hervorruft, stark dezimiert worden.[2] Dieselbe Pflanzenkrankheit hat in Irland in den Jahren 1845 und 1846 250000 Hungertote gefordert und zur Auswanderung von mehr als 2,5 Millionen Iren in alle Welt geführt. Ähnlich verheerend wirkte sie sich in Deutschland im Kriegsjahr 1916 aus, was den berüchtigten Kohlrübenwinter 1916/17 zur Folge hatte. Als direkte und indirekte Folge dieser Kartoffelkrankheit sollen damals ebenso viele Menschen umgekommen sein wie in den verlustreichen Kämpfen um Verdun. Fast ebenso schlimme Folgen hatte das Auftreten des Echten Mehltaus im Weinbau, der um 1850 nach Europa eingeschleppt wurde. Die Weinerträge Frankreichs sanken 1854 auf 20 Prozent einer Normalernte, so daß das Land zum ersten Mal in seiner Geschichte Wein importieren mußte. Zahlreiche Weinbauern verließen damals ihre Güter, siedelten sich in der neu eroberten Kolonie Algerien an und begründeten dort den algerischen Weinbau.

Pflanzenschutz ist auch heute ein notwendiges Übel, das wir in Kauf nehmen müssen, wenn wir nicht hungern, oder, sofern wir dazu überhaupt in der Lage sind, erheblich mehr Geld für Nahrungsmittel ausgeben wollen als bisher. Er sollte jedoch maßvoll und gezielt verwendet werden. Inwieweit es möglich ist, ohne Pestizide Pflanzenschutz in wirksamer Weise zu betreiben, kann nicht näher erörtert werden, da dem Toxikologen hierzu die fachliche Kompetenz fehlt.

Pestizide haben toxikologisch in zweierlei Hinsicht Bedeutung. Einerseits können sie, insbesondere bei unsachgemäßem Umgang, Ursache akuter Vergiftungen sein, andererseits als Rückstände in der Nahrung verbleiben, mit dieser oder auch mit den Umweltmedien Wasser und Luft den Menschen ständig in kleinen Mengen erreichen und chronisch schädigen (Rückstandsproblematik). Im folgenden sollen die wichtigsten Pestizidgruppen im Hinblick auf diese beiden Möglichkeiten beleuchtet werden.

Organische Phosphorsäureester (Alkylphosphate)

Diese Verbindungen sind in den dreißiger Jahren entwickelt und während des letzten Krieges als Kampfstoffe (Tabun, Sarin, Soman) bereitgestellt, jedoch nicht angewendet worden. Nach dem Kriege wurden sie dann weltweit im Pflanzenschutz als Kontakt- und Systeminsektizide, Akarizide, Nematozide und Fungizide, außerdem in der Veterinärmedizin zur Bekämpfung von Parasiten und schließlich auch zur Beseitigung von Überträgern menschlicher Erkrankungen wie der Malaria eingesetzt. Der bekannteste Vertreter dieser Gruppe ist Parathion, das unter dem Markennamen E 605® bekannt wurde und seit 1947 in Deutschland im Handel ist. Weitere Vertreter dieser Gruppe sind Dichlorvos (u. a. Vapona®), Bromophos (u. a. Nexion®) und Malathion (u. a. Detmolin®). Insgesamt werden derzeit etwa fünfzig Vertreter dieser Gruppe verwendet.

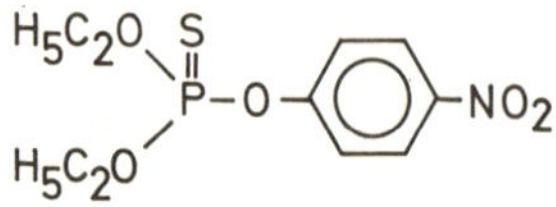

Parathion (E605)

Chemisch handelt es sich um Ester oder Amide der Phosphorsäure, der Phosphonsäure oder der Phosphinsäure. Alle Alkylphosphate zeichnen sich durch eine hohe akute Toxizität aus: einige von ihnen wie etwa Parathion sind nach der Einteilung von Gosselin[3] als supertoxisch zu bezeichnen, was bedeutet, daß ihre LD 50 – die für die Hälfte der behandelten Tiere tödliche Dosis – unter 5 mg/kg liegt und somit bereits eine Menge von weniger als sieben Tropfen für einen Erwachsenen tödlich sein kann. In neuerer Zeit verwendet man anstelle dieser hochtoxischen weniger toxische Verbindungen, die aber immer noch zu schweren Vergiftungen führen können.

Alkylphosphate werden als stark lipophile Substanzen von allen Körperoberflächen einschließlich der Haut gut und schnell resorbiert. Vergiftungen sind deshalb sowohl durch Verschlucken oder durch Einatmen als auch durch Auftragen auf Haut und Schleimhäute möglich und schon vorgekommen. Betroffen sind im gewerblichen Bereich vor allem Landwirtschaft, Forstwirtschaft und Gartenbau (zum Beispiel durch Sprühen gegen Wind oder Versprühen in Treibhäusern), besonders häufig aber auch Hobbygärtner, denen die Gefährlichkeit dieser Verbindungen oft nicht bewußt ist. Daneben wurden Alkylphosphate aber auch zu Selbstmorden verwendet. Insbesondere zu Beginn der sechziger Jahre gab es eine nahezu epidemieartige Ausbreitung von Selbstmorden oder Selbstmordversuchen mit E 605.

Im Verlaufe von Familienstreitigkeiten hatte ein 17jähriges Mädchen von ihrem Bruder einige Ohrfeigen erhalten. Wenige Stunden später wurde sie von Familienangehörigen bewußtlos mit Schaum vor dem Munde und von Krämpfen befallen aufgefunden. Der herbeigerufene Hausarzt veranlaßte die sofortige Einweisung in ein Krankenhaus unter der Verdachtsdiagnose Hirnblutung. Bei der stationären Aufnahme war die Patientin in tiefer Bewußtlosigkeit; auch auf stärkste Schmerzreize erfolgte keine Abwehrreaktion. Die Hautfarbe im Gesicht und im Bereich der distalen Gliedmaßenabschnitte war blauschwarz, die Atmung flach und schnappend, der Puls nicht fühlbar.

Es bestand ein ausgeprägtes Lungenödem. Neurologisch waren alle Reflexe ausgefallen, die Pupillen aber waren maximal verengt (!) und ohne Lichtreaktion. In Zeitabständen von 3 bis 5 Minuten kam es zu kurzen Streckkrämpfen an den oberen Extremitäten.[4]

In diesem Falle führte das erstaunliche, sonst bei Vergiftungen (mit Ausnahme von Heroin und anderen Opiaten) nicht auftretende Symptom der engen Pupille (Miosis) im Verein mit der übrigen Symptomatik sehr schnell zu der Verdachtsdiagnose einer Alkylphosphat-Vergiftung, die dann durch das Auffinden einer leeren E 605-Flasche unter dem Bett der Patientin gesichert werden konnte. Durch die sofort eingeleitete Gegengiftbehandlung konnte dieses junge Mädchen gerettet und wenige Tage später geheilt aus dem Krankenhaus entlassen werden.[4]

Daß Alkylphosphate auch über die unversehrte Haut resorbiert werden und zu schweren Vergiftungen führen können, zeigen die folgenden Fälle:

Ein 64jähriger Waldarbeiter litt seit einigen Jahren unter einem allgemeinen Juckreiz, den er früher bereits mit Petroleumeinreibungen erfolglos behandelt hatte. Er verschaffte sich nunmehr eine Flasche E 605 forte, verdünnte das Präparat mit Wasser und rieb sich mit der entstandenen blaß-blauen Emulsion zweimal Brust, Bauch und Beine ein; die verwendete Menge des Phosphorsäureesters betrug etwa 2 g. Eine halbe Stunde später klagte er über Übelkeit und Abgeschlagenheit und verlor wenig später das Bewußtsein. Eine Stunde nach der Einreibung wurde er in ein Krankenhaus in bewußtlosem Zustand und mit den klinischen Zeichen eines Lungenödems eingeliefert; die Pupillen waren stecknadelkopfeng, es bestand starker Speichelfluß. Kurz darauf kam es zu einem Herz- und Atemstillstand. Auch dieser Patient konnte durch eine intensive Gegengiftbehandlung gerettet werden.[5]

In einem anderen Fall spritzte ein junger Mann zwei Stunden lang Obstbäume mit dem Phosphorsäureester Systox; wegen der herrschenden Hitze war er nur mit Schuhen, Strümpfen und einer Badehose bekleidet. Zwei Stunden nach Beendigung der Arbeit traten als erste Krankheitszeichen plötzliches Erbrechen und Schmerzen in der linken Bauchseite auf, die sich bald auf den ganzen Bauchraum erstreckten. Bei der Aufnahme im Krankenhaus war der Patient kaum ansprechbar, es bestand eine allgemeine motorische Unruhe mit fibrillären Zuckungen am Stamm und an den Extremitäten; die Pupille war verengt. Auch dieser Patient konnte durch entsprechende Therapie innerhalb von zwei Tagen geheilt werden.[6]

Parathion wurde im übrigen auch häufig als Mordgift verwendet. Als Träger des Giftes wurden dabei unter anderem Zahnpasta, Bier, Pralinen, Arzneimittel und in einem Fall ein in die Scheide eingebrachter Tampon verwendet. Da jedoch der Nachweis der Alkylphosphate kaum Schwierigkeiten bereitet, konnten die Täter überführt werden.

In welcher Weise die organischen Phosphorsäureester ihre toxische Wirkung entfalten, ist bekannt: Sie gehen mit einem im Körper vorhandenen Enzym, der Cholinesterase, eine Bindung ein und inaktivieren es hierdurch. Dieses Ferment hat die wichtige Aufgabe, das in unserem Nervensystem als Überträgerstoff fungierende Acetylcholin so schnell wie möglich abzubauen, damit eine nervale Erregung abklingt. Durch die Inaktivierung der Cholinesterase kommt es zu einem Anstau von körpereigenem Acetylcholin und damit zu einer inneren Acetylcholinvergiftung. Die Symptome dieser Vergiftung bestehen einerseits in einer starken parasympathischen Erregung mit Tränen- und Speichelfluß, vermehrter Bronchialsekretion, Erbrechen, Durchfällen und sehr schmerzhaften Koliken von Magen und Darm. Am Herzen bewirkt es eine Senkung der Frequenz bis hin zum Herzstillstand, an den Atemwegen asthmaähnliche Zustände bis zum Lungenödem und an den Augen eine für die Diagnose wichtige Einengung der Pupillen. Darüber hinaus treten aber auch Störungen an der Skelettmuskulatur in Form von unwillkürlichen Muskelzuckungen, Sprachstörungen und tonisch-klonischen Krämpfen auf. Die Erregungserscheinungen des Parasympathikus lassen sich durch das hier hemmend wirkende Atropin aufheben, was zumindest akut das Leben des vergifteten Patienten rettet. Entscheidend aber für den weiteren Verlauf ist, ob es gelingt, das phosphorylierte Ferment wieder zu aktivieren, wofür spezielle Aktivatoren entwickelt wurden. Bei einer länger andauernden Bindung des Ferments an den Phosphorsäureester tritt jedoch eine dauernde Schädigung des Ferments ein, so daß dieses nicht mehr reaktiviert werden kann. Dann muß abgewartet werden, bis Cholinesterase durch die physiologische Neusynthese wieder in ausreichendem Maße zur Verfügung steht, was aber fünfzig Tage dauern kann. Hierdurch erklärt sich, daß Vergiftungen durch Phosphorsäureester trotz Antidotbehandlung auch heute noch häufig tödlich enden.

Trotz ihrer hohen akuten Toxizität besitzen die organischen Phosphorsäureester gegenüber vielen anderen Pestiziden einen entscheidenden Vorteil: Sie werden in der freien Natur schnell zu ungiftigen Produkten abgebaut. Dies bedeutet, daß bei Einhaltung der gesetzlich vorgeschriebenen Wartefristen (Karenzzeiten) mit Nahrungsmitteln keine Rückstände von Alkylphosphaten aufgenommen und Alkylphosphate weder außerhalb noch innerhalb des Organismus gespeichert werden. In ökologischer Hinsicht stellen die organischen Phosphorsäureester somit kein Problem dar.

Carbamate

Diese Ester der Carbaminsäure werden ebenso wie die Alkylphosphate als Insektizide, Akarizide, Nematozide, Moluskizide und Herbizide, aber auch als Arzneimittel eingesetzt. Als Pestizide sind mehr als vierzig Verbindungen im Handel (z. B. Carbaryl = Embit®, Aldicarb = Temik® oder Ethiofencarb = Croneton®). Der Wirkungsmechanismus entspricht dem der Phosphorsäureester: Hemmung der Acetylcholinesterase; jedoch ist die Hemmung im Unterschied zu den Alkylphosphaten immer reversibel. Die Wirkungsdauer ist deshalb kürzer; denn das durch Carbamat blockierte Ferment wird relativ schnell wieder reaktiviert. Die Vergiftungssymptome sind deshalb die gleichen wie nach Alkylphosphaten, jedoch verläuft die Vergiftung in der Regel leichter und selten tödlich.

Insektizide Chlorkohlenwasserstoffe

Die Epoche dieser Pestizid-Gruppe begann mit der Entdeckung der insektiziden Wirksamkeit von DDT (Dichlordiphenyltrichloräthan, Chlorphenotan) durch den Schweizer Chemiker Paul Müller 1939 in Basel. Wegen der außerordentlichen Bedeutung dieser Substanz bei der Vernichtung von Überträgerinsekten der Malaria (Anophelesmükke), der Schlafkrankheit (Tsetse-Fliege) und des Fleckfiebers (Kleiderlaus) wurde Müller 1948 mit dem Nobelpreis für Medizin ausgezeichnet. Die genannten Tropenkrankheiten konnten durch DDT außeror-

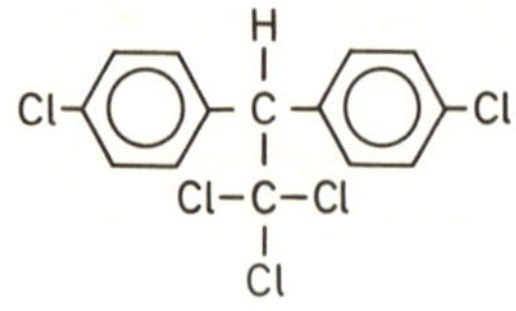

Dichlordiphenyltrichloräthan (DDT)

dentlich stark eingeschränkt und in manchen Gegenden sogar völlig ausgerottet werden. Nach Angaben der WHO wurden in den Malariagegenden der Welt fünf Millionen Menschen vom Tode bewahrt; in Indien sank die jährliche Todesrate an Malaria von 750000 auf 1500. Trotz dieser segensreichen Wirkung ist der Einsatz von DDT heute in nahezu allen Ländern verboten, was in manchen Teilen der Welt zu einem Wiederaufleben der Malaria geführt hat; so erhöhte sich die Zahl der Krankheitsfälle in Ceylon von 110 im Jahr 1961 auf 2500000 im Jahr 1969!

Warum wurde DDT verboten?

DDT ist ein Nervengift, das in geringen Dosen Übererregbarkeit, in höheren Lähmung auslöst. Seine Wirkung beruht wahrscheinlich auf einer gestörten Ionenpermeabilität der Nervenzelle. Während DDT für Insekten eine hohe Toxizität besitzt, ist es für den Menschen und andere Säugetiere relativ ungiftig. Dies liegt zum Teil daran, daß es von der Haut überhaupt nicht und vom Darm nur sehr langsam resorbiert wird. Akute Vergiftungserscheinungen treten beim Menschen erst nach oraler Einnahme von Dosen ab 10 bis 20 g auf und wurden in einigen Fällen von versuchtem Selbstmord beobachtet. Sie bestehen in zentralnervösen Erscheinungen wie Unruhe, Reizbarkeit, Schwindel und Kopfschmerzen, im weiteren Verlauf können epileptiforme Krämpfe eintreten. Jedoch ist in der gesamten Weltliteratur kein einziger Fall einer tödlichen DDT-Vergiftung eindeutig dokumentiert worden.

Auch die chronische Toxizität von DDT ist gering. Vergiftungen oder Gesundheitsschädigungen durch den gewerblichen Umgang mit DDT sind nicht bekanntgeworden. In experimentellen Untersuchungen wurden freiwilligen Versuchspersonen DDT-Dosen von 35 mg täglich über 21 Monate verabreicht, ohne daß es während dieser Versuche oder innerhalb von 5 Jahren danach zu irgendwelchen Folgen kam. Diese Menge ist tausendmal höher als die mit DDT-Rückständen in Lebensmitteln aufgenommene Dosis. Epidemiologische Erhebungen haben bisher auch keinen Anhalt für ein karzinogenes Risiko durch DDT ergeben. Zwar konnten im Tierversuch an bestimmten, besonders empfindlichen Mäusestämmen durch hohe Dosen von DDT Lebertumoren (Hepatome) erzeugt werden, die einige Zeichen von Bösartigkeit aufwiesen. Schon an Ratten wie auch an allen anderen untersuchten Tierarten war dieser Befund aber nicht zu reproduzieren.[7] Weiterhin hat sich die Häufigkeit des primären wie auch des sekundären Leberkrebses in den USA, wo DDT seit 1944 in großem Umfang verwendet wurde, nicht erhöht, sondern im Gegenteil vermindert: die Todesrate für Leberkrebs insgesamt nahm von 8,8 Fällen bei 100000 Einwohnern im Jahr 1930 auf 5,6 im Jahr 1972 ab.[8] Auch nach beruflicher Exposition gegenüber DDT ergab sich kein Anhalt für eine Häufung von Leberkrebs.

Die eigentliche Problematik des DDT liegt denn auch nicht in seiner akuten oder chronischen Toxizität, sondern in seinem kinetischen Verhalten und den sich hieraus ergebenden ökologischen Konsequenzen. DDT besitzt eine ungeheuer starke Resistenz gegenüber physikalischen und chemischen Einflüssen und ist deshalb sehr beständig, was im positiven Sinne seine sehr nachhaltige pestizide Wirksamkeit erklärt. Andererseits führt aber die lange Verweildauer in der freien Natur – die Halbwertszeit wird im Ackerboden auf etwa zehn Jahre geschätzt, im menschlichen Organismus beträgt sie ein Jahr – zu einer Rückstandsbildung in pflanzlichen und tierischen Nahrungsmitteln und zu einer Anreicherung in Nahrungsketten bis hin zum menschlichen Organismus. Tatsächlich hat weltweite Anwendung von DDT seit Anfang der vierziger Jahre dazu geführt, daß nahezu alle Nahrungsmittel mit diesem Insektizid kontaminiert worden sind und inzwischen auch jeder Mensch in seinem Organismus DDT beherbergt. Dieses reichert sich vor allem im Fettgewebe an; die Konzentrationen im Fett gesunder Personen liegen in der Bundesrepublik bei etwa 2 mg/kg, in den USA bei 7 mg/kg und in Israel bei 19 mg/kg.[9] In diesen Unterschieden zeigt sich der ländermäßig sehr unterschiedliche Einsatz dieses Insektizids. Bei Landwirten, die DDT direkt anwendeten, betragen die DDT-Konzentrationen aber 35 und bei Arbeitern in der DDT-Produktion sogar über 1000 mg/kg! Gleichwohl hat sich diese Exposition des Menschen, die nunmehr fast ein halbes Jahrhundert anhält, bisher in toxikologischer Hinsicht, wie dargestellt wurde, nicht nachweisbar negativ ausgewirkt.

Die größte Gefahr des DDT liegt im ökologischen Bereich: Aufgrund seiner langen Verweildauer sowie seiner großen Fettlöslichkeit wird es in Nahrungsketten angereichert mit dem Ergebnis einer toxischen Wirkung beim Endglied dieser Nahrungskette. Hierfür ein Beispiel: Ein Sumpf in Long Island wurde zwanzig Jahre lang mit DDT gespritzt, um Moskitos zu bekämpfen. Danach enthielten das Plankton 0,04 ppm, die vom Plankton lebenden Elritzen 1 ppm und die von den Elritzen lebenden Möwen 75 ppm DDT. Als Folge dieser Anreicherung ist es bei fischfressenden Vögeln zu einer Störung des Kalkstoffwechsels bei der Bildung der Eischale gekommen, so daß diese beim Brüten zerbricht und der Nachwuchs ausfällt. Ganze Populationen und Arten sind hierdurch vom Aussterben bedroht. Diese ökologischen Auswirkungen waren es in erster Linie, die zunächst in den USA und später in nahezu allen anderen Ländern zu einer gesetzlichen Einschränkung der Anwendung von DDT geführt haben. In der Bundesrepublik wurde die Anwendung von DDT erstmalig 1972 eingeschränkt und inzwischen vollkommen verboten. Gleiches gilt für die früher verwendeten Insektizide Aldrin und Dieldrin. Zugelassen sind nur noch (und dies auch nur mit Einschränkungen) γ-Hexachlorcyclohexan (Lindan), Methoxychlor, Endrin, Endosulfan und Dicofol. Obwohl diese Verbindungen nicht so langlebig wie DDT sind, ist auch ihre Anwendung im Pflanzenschutz in der Bundesrepublik verboten.

Herbizide Bispyridiniumverbindungen

In den letzten Jahrzehnten sind eine Vielzahl von Unkrautbekämpfungsmitteln synthetisiert worden, die aus sehr unterschiedlichen chemischen Stoffklassen stammen. Die älteren Herbizide waren anorganischer Natur (Kupfer- und Eisenvitriol, Natriumchlorat, Kalkstickstoff). Bei den neueren Wirkstoffen handelt es sich um Harnstoffderivate, chlorierte Karbonsäuren, Phenoxykarbonsäuren, zyklische Karbonsäuren, Anilinderivate, Bispyridiniumverbindungen, Pyridazone, Uracilderivate, Triazine und andere mehr. Die Toxizität der meisten Herbizide ist für den Warmblüter relativ gering. Hiervon machen allerdings die Bispyridiniumverbindungen, zu denen insbesondere Paraquat (im Handel als Grammoxone®) und Deiquat (Reglone®) gehören, eine bemerkenswerte Ausnahme.

Ein 28 Jahre alter Mann trank in suizidaler Absicht ein halbes Wasserglas Grammoxone (zwanzigprozentige Lösung von Paraquat). Unmittelbar danach verspürte er ein Brennen im Rachen, eine halbe Stunde später kam es zu wiederholtem Erbrechen. Bei der Einweisung im Krankenhaus war der Allgemeinzustand befriedigend und außer einer Druckempfindlichkeit im Oberbauch kein krankhafter Befund vorhanden. Nachdem es dem Patienten zunächst relativ gut ging, verschlechterte sich sein Zustand einige Tage nach der Aufnahme deutlich. Es kam zu einem trockenen Reizhusten, die Leber vergrößerte sich, klinisch waren Zeichen einer Funktionsstörung von Leber und Niere nachweisbar. Dies besserte sich im weiteren Verlauf, jedoch zeigte sich nunmehr eine zunehmende Atemnot, die auf eine chronisch-einengende Entzündung der kleinen Bronchien und Lungenbläschen zurückzuführen war. Am 26. Tage nach der Gifteinnahme verstarb der Patient trotz aller Behandlungsmaßnahmen.

In diesem tödlich verlaufenen Falle dürften etwa 50 ml der zwanzigprozentigen Paraquatlösung getrunken worden sein, wovon allerdings ein Teil später wieder erbrochen wurde. Aus anderen Fällen wissen wir, daß bereits 10 bis 15 ml dieser Lösung, also ein Schluck oder ein Eßlöffel tödlich sein können! Besonders tragisch war der Fall eines 15jährigen Jungen, der versehentlich Grammoxone aus einer Flasche trank, die mit Cola beschriftet war.[10] Er verstarb 18 Tage später, obwohl bei ihm sogar eine Lungentransplantation durchgeführt worden war.

Bis heute gibt es kein Antidot und auch keine sonstige wirksame Therapie gegen die Vergiftung durch Paraquat oder verwandte Stoffe. Noch immer sterben über die Hälfte der Vergifteten. Ihr Schicksal hängt allein von der möglichst schnellen Ausscheidung der aufgenommenen Substanzmengen durch Erbrechen oder Magenspülung ab.

Gift aus der Holzwand

In den letzten Jahrzehnten haben Tausende fleißiger Heimwerker ihre Wohnungen und Häuser mit Holzvertäfelungen ausgekleidet, um deren Gemütlichkeit zu steigern. Auf Absatz bedachte Hersteller und

Händler haben dafür gesorgt, daß diese Vertäfelungen dann mit Holzschutzmitteln behandelt wurden, um einem Verderb durch Schimmel und Insekten vorzubeugen und das Holz zu verschönern. Diese Holzschutzmittel enthielten unterschiedliche chemische Substanzen, die fungizid oder insektizid wirkten.

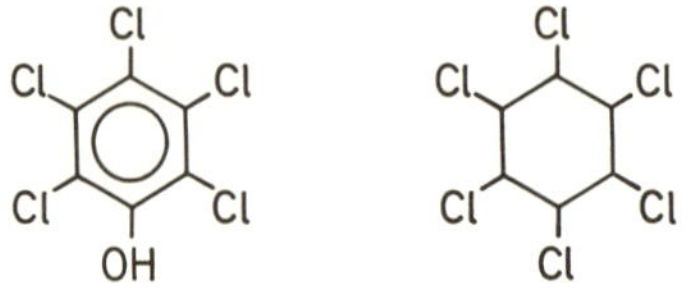

Pentachlorphenol Hexachlorcyclohexan

Am häufigsten fand sich in ihnen *Pentachlorphenol (PCP)*, das schon seit etwa vierzig Jahren als Fungizid und speziell Holzschutzmittel angewendet wird. An zweiter Stelle steht das Insektizid *Hexachlorcyclohexan* (Lindan). 1976 wurde nun in einer wissenschaftlichen Mitteilung aufgrund eines entsprechenden Verdachtes vermutet, daß pentachlorphenolhaltige Holzschutzmittel nicht nur, wie dies seit langem bekannt war, bei unsachgemäßem Gebrauch am Arbeitsplatz, sondern auch nach Anwendung in Wohn- und Aufenthaltsräumen durch allmähliche Abgabe von PCP an die Raumluft Gesundheitsstörungen auslösen können.

Durch Presse und Fernsehen wurde diese Hypothese einer breiteren Öffentlichkeit bekannt, was verständlicherweise zu einer erheblichen Beunruhigung der betroffenen Bürger führte. Das Bundesgesundheitsamt wurde deshalb von der Bundesregierung beauftragt, die Problematik der Anwendung von PCP-haltigen Holzschutzmitteln abzuklären und zu bewerten. In einem umfangreichen Untersuchungsprogramm wurden über 1500 Anfragen aus der betroffenen Bevölkerung ausgewertet, mehr als tausend Urinproben exponierter Personen auf ihren Gehalt an PCP analysiert und außerdem über hundert Familien im gesamten Bundesgebiet direkt in ihren Wohnungen aufgesucht, um die PCP-Konzentrationen in der Raumluft zu bestimmen, die einzelnen Familienmitglieder zu befragen und ärztlich eingehend zu untersuchen.[11]

Als typische Beschwerden bei längerem Aufenthalt in Räumen, die mit PCP-behandeltem Holz ausgestattet waren, wurden Müdigkeit, Zerschlagenheit, Reizung von Haut und Schleimhaut, Kopfschmerzen,

Übelkeit und Schlafstörungen genannt; vereinzelt wurden auch Fälle von aplastischer Anämie (Versagen der Blutbildung im Knochenmark) auf die Exposition gegenüber PCP zurückgeführt.

Die Erhebungen des Bundesgesundheitsamtes ergaben zunächst, daß sich PCP in allen untersuchten Urinproben nachweisen ließ, also auch bei Kontrollpersonen ohne Kontakt mit Holzschutzmitteln. Das zeigt, daß PCP heute als Umweltchemikalie betrachtet werden muß, der praktisch die gesamte Bevölkerung in der Bundesrepublik ausgesetzt ist, wobei es möglicherweise im menschlichen Organismus auch aus anderen Pestiziden gebildet werden kann. Bei Personen aus Wohnungen, die mit Holzschutzmitteln behandelt waren, fanden sich durchschnittlich größere PCP-Mengen im Urin als bei den nicht exponierten Kontrollpersonen; die Konzentrationen, die bei beruflich mit PCP belasteten Personen vorkamen, wurden jedoch nicht erreicht. Dies ist nicht weiter erstaunlich, da die Belastung der Raumluft mit PCP in den Wohnräumen durchschnittlich nur 5 $\mu g/m^3$ betrug, was lediglich ein Prozent der maximalen Arbeitsplatzkonzentration von 0,5 mg/m^3 PCP darstellt. Letztere aber ist nach heutigem Wissensstand bei immerhin achtstündiger täglicher Exposition in toxikologischer Hinsicht als unbedenklich anzusehen. Ferner ergaben die ärztlichen Untersuchungen keine Hinweise auf ein signifikant häufigeres Auftreten von krankhaften Befunden bei Personen mit nachgewiesener erhöhter PCP-Exposition gegenüber dem Kontrollkollektiv. Auch die von diesem Personenkreis gehäuft vorgebrachten Klagen nach erfolgter Holzschutzmittelanwendung der Wohnräume konnte in keinen eindeutigen Zusammenhang mit dem Wirkstoff PCP gebracht werden. Es bleibt offen, ob möglicherweise andere Bestandteile oder Verunreinigungen der verwendeten Holzschutzmittel oder eventuell auch ganz andere Ursachen für die geäußerten Beschwerden verantwortlich zu machen sind.[11]

Die Kommission des Bundesgesundheitsamtes stellte deshalb fest, daß Beweise für einen ursächlichen Zusammenhang zwischen dem Wirkstoff PCP und den gesundheitlichen Beschwerden und Beeinträchtigungen, die nach Verwendung von Holzschutzmitteln beobachtet wurden, bisher nicht vorliegen. Diese Schlußfolgerung stehe im Einklang mit den vorliegenden Erkenntnissen aus der toxikologischen und arbeitsmedizinischen Fachliteratur des In- und Auslandes.[12] Gezielte Schutzmaßnahmen zur Verringerung des PCP-Austrittes aus Holzimprägnierungen in die Raumluft dürften sich aus diesen Gründen im allgemeinen, zumindest bei ausreichend gelüfteten Wohnräumen, erübrigen. Die Kommission kam dann aber mit Recht zu dem Schluß, daß jede unnötige Belastung der Bevölkerung mit biologisch wirksamen Chemikalien vermieden werden sollte und daß insbesondere die Anwendung von Holzschutzmitteln in Innenräumen aus vorwiegend dekorativen Gründen nicht zu rechtfertigen sei. Sie forderte schließlich, daß kein Holzschutzmittel mehr in den Verkehr gebracht werden sollte, ohne daß es vorher auf mögliche gesundheitliche Auswirkungen vor allem bei der Anwendung in Innenräumen geprüft wurde.[11]

Das Bedauerliche an dieser ganzen Affäre besteht darin, daß eine vorbeugende Behandlung von Holz in trockenen Innenräumen völlig überflüssig und nutzlos ist; nur bei extremer Feuchtigkeit und außerhalb von Innenräumen ist ein Schutzanstrich erforderlich, und als Außenanstrich ist er auch in toxikologischer Hinsicht unbedenklich. Hätte man dies von vorneherein berücksichtigt, wären die genannten Gesundheitsstörungen, seien sie nun auf PCP zurückzuführen oder nicht, nicht aufgetreten. Allerdings ist zu berücksichtigen, daß in einigen Fällen die vorbeugende Anwendung von Holzschutzmitteln zwingend vorgeschrieben ist; dies gilt für tragende und aussteifende Bauteile aus Holz wie Dachstühle, Deckenbalken oder Fachwerk, deren Beschädigung oder Zerstörung die Bewohner gefährden würde. Für diesen Zweck dürfen allerdings nur solche Mittel verwendet werden, die ein entsprechendes Prüfzeichen des Instituts für Bautechnik tragen. Dieses Zeichen erhalten nur solche Mittel, denen das Bundesgesundheitsamt bescheinigt hat, daß sie bei bestimmungsgemäßem Gebrauch im vorgesehenen Anwendungsbereich gesundheitlich unbedenklich sind. Wer an anderer Stelle Holzschutzmittel anwenden will, sollte sich vor dem Kauf genau überlegen, ob dies wirklich erforderlich ist und sollte, insbesondere in Innenräumen, diese nicht über das von der Baupolizei vorgeschriebene Maß hinaus anwenden. Zur Verschönerung von Holzoberflächen genügen Lacke, Lasuren oder Beizen, die keine bioziden Wirkstoffe enthalten.

Das Rückstandsproblem

Das Vorkommen von Pflanzenschutzmittelrückständen in Lebensmitteln hat in der Öffentlichkeit in den letzten Jahren und Jahrzehnten sehr starke Beachtung gefunden. Dramatisierte Darstellungen in den Medien und in einigen Büchern haben den Eindruck erweckt, die Belastung der Lebensmittel durch diese Stoffe nähme ständig zu und bedeute eine gesundheitliche Gefährdung des Verbrauchers. Die Deutsche Gesellschaft für Ernährung hat in ihren seit 1972 in vierjährigem Abstand erschienenen Ernährungsberichten die Rückstandssituation zusammenfassend und wissenschaftlich fundiert dargestellt und aufgrund ihrer Bestandsaufnahmen darauf hingewiesen, daß es zu solchen Befürchtungen keinen Anlaß gibt.

Als Rückstandsbildner kommen Pestizide mit einer hohen Resistenz gegenüber physikalischen und chemischen Einflüssen und langer Verweildauer in der freien Natur, also in erster Linie die Organochlor-Insektizide in Frage. Ihre Anwendung als Pflanzenschutzmittel ist jedoch in der Bundesrepublik Deutschland seit mehreren Jahren verboten. Gleichwohl ist auch heute noch mit einer Belastung unserer Nahrungsmittel durch diese Substanzen zu rechnen, da diese Verbindungen einerseits im Ausland zum Teil noch im Pflanzenschutz verwendet werden und andererseits von früheren Anwendungen auch bei uns noch in den Böden enthalten sind und an die Pflanzen abgegeben werden. Die Bundesregierung hat 1982 durch Verordnung Höchstmengen an Pflanzenschutzmitteln festgelegt, die in Lebensmitteln nicht überschritten werden dürfen. Die Vorschriften dieser Verordnung werden durch die chemischen Untersuchungsämter überwacht, die jährlich Tausende von Stichproben auf Pflanzenschutzmittelrückstände überprüfen. Wie aus dem Ernährungsbericht 1984[13] hervorgeht, werden derzeit Höchstmengenüberschreitungen in Lebensmitteln nur noch in sehr geringem Umfange beobachtet (in 0 bis maximal 5 Prozent der untersuchten Proben), wobei insgesamt ein Rückgang in der Konzentration der Rückstände festzustellen ist. So lagen etwa 1981 die durchschnittlichen Lindangehalte von Weizen und Roggen bei 1 μg/kg, was einem Hundertstel der festgelegten Höchstmenge entspricht. Auch bei tierischen Nahrungsmitteln, in deren Fettanteil sich Rückstände von lipophilen Pestiziden anhäufen, erreichen die Konzentrationen nur selten die zulässigen Höchstmengen. Dabei muß berücksichtigt werden, daß ein gelegentliches Überschreiten der zulässigen Höchstmengen nicht bereits ein gesundheitliches Risiko darstellt. Die gesetzlich festgelegten Höchstmengen sind nämlich sehr niedrig angesetzt und liegen immer deutlich unter der zulässigen täglichen Aufnahme (ADI-Wert), die ihrerseits wiederum eine Sicherheitsspanne von in der Regel 1:100 beinhaltet.

Die besonders belastete Muttermilch

Ein besonderes Problem stellt das Vorkommen von Fremdstoffen in der Muttermilch dar. Dies beruht darauf, daß der Mensch bei vielen Pestiziden und auch anderen langlebigen Fremdstoffen wie den polychlorierten Biphenylen (PCB) am Ende der Nahrungskette steht, was zur Folge hat, daß sich diese Substanzen in seinem Fettgewebe anreichern, aus dem sie dann bei besonderer Beanspruchung, wie sie das Stillen darstellt, freigesetzt werden. Tatsächlich sind die Konzentrationen an Organochlorverbindungen in Frauenmilchproben aus der Bundesrepublik erheblich. Zwar sind die hohen Konzentrationen, wie wir sie in den siebziger Jahren fanden – damals wurden DDT-Konzentrationen von im Mittel 4,82 mg/kg gemessen[14] – durch die inzwischen verfügten Anwendungsbeschränkungen deutlich geringer geworden. Aber auch der 1980 gemessene Mittelwert von 2 mg/kg[13] ist doppelt so hoch wie der für Kuhmilch und Kuhmilcherzeugnisse in der Höchstmengenverordnung erlaubte Maximalwert! Frauenmilch wäre also als Lebensmittel nicht verkehrsfähig. Auch die Konzentrationen anderer dauerhafter Chlorkohlenwasserstoffe wie Hexachlorbenzol, β-Hexachlorcyclohexan und polychlorierter Biphenyle liegen derzeit in der Frauenmilch noch so hoch, daß man sie nur dann als erlaubt ansehen kann, wenn man sich mit einem Sicherheitsfaktor von zehn zufrieden gibt, obwohl eigentlich ein Faktor von hundert zur Anwendung kommen müßte.[15] Nach neuesten Untersuchungen des Bundesgesundheitsamtes liegen auch die Dioxin- und Dibenzofuran-Konzentrationen in der Muttermilch so hoch, daß die Belastung des Säuglings mit diesen Mengen als bedenklich angesehen werden muß, wenn auch ein nachweisbares Risiko bisher nicht erkennbar geworden ist.[16]

Die Rückstandssituation in der Muttermilch hat dazu geführt, daß Nutzen und Risiko des Stillens in den letzten Jahren vehement diskutiert wurden. Die Senatskommission der Deutschen Forschungsgemeinschaft zur Prüfung von Rückständen in Lebensmitteln hat sich mit diesem Problem mehrfach und eingehend auseinandergesetzt und kommt in ihrer Mitteilung XII 1984 zu dem Schluß, daß der Nutzen des Stillens höher einzuschätzen sei als ein möglicherweise vorhandenes Gesundheitsrisiko durch die festgestellten Rückstände in der Frauenmilch. Jedoch wird in Übereinstimmung mit den Stellungnahmen anderer Fachgesellschaften empfohlen, Säuglinge nur vier Monate lang voll zu stillen und danach steigende Mengen Beikost zu geben. In den ersten vier Lebensmonaten gilt die alleinige Muttermilchernährung als optimal für die Entwicklung des Kindes und für die Vermeidung von Gesundheitsstörungen, da in diesem Zeitraum mit der Milch mütterliche Abwehrstoffe auf das Kind übertragen werden. Nach Ablauf dieser Zeit verlieren jedoch die Vorteile des Stillens zunehmend an Gewicht, während das Risiko der Kontamination mit Fremdstoffen unverändert bestehen bleibt. Deshalb ist Müttern, die ihr Kind länger stillen wollen, zu empfehlen, ihre Milch auf Chlorkohlenwasserstoffe untersuchen zu lassen. Anhand einer solchen Untersuchung läßt sich dann im Einzelfalle feststellen, ob und gegebenenfalls in welchem Umfange ein weiteres Stillen zu empfehlen ist. Es bleibt zu hoffen, daß sich der Rückgang der Verunreinigungen in der Muttermilch in den kommenden Jahren weiter fortsetzen und dieses Problem damit an Bedeutung verlieren wird.

8 Das »Ultragift« Dioxin

Die giftige Wolke über Seveso

Am Sonntagabend, dem 10. Juli 1976, kam es um 12.30 Uhr in der norditalienischen Kleinstadt Seveso in einem Chemiewerk, das zu einem Tochterunternehmen des Schweizer Chemiekonzerns Hoffmann-La Roche gehört, zu einer Explosion. Als Folge dieser Explosion entwich eine Dampfwolke, die neben Äthylenglykol, ätzender Natronlauge und Trichlorphenol eine chemische Verbindung enthielt, die unter allen bisher bekannten synthetischen Chemikalien als die giftigste anzusehen ist: 2,3,7,8-Tetrachlordibenzo-1,4-Dioxin (2,3,7,8-TCDD), heute meist einfach, wenn auch nicht richtig, als Dioxin bezeichnet. Die Niederschlagswolke senkte sich auf ein besiedeltes Areal von rund 2000 ha; die insgesamt emittierte Menge an TCDD wird auf etwa 2 kg geschätzt. Da man von der Explosion in der Stadt kaum etwas gehört hatte, nahm man auch kaum von dem schneeweißen Staub Notiz, der auf Häuser und Straßen niederrieselte. Erst am Montagmorgen unterrichtete die Werksleitung die Behörden über das tatsächliche Ausmaß des Unfalls. Inzwischen hatten die innerbetrieblichen Recherchen ergeben, daß bei der Produktion von Trichlorphenol (einer Substanz, die als Ausgangsprodukt anderer chlorierter Phenolderivate eine Schlüsselstellung einnimmt) in einer Kesselanlage ein Rührwerk versehentlich abgestellt worden war. Als Folge kam es in diesem Kessel zu einer Überhitzung und Druckerhöhung, bis schließlich das Überdruckventil aufging und der Inhalt des Chemiereaktors ins Freie verpuffte. Erst als nach einigen Tagen bei Kindern, die zur Zeit der Explosion im Freien gespielt hatten, erste Hautausschläge auftraten, wurde man sich über das Ausmaß der Vergiftung durch diesen Chemieunfall bewußt: betroffen waren im Einflußbereich der Giftwolke über 1200 Einwohner, 607 Kinder erkrankten an Chlorakne.[1]

Das Unglück von Seveso erregte wie kaum eine Katastrophe sonst weltweites Aufsehen. Als sich dann herausstellte, daß die ursächliche Chemikalie TCDD nicht nur in chemischen Laboratorien vorkommt, sondern mittlerweile Bestandteil unserer Umwelt geworden ist, wurde Dioxin zu einem Lieblingsthema der Medien. Bereits 1976 erschien das bekannte Taschenbuch von E. Koch und F. Vahrenholt mit dem reißerischen Titel »Seveso ist überall«, dem weitere Bücher sowie unzählige Artikel und Reportagen folgten. Nach der Zusammenstellung eines Mediendienstes wurden allein in der Zeit vom 1. August bis zum 16. September 1984 von deutschen Medienstationen mehr als 110 Magazinbeiträge und Reportagen über das Thema Dioxin gesendet.[2] Eine ausgeprägte Emotionalisierung und Personalisierung der Diskussion sowie unsachliche Übertreibungen haben sicher nicht immer der Sache, also dem Schutz der Bevölkerung vor potentiellen toxischen Gefahren, gedient. Im folgenden werde ich die heute bekannten, in der wissenschaftlichen Literatur belegten Fakten über TCDD und verwandte Stoffe darstellen.

Der chemische Aufbau von Dioxin

Dioxin ist die Kurzbezeichnung für ein Molekül, dessen Gerüst aus zwei Benzolringen besteht, die über zwei Sauerstoffatome miteinander verbunden sind; die korrekte Bezeichnung heißt Dibenzo-Dioxin. Toxikologisch interessant wird dieses Molekül, wenn an die beiden Benzolringe Chloratome gebunden werden; wir sprechen dann von Polychlor-Dibenzodioxinen (PCDD). Es gibt insgesamt 75 verschiedene chlorierte Dioxine, von denen das 2,3,7,8-Tetrachlordibenzodioxin (TCDD), das Gift von Seveso, das giftigste und am gründlichsten un-

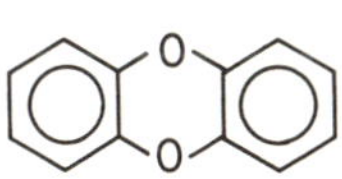

Dibenzodioxin

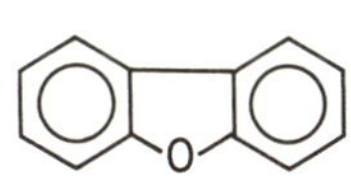

Dibenzofuran

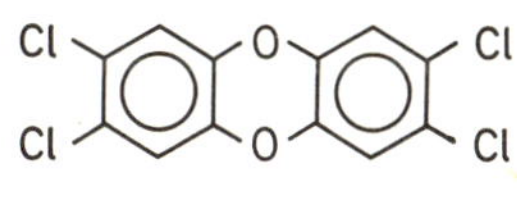

2,3,7,8-Tetrachlordibenzodioxin (TCDD)

tersuchte darstellt. Allgemein zeichnen sich die in der Stellung 2,3,7,8-chlorsubstituierten Dioxine durch eine hohe Stabilität gegenüber biologischer Umwandlung und durch eine hohe Toxizität aus. Den Benzodioxinen chemisch nahe verwandt und ebenfalls hochtoxisch sind die Polychlor-Dibenzofurane (PCDF), von denen es 135 verschiedene Einzelverbindungen gibt. Besonders das 2,3,7,8-Tetrachlordibenzofuran ist in seiner Toxizität dem Seveso-Dioxin vergleichbar.

Geheimhaltung aus Sorge vor Mißbrauch

Die chemische Struktur des Seveso-Dioxins (im folgenden der Einfachheit halber als TCDD abgekürzt) wurde von dem Chemiker W. Sandermann, ehemals Direktor des Instituts für Holztechnologie der Universität Hamburg und Direktor an der Bundesforschungsanstalt für Forst- und Holzwirtschaft in Hamburg, erforscht. Sandermann befaßte sich in den fünfziger Jahren mit der Entwicklung von Holzschutzmitteln, synthetisierte dabei TCDD und erfuhr die hohe Toxizität dieser Verbindung durch eigene Erfahrungen. Er stellte nämlich eine offene Kristallschale mit dem von ihm synthetisierten TCDD auf seinen Schreibtisch: schon nach einigen Tagen bemerkte er starkes Kribbeln, Hautrötung am Kinn, Komedonen (Mitesser) und Pusteln an den Wangen, ferner Mattigkeit, Schlaflosigkeit und deutlichen Gedächtnisschwund, der ihn mehrfach dazu zwang, Vorlesungen abzubrechen, da ihn das Gedächtnis verließ.

Bei weiteren Analysen kam ein Mitarbeiter des Instituts mit heißen Dämpfen der Verbindung in Berührung und zog sich eine schwere Chlorakne zu. In der behandelnden Hautklinik des Universitätskrankenhauses Eppendorf stellte man fest, daß ähnliche Symptome bei Erkrankten der Firma Boehringer aufgetreten waren, die man bis dahin durch eine Kontamination mit Trichlorphenol erklärt hatte. Der Dermatologe K. H. Schulz entlarvte dann TCDD als Verursacher dieser Hauterkrankungen. Aus Sorge, das Gift könne bei Bekanntwerden als Kampfmittel mißbraucht werden, erhielt Sandermann übrigens von seiner vorgesetzten Dienststelle das Verbot, weitere Arbeiten über TCDD auszuführen. Mit gewissen Bedenken wurde nur die Publikation der Formel des TCDD mit der Maßgabe zugelassen, daß sie versteckt im Rahmen einer Arbeit über Pentachlorphenol erscheine und daß die ungeheure Giftwirkung nicht erwähnt werde. Dies war der

Grund dafür, daß die Formel des TCDD ungewöhnlich lange Zeit unbeachtet blieb.[3]

Das Vorkommen von TCDD

TCDD und verwandte Verbindungen werden nicht als solche synthetisiert und finden auch keinerlei Anwendung, sondern fallen als Nebenprodukte bei der industriellen Herstellung von verschiedenen chlorierten Aromaten an, die als Holzschutzmittel (Pentachlorphenol), als Desinfektionsmittel (Hexachlorophen) oder als Ausgangsprodukte für weitere Synthesen verwendet werden. Die bisher aufgetretenen Vergiftungen einschließlich der von Seveso beruhten auf der Entgleisung derartiger chemischer Reaktionen. Darüber hinaus können beim Endverbrauch verunreinigter Chemikalien Vergiftungen entstehen; so enthält das in der Bundesrepublik hergestellte Pentachlorphenol bis zu 6 ppm Hexachlorodibenzodioxine, allerdings nicht TCDD. In dem während des Vietnamkriegs zur Entlaubung des Dschungels verwendeten Herbizid »Agent Orange« (einer Mischung aus den Butylestern von 2,4-Dichlorphenoxyessigsäure und 2,4,5-Trichlorphenoxyessigsäure) war TCDD in Konzentrationen bis zu 40 ppm enthalten.[4]

Nicht nur in der chemischen Industrie fällt TCDD an, vielmehr muß davon ausgegangen werden, daß bei allen Verbrennungsvorgängen zumindest kleine Mengen von TCDD und verwandten Stoffen gebildet und freigesetzt werden. So wurden TCDD und verwandte Verbindungen in Flugstäuben und Rauchgasen von Müllverbrennungsanlagen nachgewiesen, entstanden aus der Verbrennung von chlorierten Kohlenwasserstoffen bei Temperaturen zwischen 400 und 800 °C. Sondermüllanlagen mit Verbrennungstemperaturen über 1000 °C können dagegen ohne nennenswerte Dioxinbildung betrieben werden, und neuerdings zeichnet sich die Möglichkeit ab, daß mit Hilfe von Katalysatoren ein Dioxinausstoß schon bei Temperaturen von 100 bis 800 °C vermieden werden kann.[5] Aber auch bei der einfachen Verbrennung von Holz und Kohle werden Spuren von TCDD und verwandten Verbindungen gebildet, und zwar auch aus unbehandeltem, nicht mit chlorierten Schutzmitteln belastetem Holz, ferner auch bei der Verbrennung von Benzin und Diesel sowie beim Zigarettenrauchen: Mit einer Zigarette sollen 2 pg (1 pg = 1 millionstel μg) TCDD inhaliert werden.

Verhalten in der Umwelt

Das Umweltverhalten von TCDD und verwandten Substanzen wird durch schlechte Bioabbaubarkeit, relativ geringen Dampfdruck, geringe Wasserlöslichkeit sowie hohe Adsorption an Erdreich und andere Materialien bestimmt. Obwohl in den letzten Jahren Bakterienstämme isoliert wurden, die TCDD wenigstens in bescheidenem Maße abbauen, wird angenommen, daß der Bioabbau nur unwesentlich zur Verringerung der Konzentration an TCDD und verwandten Verbindungen in der Umwelt beiträgt. Diese erfolgt vielmehr in erster Linie durch Sonnenlichteinwirkung (Photoabbau) in Gegenwart von Wasserstoffdonatoren sowie eines geeigneten lichtdurchlässigen Lösungsmittels. Es ist aber nicht sicher bekannt, ob der Photoabbau unter Umweltbedingungen tatsächlich eine Rolle spielt. Die Halbwertszeit von TCDD im Boden wird derzeit auf etwa zehn Jahre geschätzt.

Durch die geringe Wasserlöslichkeit und die hohe Adsorption ist die Mobilität von TCDD im Boden relativ gering. In Seveso lag TCDD zunächst nicht tiefer als 2 cm; später wurde es zwar durch den Regen in gewissem Umfang weitertransportiert, ist aber auch dann nicht tiefer als 20 cm in den Boden eingedrungen. Wegen der großen Stabilität und Adsorptionskraft ist das Problem einer TCDD-Entgiftung bis heute nicht befriedigend gelöst; im Grunde genommen bleibt nur die Verbrennung bei hohen Temperaturen. Bei industriellen Zwischenfällen in Ludwigshafen und Amsterdam mußten TCDD-verseuchte Gebäude schließlich abgerissen und das Baumaterial auf einer Sonderdeponie gelagert werden, weil trotz aller Maßnahmen (mehrfaches Waschen und Abbrennen der Wände, neues Streichen usw.) noch nach Jahren in diesen Gebäuden immer wieder neue Fälle von Chlorakne auftraten.

Ein auch nur annähernd vollständiges Bild über die allgemeine Umweltbelastung mit TCDD und verwandten Stoffen liegt bisher nicht vor. Dies beruht auf den Schwierigkeiten des chemischen Nachweises der minimalen Konzentrationen, in denen diese Verbindungen vorkommen. Eine Anreicherung in Pflanzen und in Landtieren findet nicht statt, wohl aber in Gewässern und in Fischen. Im Trinkwasser wurden Dioxine bisher nicht gefunden, in der Luft nur in der Nähe von Sondermülldeponien und im Gebiet von Seveso nach dem Unfall. Untersuchungen über den Gehalt in Böden unbelasteter Gebiete liegen kaum vor, jedoch haben neueste Messungen an Bohrkernen von Seesedimenten gezeigt, daß sich der Gehalt an PCDD und PCDF in den

Ablagerungen ab ungefähr 1940 stark erhöht hat, daß aber auch Schichten, die der Zeit vor der Chlorchemie zuzuordnen sind, schon Spuren dieser Substanzen enthalten.

In den menschlichen Organismus gelangtes TCDD wird vorwiegend in der Leber und im Fettgewebe gespeichert. Die Halbwertszeit der Ausscheidung beträgt beim Menschen etwa ein bis drei Jahre; diese Daten stammen aus der Analyse im Fett von Menschen nach beruflicher Exposition. Der TCDD-Gehalt des Fettes beim Menschen ohne besondere Exposition liegt zwischen 1 und 10 ppt (ng/kg). TCDD tritt, wie alle lipophilen Substanzen, auch in die Muttermilch über und wurde in ihr in Konzentrationen zwischen 1 und 8 ppt/kg Milchfett nachgewiesen (siehe Kapitel 7).

Das Vergiftungsbild beim Menschen

In den letzten vier Jahrzehnten sind über zehn gewerbliche Massenvergiftungen durch TCDD in verschiedenen Ländern (Bundesrepublik Deutschland, Holland, USA, Österreich, Frankreich, England, Italien) vorgekommen, die meisten durch Entgleisung chemischer Produktionsprozesse bei der Herstellung von Trichlorphenoxyessigsäure (2,4,5-T). Der am besten untersuchte und dokumentierte Fall ereignete sich 1953 bei der BASF in Ludwigshafen.[6,7] Von 55 Betroffenen erkrankten 42 schwer und einer starb. Alle Erkrankten wiesen eine Chlorakne auf, ein Krankheitsbild, das unter dem Namen »Pernakrankheit« bereits seit 1899 bekannt ist und durch eine Vielzahl organischer Chlorverbindungen ausgelöst werden kann (Perna = Abkürzung für Perchlornaphthalin). In der Hälfte der Ludwigshafener Fälle kam es neben der Akne zu Störungen an inneren Organen, und zwar vorwiegend von Leber, Milz, Niere, Atemwegen sowie des peripheren und des zentralen Nervensystems; bei einigen der Betroffenen wurde, wahrscheinlich als Folge gestörter Immunabwehr, eine erhöhte Infektanfälligkeit beobachtet. Die Dauer der Arbeitsunfähigkeit bei den stärker Betroffenen dieses Unfalls lag zwischen 9 und 24 Monaten. In dem tödlich verlaufenen Fall handelte es sich um einen Arbeiter, der fünf Jahre nach dem eigentlichen Unfall in demselben Betriebsteil Montagearbeiten ausführte und dabei Schrauben mit einem Schweißbrenner abbrennen mußte, wobei sich Dämpfe entwickelten. Der Betroffene arbeitete zwar in vorgeschriebener Schutzkleidung mit Frischluftmas-

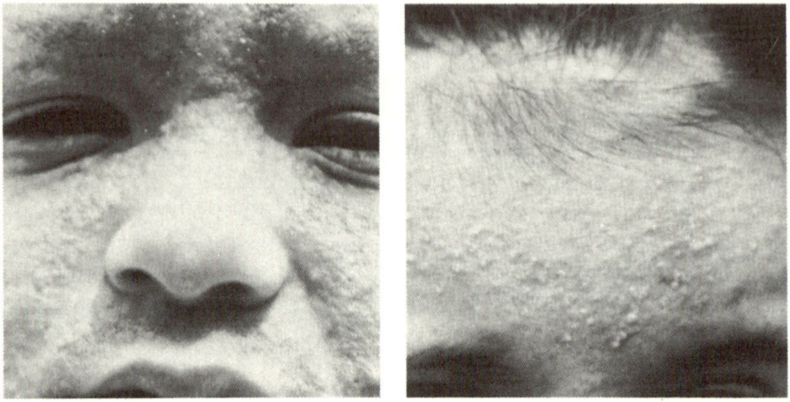

Chlorakne bei einem Kind aus Seveso.

ke, nahm sich diese aber während der Arbeit mehrmals ab, um sich den Schweiß vom Gesicht zu wischen. Vier Tage danach traten Gesichtsbrennen, Kopfschmerzen und Hörverschlechterung ein. Einen Monat später mußte er wegen Herzbeschwerden in Krankenhausbehandlung, sechs Monate später erneut wegen einer Bauchspeicheldrüsenentzündung, die schließlich neun Monate nach den Montagearbeiten zum Tode führte. Dies ist allerdings weltweit der einzige belegte Todesfall durch TCDD. Bemerkenswert an dem Unglücksfall war schließlich noch, daß eine Tierpflegerin nur durch indirekten Kontakt über Versuchstiere und der Sohn eines Beschäftigten durch Kontakt mit Schal und Handtuch des Vaters im häuslichen Bereich erkrankte. Schließlich ist noch darauf hinzuweisen, daß die durch TCDD ausgelöste Chlorakne ausgesprochen langwierig verlief und in einzelnen Fällen noch nach zehn Jahren nicht abgeklungen war.

Die Spätfolgen

27 Jahre nach dem Unglücksfall in Ludwigshafen wurden alle damals Betroffenen 74 Personen nochmals untersucht.[8] Die allgemeine Sterblichkeit (21 Todesfälle) unterschied sich nicht von der dreier Vergleichsgruppen: in der Bundesrepublik Deutschland insgesamt, im Regierungsbezirk Rheinhessen-Pfalz und in Ludwigshafen, und auch

nicht von zwei internen Vergleichsgruppen mit Angehörigen des Betriebes ohne TCDD-Exposition. Die Zahl der Todesfälle an Krebs war mit sieben höher als die zu erwartende Zahl 4,1; insbesondere waren drei Todesfälle an Magenkrebs auffällig gegenüber einer Erwartungszahl von nur 0,6. Trotz der relativ kleinen Zahl dürfte die Häufung von Magenkrebs Ausdruck der karzinogenen Wirkung von TCDD sein, die auch im Tierexperiment nachgewiesen wurde.

In Seveso ist es nicht zu einer so intensiven TCDD-Exposition gekommen wie bei den industriellen Unfällen. In der betroffenen Bevölkerung kam es vor allem zu Chlorakne, wobei Kinder besonders häufig erkrankten. Die Veränderungen waren aber im Vergleich mit den Industrieunfällen relativ mild und verschwanden in der Mehrzahl der Fälle innerhalb von Tagen und Wochen. Außerdem wurde bei den Betroffenen eine vorübergehende Abnahme der Lymphozytenzahlen und Zeichen gestörter Leberfunktion beobachtet. Eine kürzlich durchgeführte Nachuntersuchung an 1500 Kindern im Alter zwischen sechs und zehn Jahren, die in Seveso dem Gift ausgesetzt waren, ergab, daß diese die akute Phase der TCDD-Vergiftung ohne meßbare Folgen überwunden hatten.[9] Mit Recht wird jedoch darauf hingewiesen, daß eine mögliche karzinogene Wirkung sich erst später zeigen dürfte; um sie zu erfassen, wurde ein Krebsregister eingerichtet, das die Entwicklung in Seveso über mehrere Jahrzehnte verfolgen soll.

Wirkungen im Tierversuch

Die häufig verwendete Bezeichnung »Ultragift« beruht auf dem Tatbestand, daß 2,3,7,8-TCDD die giftigste synthetische Substanz darstellt, die derzeit bekannt ist. Bei dem besonders empfindlichen Meerschweinchen führt bereits die unvorstellbar geringe Dosis von 1 μg pro Kilogramm Körpergewicht in der Hälfte der Fälle zum Tod der Tiere (sogenannte LD 50 = Letaldosis 50). Überträgt man diese Dosis auf einen erwachsenen Menschen, so würde bereits eine Menge von 60 bis 70 μg TCDD für die Hälfte derer, die sie einnehmen, tödlich sein; dies ist der tausendste Teil des Gewichtes einer Briefmarke oder eines Tropfen Wassers! Selbst wenn man berücksichtigt, daß andere Arten weniger empfindlich sind und den an Affen ermittelten LD 50-Wert von 70 μg/kg zugrunde legt, ergibt sich für einen erwachsenen Menschen eine LD 50 von nur 5 mg, also ein Zehntel des Gewichtes einer

Briefmarke oder eines Wassertropfens. Jedoch gibt es auch vom stärksten Gift eine Dosis, die unter der Toxizitätsschwelle liegt und somit ungiftig ist. Insofern ist im Einzelfall nicht so sehr die absolute Toxizität einer Substanz, sondern die tatsächlich aufgenommene Menge für die Entstehung und den Ablauf einer Vergiftung von Bedeutung.

Charakteristisch für die akute TCDD-Vergiftung ist der langsame Verlauf der Schädigung, die erst nach mehreren Tagen zum Tode der Tiere führt; die Amerikaner sprechen von einem »wasting syndrome«, einem Dahinschwinden der Tiere. Auch andere polychlorierte Dibenzodioxine und Dibenzofurane sind, soweit Untersuchungen vorliegen, hochgiftig, erreichen aber nicht die Toxizität des 2,3,7,8-TCDD.

Nach mehrfacher Zufuhr von TCDD atrophiert das gesamte lymphatische Gewebe einschließlich der Thymusdrüse, eines Organs, das für die Immunabwehr wichtig ist; dieses Ergebnis entspricht den bei menschlichen Vergiftungen beobachteten Störungen der Immunabwehr. Darüber hinaus führt TCDD im chronischen Versuch zu einer Aktivitätserhöhung verschiedener Enzyme des Fremdstoffabbaus, wobei ein Zusammenhang zwischen dieser Wirkung und der allgemeinen Toxizität besteht, ferner in höherer Dosierung zu degenerativen Schädigungen der Leber sowie einer Abnahme der Zahl roter und weißer Blutkörperchen. Verschiedene Ratten- und Mäusestämme zeigten nach TCDD-Einnahme ein vermehrtes Auftreten von Tumoren insbesondere der Leber. In Anbetracht der leberschädigenden und enzyminduzierenden Wirkung des TCDD sind allerdings die meisten Experten der Meinung, daß es sich hierbei nicht um eine kanzerogene Wirkung im Sinne einer Initiation, sondern um eine Tumorpromotion handelt, das heißt also um die Verstärkung der Wirkung anderer Karzinogene.[10,11] Hierfür spricht auch, daß TCDD nicht an DNS bindet und in den meisten Mutagenitätsstudien negativ war. Diese Unterscheidung zwischen Tumorinitiation und Tumorpromotion ist für denjenigen, der nach TCDD-Exposition Krebs bekommt, sicher uninteressant; sie spielt aber eine große Rolle für die Frage, ob es für die toxische Wirkung des TCDD eine Schwellendosis gibt: Für Tumorpromotoren, nicht aber für Tumorinitiatoren wird eine solche angenommen. Im übrigen werden diese Tierversuche durch die Ergebnisse epidemiologischer Untersuchungen bestätigt: Neben der bereits genannten Häufung von Magenkarzinomen bei TCDD-exponierten Arbeitern wurde in anderen Studien über ein gehäuftes Auftreten von Sarkomen berichtet.[12]

Mißbildungen durch TCDD?

TCDD führt bei Mäusen zu Störungen der Embryonalentwicklung in Form von Gaumenspalten und Erweiterung des Nierenbeckens. Diese mißbildungsauslösende, teratogene Wirkung trat allerdings erst nach Dosen in Erscheinung, die schon für die Muttertiere toxisch waren; ferner wurden bei Ratten, Kaninchen und Affen keine typischen teratogenen Wirkungen beobachtet. Auch die bisherigen epidemiologischen Untersuchungen haben keinen Hinweis auf ein erhöhtes Auftreten von Mißbildungen beim Menschen nach einer Exposition gegenüber TCDD ergeben.[13] Zwar kann eine gewisse Erhöhung der Abortrate nach dem Unfall von Seveso nicht völlig ausgeschlossen werden. Die im Pathologischen Institut Lübeck durchgeführten Untersuchungen am Material von dreißig induzierten und vier spontanen Abortfällen aus Seveso ergaben aber keinerlei Hinweise auf eine mutagene, teratogene oder fetotoxische Wirkung.[14] In einer amerikanischen Studie an Vietnam-Kriegsveteranen, die bei der Herstellung oder dem Versprühen mit TCDD-verunreinigtem Herbizid (Agent Orange) in Berührung gekommen waren, fand sich kein Anhaltspunkt dafür, daß eine Exposition des Vaters gegenüber TCDD zur Zeugung von Kindern mit Mißbildungen führt.[13,15]

Erhebliches Aufsehen erregte 1984 eine Fernsehreportage, in der das Auftreten einer sehr seltenen Hemmungsfehlbildung des Gehirns, der sogenannten Holoprosencephalie, mit einer Exposition gegenüber Dioxin in Zusammenhang gebracht wurde. Diese Monitor-Sendung vom 29. Mai 1984 ist ein typisches Beispiel für eine gezielte Fehlinformation, wie sie leider auf dem Gebiet der Toxikologie so häufig ist. Was war geschehen? Ein Arzt hatte im Verlaufe mehrerer Jahre acht Fälle dieser seltenen Hirnfehlbildung im Hamburger Raum beobachtet. Aus dem Tatbestand, daß diese Fälle im Osten der Stadt und im östlich angrenzenden Schleswig-Holstein aufgetreten waren und der Wind vorwiegend aus westlicher Richtung weht, wurde nun eine kausale Beziehung zu Dioxinemissionen aus einer Fabrikanlage oder aus Hamburgs Müllverbrennungsanlagen angenommen. Der Autor dieser Sendung zeigte dann Bilder dieser Fehlbildung, »vergaß« aber die Öffentlichkeit darüber zu informieren, daß es sich bei den von ihm vorgestellten Fällen nicht etwa um die aus dem Hamburger Raum, sondern um ältere Lehrbuchabbildungen handelte! Die Beobachtungen des Hamburger Arztes sind niemals veröffentlicht worden, es liegen keine

Fallbeschreibungen und Klassifizierungen, keine Daten über die Familienanamnese oder Chromosomenanalysen vor, und es gibt auch keinerlei Angaben darüber, ob tatsächlich bei den betroffenen Müttern eine Exposition gegenüber TCDD oder anderen Schadstoffen gegeben war. Mit Recht bezeichnet es der Berliner Embryotoxikologe D. Neubert als völlig unwissenschaftlich und unverantwortlich, bei dieser Sachlage eine Beziehung zu TCDD oder anderen Umweltfaktoren herzustellen und die Bevölkerung zu beunruhigen.[13]

Das toxikologische Risiko

Eine Bewertung des toxikologischen Risikos, das die in unserer Umwelt vorkommenden polychlorierten Dibenzodioxine und Dibenzofurane darstellen, ist nur unzureichend möglich. Einerseits sind von den 210 Verbindungen dieser Art nur einige bisher toxikologisch untersucht worden; ausreichende Daten gibt es eigentlich nur über das Gift von Seveso, das 2,3,7,8-TCDD. Andererseits liegen zwar Erfahrungen bei 800 bis 1000 Menschen vor, die durch industrielle Unglücksfälle vergiftet wurden, jedoch fehlen hier exakte Angaben über das Ausmaß der Belastung, und fast immer handelte es sich um Expositionen gegenüber Stoffgemischen. Vor allem aber wissen wir noch zu wenig über das Vorkommen polychlorierter Dibenzodioxine und Dibenzofurane in unserer Umwelt, wobei die vorhandenen Daten zudem vorwiegend aus belasteten Gebieten wie Seveso stammen. Die chemisch-analytische Bestimmung dieser Verbindungen ist nämlich ein schwieriges und sehr aufwendiges Problem der organischen Spurenanalyse. Die Schwierigkeit dieses Unterfangens verdeutlicht der Chemiker K. Ballschmiter wie folgt: »Es wird nicht die sprichwörtliche Stecknadel in einem Heuhaufen gesucht, sondern eine Anzahl weniger Grashalme bestimmter Länge sollen in einem Heuhaufen gefunden werden, wobei es offen ist, ob sie überhaupt da sind.«[16] Wenn man weiter berücksichtigt, daß derzeit nur ein einziges Untersuchungsinstitut in der Bundesrepublik Deutschland in der Lage ist, diese Verbindungen im menschlichen Blut quantitativ nachzuweisen, kann man den Mangel an derzeitigem Wissen auf diesem Gebiet ermessen.

Trotz dieser Schwierigkeiten ist es aber erforderlich, aus den vorhandenen Daten zu einer toxikologischen Risikoabschätzung zu kommen, um Grenzwerte festlegen und auf deren Basis zu hohe Emissionen gesetzlich verhindern zu können. Bei dieser Risikoabschätzung kann man sich derzeit nur auf Untersuchungen mit lebenslanger Verabreichung von TCDD an Ratten stützen. Bei diesen Untersuchungen wurde festgestellt, daß die Dosis ohne Wirkung (No Observed Effect Level = NOEL) bei täglicher lebenslanger Verabreichung an Ratten 0,001 µg = 1 ng/kg Körpergewicht beträgt. Ausgehend von diesem Befund wäre die für den Menschen als akzeptabel anzusehende Dosis (ADI) unter Zugrundelegung eines Sicherheitsfaktors von hundert auf 10 pg/kg Körpergewicht täglich, bei einem Sicherheitsfaktor von tausend, der infolge der vielen Unsicherheiten hinsichtlich der toxischen Wirkung von TCDD angemessener ist, auf 1 pg/kg Körpergewicht anzusetzen. Dieser Wert ist so zu verstehen, daß generell weltweit bei der Bevölkerung diese Belastung nicht überschritten werden sollte. Bei einer zeitweisen Überschreitung ist freilich noch nicht mit Gesundheitsschädigungen zu rechnen, da auch dann noch ein, allerdings kleinerer Sicherheitsfaktor vorhanden ist. Jedoch sollten derart erhöht exponierte Bevölkerungsgruppen in Anbetracht unseres lückenhaften Wissensstandes für einige Zeit chemisch-analytisch und medizinisch überwacht werden.[17]

Damit nun diese zulässige Tagesdosis für den Menschen nicht überschritten wird, müssen Grenz- und Richtwerte für TCDD-belastete Materialien festgelegt werden. Selbstverständlich sind solche Werte nur dort zuzulassen, wo niedrigere Werte aus technologischen Gründen nicht zu erreichen sind. Vorgeschlagen wird derzeit eine maximale tolerierbare Konzentration von TCDD im Boden von 1 µg/kg (1 ppb), bei allgemeinen Deponien 5 µg/kg und bei Sondermülldeponien 100 µg/kg. Bei landwirtschaftlich genutzten Böden sollte die Kontamination des Bodens nicht höher als 40 ng/kg liegen (ppt). In entsprechender Weise wurden auch Grenzwerte für Luft und Wasser vorgeschlagen.

Was wir dringend brauchen, sind Daten über die tatsächliche Belastung des Menschen durch diese toxischen Verbindungen. Erst wenn umfassende Analysen in Lebensmitteln, Wasser und Luft vorliegen, können wir das toxikologische Risiko einigermaßen verläßlich beurteilen. Unabhängig hiervon aber gilt die Stellungnahme des wissenschaftlichen Beirats der Bundesärztekammer: »Polychlorierte Dibenzodioxine (PCDD) und polychlorierte Dibenzofurane (PCDF) haben keinen Nutzen und kommen grundsätzlich nur als Verunreinigung vor, sie sollten deshalb aus der Umwelt ferngehalten werden.«[18]

Polychlorierte Biphenyle (PCB)

Es handelt sich um chlorierte Kohlenwasserstoffe, die in ihrer Struktur den polychlorierten Dibenzofuranen und Dibenzodioxinen nahestehen. Bei der technischen Herstellung durch Chlorierung von Biphenylen entstehen Mischprodukte, die bei einem Chlorgehalt von 20 Prozent die Konsistenz von leichten Ölen, mit steigender Chlorierung die von Wachsen und bei einem Chlorgehalt von 60 Prozent die von Harz haben. PCB werden seit Ende der zwanziger Jahre weltweit in verschiedenster Weise industriell verwendet, so als Transformatorenöle oder Isolationsmaterial für Kondensatoren, als Hydrauliköle oder Hochdruckschmiermittel, als Wärmeüberträger in der Lebensmittelindustrie oder als Weichmacher bei der Kunststoffherstellung, als Zusatzstoffe für Schutzanstriche und zur Herstellung von Kopierpapieren. Infolge ihrer hohen chemischen Stabilität gehören PCB wie DDT oder Dioxine zu den Substanzen, die, einmal in die Umwelt gelangt, dort für lange Zeit verbleiben, die sich ferner infolge ihrer guten Fettlöslichkeit in tierischem und menschlichem Fett ablagern und sich über Nahrungsketten bis zu toxischen Konzentrationen anreichern können. Die bereits bei DDT besprochene Schädigung von Vogelpopulationen durch mangelnde Festigkeit ihrer Eierschalen wird denn auch heute mehr auf die Anreicherung von PCB als auf die von DDT zurückgeführt. Diese Verbindungen stellen somit ein ökologisches Risiko dar und sollten durch andere, weniger langlebige Stoffe ersetzt werden.[19] Außerdem gelangen sie über die Nahrung auch zum Menschen, was sich erst kürzlich durch die PCB-Verunreinigung von Kuhmilch in Württemberg (ausgelöst durch PCB-haltigen Anstrich in Futtersilos) und durch die schon erwähnten hohen PCB-Werte in der Muttermilch offenbarte.

Die toxikologische Bedeutung dieser Verbindungen für den Menschen ist noch nicht restlos geklärt. In Japan kam es 1968 zu einer Massenvergiftung von über 1600 Personen durch Speiseöl, das wegen eines Lecks in einer Reisölfabrik mit PCB verunreinigt wurde. Die Vergiftung äußerte sich in Form von Müdigkeit, Krankheitsgefühl, Akne, Entzündungen der Augenbindehaut und Schwellung der Augenlider sowie in neurologischen und endokrinen Störungen und Veränderungen der Leberfunktion. Allerdings ist diese Vergiftung nicht nur auf PCB, sondern auch auf die ebenfalls mit dem Reisöl aufgenommenen polychlorierten Dibenzofurane zurückzuführen, die sich bei der Einwirkung von Hitze aus PCB bilden können. PCB sind aber als Bestandteil unserer Umwelt auch im Fettgewebe des Menschen in Konzentrationen enthalten, die in der Größenordnung denen von DDT entsprechen. Auf der Grundlage unserer Kenntnisse über die Belastung mit diesen Substanzen und deren Folgen in der Gewerbemedizin sowie den Vergiftungen in Japan ist es zwar unwahrscheinlich, daß diese ökologische Exposition toxikologische Auswirkungen hat.[20] Dennoch handelt es sich um eine absolut überflüssige und vermeidbare Belastung, so daß im Rahmen einer Schadstoff-Höchstmengenverordnung ab 1. August 1988 Grenzwerte für die Lebensmittelbelastung durch PCB festgelegt wurden.

9 Natürliche Gifte in Pflanzen, Pilzen und Tieren

Der Tod aus dem Vorgarten

Eine 28jähriger Frau wurde in schläfrigem, aber noch ansprechbarem Zustand in ein Städtisches Krankenhaus der Bundesrepublik eingeliefert. Bei der Aufnahme war sie noch in der Lage anzugeben, daß sie in selbstmörderischer Absicht zwei Stunden zuvor vier bis fünf Hände voll Eibennadeln eingenommen und zerkaut habe. Der Eibenbaum, von dem die Patientin die Nadeln abgepflückt hatte, stand im Vorgarten ihres Wohnhauses. Die Patientin, eine Lehrerin, wußte von der Giftigkeit der Eibe. Eine Stunde nach Einnahme der Nadeln verspürte sie Schwindel, Übelkeit und Brechreiz, dazu kamen starke diffuse Leibschmerzen. Noch während die Patientin diese Angaben im Aufnahmezimmer des Krankenhauses machte, kam es zu einem epileptiformen Krampfanfall und zur Bewußtlosigkeit. Nach kurzdauernder Schnappatmung stellte sich ein Atemstillstand ein. Der Blutdruck war zu diesem Zeitpunkt nicht mehr meßbar, das Elektrokardiogramm zeigte eine schwere Störung der Reizbildung und der Reizleitung des Herzens und ähnelte dem eines sterbenden Herzens. Trotz künstlicher Beatmung und Zufuhr blutdrucksteigernder und herzstimulierender Pharmaka trat wenige Minuten später ein Herzstillstand ein, der sich auch durch einen Herzschrittmacher nicht beheben ließ. Die Wiederbelebungsmaßnahmen wurden abgebrochen, weil die Schrittmacherimpulse nicht beantwortet wurden und der Herz- und Atemstillstand irreversibel blieb. Bei der Obduktion fanden sich im Magen der Patientin noch zwei kleine benadelte Eibenzweige sowie einzelne Nadeln, die bei der Magenspülung die Sonde nicht hatten passieren können.[1]

Die Eibe (Taxus baccata) ist ein immergrüner Strauch beziehungsweise Baum, der 15 m hoch, im Durchmesser 1 m stark und bis zu tausend

Bereits im Altertum war die Eibe als giftig bekannt.

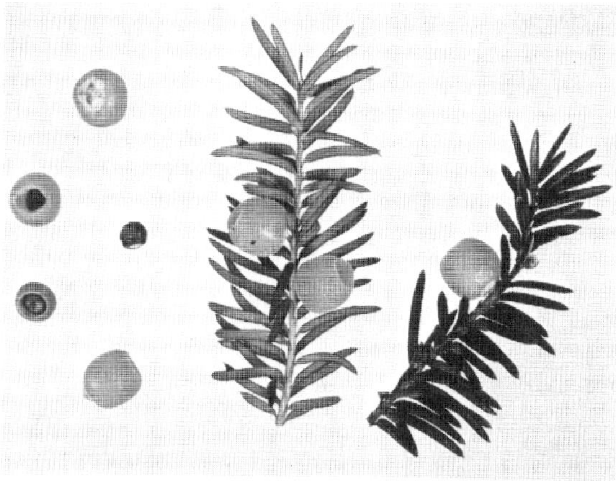

Jahre alt werden kann. Eiben werden bei uns in allen Parks und Friedhöfen und vielfach auch in privaten Gärten gehalten. Die Giftigkeit dieser Pflanze war bereits im Altertum bekannt; Extrakte aus Eibennadeln wurden zu Morden und Selbstmorden verwendet. Auch Vergiftungen bei Pferden und Kühen durch das Fressen der Eibenzweige sind vorgekommen. Der toxische Hauptwirkstoff, das Alkaloid Taxin, findet sich vor allem in den Nadeln, kaum dagegen in den Früchten. Trotz der weiten Verbreitung der Eibe sind Vergiftungen äußerst selten.

Der dargestellte Fall zeigt, daß toxische Substanzen nicht nur aus der Retorte des Chemikers stammen, sondern auch in der Natur vorkommen. Die einfache Gleichsetzung von »natürlich = gesund« und »chemisch = gefährlich« läßt außer acht, daß auch Tiere und Pflanzen aus chemischen Substanzen bestehen und ihre Stoffwechselvorgänge chemische Reaktionen darstellen. Es gibt eine Fülle natürlicher Giftstoffe, die durchaus an die Toxizität synthetischer Gifte heranreichen und diese, soweit es bakterielle Toxine betrifft, sogar bei weitem übertreffen.

Wie häufig sind pflanzliche Vergiftungen?

Vergiftungen durch Pflanzen oder Pflanzenteile sind heute seltener als früher; dies beruht auf unseren modernen Lebensgewohnheiten und insbesondere auf unserem materiellen Wohlstand, der eine Ernährung durch wilde Früchte und Gemüse weitgehend überflüssig gemacht hat. Gleichwohl kommen pflanzliche Vergiftungen durchaus noch vor: In den Statistiken der Giftinformationsstellen der Bundesländer liegt ihr Anteil etwa bei 10 Prozent, und bei Kindern sind Giftpflanzen (nach Arznei- und Haushaltsmitteln) immer noch die dritthäufigste Vergiftungsursache. In der überwiegenden Mehrzahl der Fälle sind diese Vergiftungen freilich harmlos, schwere Intoxikationen sind äußerst selten. Jedoch deutet sich in letzter Zeit eine Zunahme von pflanzlichen Vergiftungen dadurch an, daß im Rahmen alternativer Ernährungsversuche mit Wildgemüsen aus Unkenntnis toxische Pflanzen aufgenommen werden. So zog sich ein Student der Ökologie bei einem Landpraktikum eine schwere Vergiftung zu, nachdem er die ihm genießbar erscheinenden Wurzelknollen einer wildlebenden Pflanze geröstet und gegessen hatte: Es handelte sich um den Gefleckten Schierling, der bereits im Altertum als Mittel bei Selbstmorden und Hinrichtungen verwendet wurde, so bei der Hinrichtung des Sokrates durch den Schierlingsbecher, über die Plato berichtete.

Eine weitere Ursache für die Zunahme pflanzlicher Vergiftungen besteht in der bei manchen Jugendlichen verbreiteten Unsitte, alle möglichen Kräuter auf ihre Brauchbarkeit als LSD-Ersatz auszuprobieren. Hierfür ein Beispiel, das aus der Schweiz berichtet wurde:

Ein Dutzend Jugendlicher wollten mit einem Tollkirschenextrakt eine neue Drogenerfahrung machen. Ein Forstwartlehrling unter ihnen wußte von der halluzinogenen Wirkung eines Tees von Tollkirschenblättern durch einen Naturführer. Aus etwa dreißig solcher Blätter wurde in 2½ Litern Wasser ein Tee zubereitet, von dem neun Beteiligte, darunter ein Mädchen, tranken. Nach einer halben Stunde trat als erstes Symptom extreme Mundtrockenheit auf, gefolgt von lebhaften optischen Halluzinationen, Erregtheit, Verwirrtheit und bizarrem Verhalten. Verwaschenes Sehen, Harndrang und schneller Puls kamen hinzu. Nach sieben Stunden mußten die ersten zwei Jugendlichen in delirantem Zustand ins Krankenhaus gebracht werden, nach neun und elf Stunden kamen je zwei weitere hinzu. Psychische Veränderungen standen im Vordergrund: Die Jugendlichen waren teilweise desorientiert, inhaltlich wurde ihr Denken von optischen Halluzinationen überflutet. Häufig wurden abwesende Personen gesehen und angesprochen oder fiktive Objekte benutzt. Ein Jugendlicher schüttelte ein fiktives Besteck aus seiner Bettdecke, ein anderer steckte sich eine fiktive Zigarette an. Einer hatte in seiner Erregung einen Freund im Feuer gesehen, ein anderer mit einer Straßenlaterne gesprochen. Ein weiterer war am Arbeitsplatz dem Teufel und dessen Frau begegnet, hatte mit ihm gesprochen und ihn seiner Mutter gezeigt. Nach Gabe des Antidots Physostigmin erholten sich die Jugendlichen von dieser Vergiftung, die durch die in der Tollkirsche enthaltenen Alkaloide Atropin, Scopolamin, und L-Hyoscyamin zustande gekommen war.[2]

Der glimpfliche Ausgang dieser Vergiftung darf nicht darüber hinwegtäuschen, daß der Verzehr der Tollkirsche durchaus zu sehr schweren Vergiftungen führen kann. Von den verlockend aussehenden und süßlich schmeckenden Beeren können bei Kindern schon drei bis vier, bei Erwachsenen zehn bis zwölf tödlich wirken.

Welche Pflanzen sind giftig?

Neben Eibe und Tollkirsche gibt es eine Vielzahl anderer Giftpflanzen, deren Beschreibung den Rahmen dieses Buches bei weitem sprengen würde. Ich verweise insoweit auf die im Literaturverzeichnis aufgeführten Spezialwerke. Man kann diese Giftpflanzen entweder nach ihren

Die giftigen Beeren der Tollkirsche werden oft – besonders von Kindern – mit eßbaren Früchten verwechselt.

Der Blaue Eisenhut gilt als giftigste Pflanze in Europa.

meist bekannten giftigen Inhaltsstoffen oder aber nach dem Grad ihrer Giftigkeit in Gruppen einteilen.[3] Zu den stark giftigen, das heißt unter Umständen tödlich wirkenden Pflanzen gehören neben der bereits erwähnten Eibe und Tollkirsche der Gefleckte Schierling, der Wasserschierling, der Seidelbast, der Sadebaum, die virginische Zeder, der Giftsumach, verschiedene Thujaarten wie der Lebensbaum, die Herbstzeitlose, der Stechapfel, die Hundspetersilie und das Bilsenkraut. Bei den Inhaltsstoffen dieser Pflanzen handelt es sich meist um Toxine, die das zentrale oder das periphere Nervensystem angreifen und oft zu Krämpfen und Atemlähmung führen.

Als die wohl giftigste Pflanze Europas muß man aber den Blauen Eisenhut (Aconitum napellus) bezeichnen, der offenbar nur noch von einer indischen Abart übertroffen wird, deren Extrakt als Pfeilgift benutzt wurde. Die Giftigkeit des Eisenhuts war schon in der Antike bekannt, und Extrakte der Pflanze sind vielfach für Giftmorde eingesetzt worden. Das toxische Prinzip dieser in unseren Gärten weit verbreiteten Pflanze ist das Alkaloid Aconitin, das für den Menschen bereits in der minimalen Dosis von 3 bis 6 mg tödich ist und sich damit hinsichtlich seiner Giftigkeit durchaus mit dem Seveso-Dioxin messen kann! Vergiftungen mit dieser Pflanze sind freilich relativ selten, da sie brennend scharf schmeckt; vereinzelt wurden ihre Wurzeln mit Meerrettich oder Sellerieknollen verwechselt, und häufiger waren früher Vergiftungen durch das als Arzneimittel benutzte Aconitin. Aus jüngster Zeit sind Vergiftungen mit teilweise tödlichem Ausgang bekannt geworden, als Eisenhutwurzeln als Aufputschmittel dienen sollten.[4] Der Angriffspunkt der toxischen Wirkung von Aconitin ist das Herz, an dem es vielfältige Rhythmusstörungen bis hin zum tödlichen Kammerflimmern auslöst.

Auch eine Reihe weiterer Pflanzen mit herzwirksamen Inhaltsstoffen, die teilweise therapeutisch eingesetzt werden, sind als stark giftig zu bezeichnen: die verschiedenen Fingerhut- und Oleanderarten, das Maiglöckchen, das Frühlings- oder Adonisröschen, die Christrose, der Besenginster, der auf Alpwiesen wachsende Weiße Germer und der Rittersporn. Viele Giftpflanzen reizen in erster Linie die Schleimhaut des Magen-Darm-Kanals und führen hierdurch zu Übelkeit, Erbrechen, Durchfall und kolikartigen Bauchschmerzen. In diese Gruppe gehören der Buchsbaum, verschiedene Clematis-Arten, Efeu, Stechpalme, Berglorbeer, Liguster-Arten, die Heckenkirsche, Kirschlorbeer, die Akazie, Zwergholunder, Eberesche, Schneeballarten, Glycinie, das Buschwindröschen, die Feuerbohne und verschiedene Hahnenfuß-Arten. Meist sind es immer wieder die Früchte dieser Pflanzen, die von Kindern als eßbar angesehen und genascht werden. Der Verlauf dieser Vergiftungen ist aber meist harmlos. Auch der Genuß roher grüner Bohnen kann zu schweren Unverträglichkeitserscheinungen des Magens und Darms führen, da diese toxische Eiweißkörper enthalten, die erst durch das Kochen ungiftig werden.

Um zu klären, ob das Verschlucken einer nicht auf dem üblichen Speiseplan stehenden Pflanze tatsächlich eine Vergiftung darstellt, muß die eingenommene Pflanze identifiziert werden. Obwohl grundsätzlich auch die Möglichkeit besteht, das aufgenommene Gift im Körper nachzuweisen, ist dieser Nachweis jedoch gerade bei Pflanzengiften zeitlich sehr aufwendig und an spezielle Untersuchungseinrichtungen gebunden. Die botanische Bestimmung der Pflanze ist schneller möglich und sollte deshalb in jedem Falle versucht werden. Ärzte sind in dieser Hinsicht meist inkompetent, da botanische Spezialkenntnisse nicht zu ihrer Ausbildung gehören. Sofern kein Botaniker erreichbar ist, kann man sich an den nächsten Apotheker wenden, da Pharmazeuten auch heute noch während ihres Studiums eingehende Kenntnisse der Botanik unter spezieller Berücksichtigung der Arzneimittel- und Giftpflanzen erwerben müssen.

Soll man Giftpflanzen ausrotten?

Die Beseitigung von Giftpflanzen ist dort, wo sie für Mensch oder Tier eine Gefahr bedeuten, manchmal eine notwendige Maßnahme. Dies gilt vor allem für die Umgebung von Kindergärten und Kinderspielplätzen, in die giftige Pflanzen zweifelsohne nicht gehören. Nicht akzeptabel ist jedoch die manchmal erhobene Forderung, alle giftigen Pflanzen auszurotten, um die Entstehung von pflanzlichen Vergiftungen grundsätzlich zu verhindern. Derartige Forderungen werden häufig dann aufgestellt, wenn in der Presse wieder einmal über eine angeblich tödliche Bedrohung durch giftige Beeren und Ziersträucher anhand von Fällen berichtet wird, die sich bei genauerer Überprüfung meist als relativ harmlos herausstellen. Es ist besser, Kenntnisse über giftige Pflanzen insbesondere Kindern zu vermitteln, die heutzutage hierüber kaum etwas wissen, statt diese Pflanzen zu vernichten. Weiterhin sollten Kinder dahin erzogen werden, niemals ihnen unbekannte Früchte und Pflanzenteile zu essen.

Würde man der Forderung nach einer Beseitigung aller giftigen Pflanzen folgen, müßte man im übrigen auch eine Pflanze ausrotten, die zu den bedeutendsten Weltnahrungsmitteln gehört: die *Kartoffel.* Diese enthält nämlich in all ihren Teilen giftige Steroidalkaloide (überwiegend Solanin), in gefährlicher Konzentration normalerweise aber nur in den Beeren und in den Keimen. Vergiftungen durch den Genuß von Kartoffelbeeren sind mehrfach vorgekommen, einige dieser Beeren waren für ein dreijähriges Kind tödlich. Die Kartoffelknolle enthält normalerweise nur unbedenkliche Mengen von Solanin, jedoch kann es nach zu langer Lagerung insbesondere bei übermäßiger Einwirkung von Tageslicht zu einer Erhöhung der Solaninkonzentration bis in den toxischen Bereich kommen; denn mit der Auskeimung und dem Grünwerden der Knollen setzt eine intensive Produktion von Alkaloiden ein. Es sind Todesfälle durch den Genuß grün gewordener Kartoffeln vorgekommen, und in London hatten 78 Schüler nach einem Mittagessen mit grünen Kartoffeln, die bis zu 330 mg Solanin/kg (Normalwert

70 mg/kg) enthielten, Vergiftungssymptome. 17 Patienten, davon drei Schwerkranke, mußten ins Krankenhaus eingeliefert werden, sie erholten sich aber innerhalb einiger Tage vollständig.[4] Wollten wir jedem Risiko aus dem Wege gehen, dürften wir keine Kartoffeln mehr essen!

Vergiftungen durch Knollenblätterpilze

Am Abend aß der zehnjährige Herbert H. zusammen mit seinen Pflegeeltern ein Gericht aus frisch gesammelten Champignons. Später stellte sich heraus, daß sich in diesem zwei große Knollenblätterpilze befanden, die fälschlich als Champignons angesehen worden waren. Am nächsten Morgen gegen 5 Uhr früh, also etwa 10 Stunden nach dem Essen, erkrankte der Knabe mit heftigem Erbrechen und wäßrigen Durchfällen. Um 8 Uhr früh wurde er im Kreiskrankenhaus stationär aufgenommen. Er erbrach bei der Aufnahme noch laufend gelblich gefärbte Flüssigkeit ohne feste Bestandteile, während der ersten 24 Stunden kam es etwa halbstündlich zu dünnflüssigen bis wäßrigen Stuhlentleerungen. Nach 48 Stunden kam es zu einem Anstieg der Serumtransaminasen auf stark pathologische Werte (es handelt sich hierbei um Fermente, die bei einer Schädigung der Leber in das Blutserum freigesetzt werden); außerdem zeigten sich im EKG Hinweise für eine Herzschädigung. Die Leber war vergrößert, verhärtet und sehr druckempfindlich, am Nachmittag begann sich eine Gelbsucht auszubilden. Am Abend des dritten Tages zeigte sich eine erhöhte Blutungsneigung mit Erbrechen von blutigem Mageninhalt, das am vierten Tag in massives Bluterbrechen überging. Nunmehr fanden sich auch im Urin Zeichen einer toxischen Nierenschädigung. Am Nachmittag des vierten Tages verschlechterte sich der Kreislauf fortlaufend, gegen Abend wurde der Knabe bewußtlos, und um 22 Uhr, 100 Stunden nach der Pilzmahlzeit, trat der Tod unter den Zeichen eines Herzkreislauf- und Leberversagens ein. Bei den Pflegeeltern gestaltete sich der Verlauf günstiger, weil diese, bezogen auf ihre Größe, weniger von der Pilzmahlzeit gegessen hatten. Es kam nach 48 Stunden ebenfalls zu den Zeichen einer Leberschädigung, die jedoch innerhalb einiger Wochen abklang.[5]

Dieser tragische Fall veranschaulicht die häufigste Ursache von Pilzvergiftungen: eine Verwechslung mit ähnlich aussehenden Speisepil-

Leicht mit einem Champignon zu verwechseln ist der hochgiftige Knollenblätterpilz.

zen. Wahrscheinlich wurde hier ein kegelhütiger oder ein Frühlingsknollenblätterpilz fälschlich für einen Champignon gehalten. Der ebenfalls hochgiftige Grüne Knollenblätterpilz wird demgegenüber eher mit Täublingen oder Ritterlingen verwechselt. Die Knollenblätterpilze enthalten zwei Arten von Giften: Amatoxine, die den Zellkern angreifen, und Phallotoxine, die auf die Zellmembran schädigend wirken. Da für den Menschen je nach Körpergewicht bereits 5 bis 7 mg der Amatoxine tödlich wirken und diese Menge in weniger als 50 g Frischpilz enthalten ist, kann bereits ein einzelner Knollenblätterpilz in einem Pilzgericht tödlich wirken. Tatsächlich werden in der Bundesrepublik jährlich 40 bis 60 tödliche Pilzvergiftungen beobachtet, die fast ausschließlich auf den Genuß von Knollenblätterpilzen zurückzuführen sind; denn jede vierte Knollenblätterpilzvergiftung verläuft auch heute noch tödlich, wobei Kinder und Schwangere besonders gefährdet sind. Charakteristisch für die Knollenblätterpilzvergiftung ist die symptomfreie Latenzphase zwischen der Aufnahme der Mahlzeit und dem Auftreten der ersten Vergiftungserscheinungen, die 8 bis 24 Stunden betragen kann. Der dann auftretende Brechdurchfall weicht in der Regel einer ein- bis zweitägigen trügerischen Besserung, an die sich dann das Endstadium einer schweren toxischen Schädigung von Leber und Niere anschließt, das entweder im Leberkoma oder durch die Folgen der erhöhten Blutungsneigung zum Tode führt.

Ein der Knollenblätterpilzvergiftung ähnliches Krankheitsbild wird durch die *Frühjahrslorchel* verursacht, die häufig mit der Echten Speisemorchel verwechselt wird. Das verantwortliche Toxin Gyromitrin ist wasserlöslich und hitzelabil und kann deshalb durch zweimaliges Abkochen und Abgießen des Kochwassers teilweise entfernt werden. Jedoch muß vor dem Genuß dieses Pilzes generell gewarnt werden.

Zerstörung der Niere durch Pilzgifte

1952 erkrankten in einem ländlichen Gebiet Polens plötzlich 63 Frauen und 39 Männer an exzessivem Durst, Trockenheit und brennenden Schmerzen im Mund, Magen- und Darmschmerzen, Übelkeit, Erbrechen, Schüttelfrost und Schmerzen in der Lendengegend. Im weiteren Verlauf kam es bei 24 Erkrankten zu einer Verminderung der Harnausscheidung bis hin zur völligen Harnverhaltung (Anurie). Im Krankenhaus wurde bei diesen Patienten ein akutes Nierenversagen (Urämie) festgestellt. 16 Personen wurden urämisch, und 11 starben innerhalb von 6 bis 167 Tagen nach dem Auftreten der Erkrankung. Nachdem zunächst die Möglichkeit einer Infektion erwogen worden war, stellte sich bei einer sorgfältigen Befragung der Patienten heraus, daß die Erkrankten einen mittelgroßen, rot-bräunlichen Pilz einige Tage vor dem Auftreten der ersten Symptome genossen hatten, der 1952 in großer Zahl in diesem Gebiet gewachsen war. Der Pilz wurde gesammelt und experimentell an Katzen und Kaninchen getestet: Er führte bei diesen Tieren ebenfalls zu einer toxischen Schädigung der Niere.[6]

Der Pilz, der diese schwere Nierenschädigung verursacht hatte, wurde später als *Cortinarius orellanus* (Orangefuchsiger Rauhkopf) identifiziert. In den folgenden Jahren wurden zahlreiche weitere Vergiftungen mit gleicher Symptomatik, nämlich einer nach mehrtägiger Latenz eintretenden Nierenschädigung, aus mehreren Ländern einschließlich der Bundesrepublik beschrieben, wobei neben dem genannten auch andere

Pilze der Gattung Cortinarius ursächlich verantwortlich waren wie der Spitzkegelige Rauhkopf (Cortinarius speciosissimus), der Goldgelbe Rauhkopf (Cortinarius gentilis) und der Prächtige Klumpfuß (Cortinarius splendens). Der Verlauf dieser Vergiftungen ist durch das Ausmaß des Nierenschadens geprägt, neben vollständiger Wiederherstellung der Nierenfunktion sind dauernde Schädigungen möglich, die in einzelnen Fällen eine Nierentransplantation erforderlich gemacht haben. Wegen ihrer langen Latenz und des schleichenden Verlaufs kann diese Vergiftung eine Niereninsuffizienz anderer Ursache vortäuschen; wahrscheinlich ist sie deshalb bisher oft übersehen und fehldiagnostiziert worden.

Pilzvergiftungen mit zentral-nervöser Symptomatik

Eine Stunde nach einem abendlichen Pilzgericht erkrankten Mutter und Sohn an Ohrensausen, Schwindel und Brechreiz. Beide Patienten waren völlig verwirrt und motorisch unruhig. Jeder Versuch einer Untersuchung führte zu Tobsuchtsanfällen. Die Pupillen waren erweitert und lichtstarr, die Haut warm, trocken und gerötet. Zeitweise Erbrechen und leichte Diarrhoe. Am nächsten Morgen erwachten beide ohne Erinnerung an das Vorgefallene. Es stellte sich heraus, daß der Vater bewußt Fliegenpilze sammelte, da er diese aufgrund seiner persönlichen Erfahrungen für ungiftig hielt. Obwohl er den Hauptteil des Gerichtes verspeiste, erkrankte er nicht, im Gegensatz zu Sohn und Mutter, die sich mit einigen Suppenlöffeln begnügten.[7]

Es handelt sich hier um eine Vergiftung durch die im *Fliegenpilz* enthaltenen toxischen Wirkstoffe Muscimol und Ibotensäure, die eine zentralerregende und peripher sympathikolytische Wirkung besitzen. Wegen seiner Rauschwirkung wurde der Fliegenpilz früher in manchen Gegenden Rußlands bewußt gegessen; dabei soll teilweise der Urin der Berauschten an ärmere Personen abgegeben worden sein, die ihn tranken und ebenfalls einem Rausch verfielen, was sich durch die inzwischen nachgewiesene Ausscheidung der rauschwirksamen Inhaltsstoffe im Harn erklären läßt.[8] Der Genuß von mehr als zehn Fliegenpilzen kann tödlich sein, meist verlaufen jedoch die Vergiftungen harmlos. Ähnlich dem Fliegenpilz ist die Wirkung des Pantherpilzes, der neuerdings in den USA für Drogenexperimente verwendet werden soll.

Neben dem Fliegen- und dem Pantherpilz gibt es eine ganze Reihe weiterer Pilze mit halluzinogener Wirkung. Die meisten von ihnen enthalten als Wirkstoff Psilocybin, das in der Struktur den Mutterkornalkaloiden und in seiner Wirkung dem LSD (Lysergsäurediäthylamid) ähnelt. Derartige Pilze wurden in Mexiko bereits vor Jahrhunderten wegen ihrer Rauschwirkung bei kultischen Handlungen benutzt. Auch bei uns gibt es einige meist kleine Pilze wie den Spitzkegeligen Kahlkopf, den Schwarzen Düngerling oder den Heudüngerling, die Psilocybin enthalten und immer öfter als Rauschmittel mißbraucht werden. Wenn auch der Genuß dieser Pilze im allgemeinen zu einem nur vorübergehenden Rauschzustand ohne Nachwirkungen führt, darf nicht übersehen werden, daß es sich bei Psilocybin um eine abhängigkeitsauslösende Substanz handelt (nach WHO-Definition Abhängigkeit vom Halluzinogentyp), die bei längerer Anwendung zu negativen Konsequenzen psychischer, physischer und sozialer Art führen kann.

Das Muscarin-Syndrom

In Italien erkrankten in den sechziger Jahren elf Kinder innerhalb von zwei Stunden nach einer Pilzmahlzeit mit Schweißausbrüchen, Speichelfluß, Erbrechen, Durchfall und Bauchkrämpfen. Auffällig war weiterhin eine enge Pupille (Miosis) und ein langsamer Herzschlag (Bradykardie); vier Kinder hatten auch Atembeschwerden. Ursache dieser Vergiftung war der Verzehr des Kegeligen Rißpilzes (Inocybe fastigiata). Die Vergiftungserscheinungen bildeten sich innerhalb kurzer Zeit ohne Folgen zurück, eine spezielle Behandlung war nicht erforderlich.[7]

Ursache dieser relativ harmlos verlaufenden Vergiftung war das in vielen *Rißpilzen* (Ziegelroter, Kegeliger, Olivgelber oder Weißknöllchen-Rißpilz) und auch einigen Trichterlingen (wachsstieliger, Heide- und Feldtrichterling) enthaltene Alkaloid Muscarin. Dieses wirkt ähnlich dem körpereigenen Parasympathikusstoff Acetylcholin, jedoch erheblich länger und kann deshalb eine gefährliche parasympathische Dauererregung auslösen. Im allgemeinen verlaufen die Vergiftungen jedoch harmlos, in schweren Fällen kann die Wirkung des Muscarins durch das Antidot Atropin aufgehoben werden.

Es gibt schließlich eine ganze Reihe von Pilzen, die durch eine lokale

Reizwirkung auf den Magen-Darm-Kanal ein sogenanntes gastrointestinales Pilzsyndrom auslösen, das sich in Übelkeit, Erbrechen und Durchfällen kurze Zeit nach dem Verzehr äußert. Diese Vergiftungen sind meist harmlos und lediglich für kleinere Kinder sowie ältere oder kranke Personen gefährlich. Als Ursache eines solchen *gastrointestinalen Pilzsyndroms* kommen vor allem folgende Pilze in Frage: Riesenrötling, Karbolegerling, Tigerritterling, verschiedene scharfe Täublinge wie der Speitäubling sowie scharfe Milchlinge wie der Birkenreizker. In diesem Zusammenhang muß auch darauf hingewiesen werden, daß viele Pilze zwar in gekochtem Zustande, nicht aber in roher Form verträglich sind, so der weit verbreitete und gern gegessene Hallimasch. Schließlich können an und für sich gut verträgliche Pilze dann giftig werden, wenn man sie zu lange in roher oder auch gekochter Form aufbewahrt. Pilzgerichte sollten deshalb immer sofort verzehrt und die Reste vernichtet werden. Erlaubt ist die Konservierung roher oder gekochter Pilze in tiefgefrorenem Zustand.

Abschließend sei noch auf zwei Pilze eingegangen, die hinsichtlich ihrer Toxizität eine Sonderstellung einnehmen. Das eine ist der *Kahle Krempling* (Paxillus involutus), der zwar in roher Form häufig zu Unverträglichkeiten führt, in gekochter Form dagegen meist gut vertragen wird. Erst in jüngerer Zeit stellte sich heraus, daß dieser Pilz ein Antigen enthält, das nach wiederholter Zufuhr die Bildung eines Antikörpers anregen kann. Bei späteren Mahlzeiten kann es dann zur Bildung eines Antigen-Antikörper-Komplexes kommen, der sich an der Oberfläche der roten Blutkörperchen anlagert und diese zerstört. Charakteristisch für diese Art der Vergiftung ist, daß der Patient bereits längere Zeit Kremplingsmahlzeiten zu sich genommen und schon bei vorangegangenen Gerichten gewisse Unverträglichkeitsreaktionen festgestellt hat. Da eine derartige Immunhämolyse tödlich verlaufen[9] und andererseits das Entstehen dieser Überempfindlichkeitsreaktion bei niemandem ausgeschlossen werden kann, ist vom Genuß des Kahlen Kremplings eindringlich abzuraten.

Harmloser ist dagegen die Wirkung des *Faltentintlings* (Coprinus atramentarius), der an und für sich ein durchaus genießbarer Speisepilz ist. Er enthält jedoch eine Substanz, die den Alkoholabbau im Körper auf der Stufe des Acetaldehyds unterbricht. Durch den Anstau dieses Alkoholmetaboliten kommt es zu einer endogenen Acetaldehydvergiftung mit Hitzegefühl, Gesichtsrötung, Herzklopfen, Schwindel, Schweißausbrüchen und Angstzuständen; in schweren Fällen sind Blutdruckabfall und Kollaps möglich. Normalerweise erholt sich der Patient innerhalb von zwei bis vier Stunden völlig, Todesfälle sind bisher nicht beschrieben worden. Diese Alkoholunverträglichkeit kann nach Genuß des Faltentintlings aber mehrere Tage anhalten! So erkrankte ein Pilzberater, dem dieses Syndrom hinreichend bekannt war, fünfzig Stunden nach einer Faltentintlingsmahlzeit beim Genuß eines Glases Wein.

Mutterkorn: das todbringende heilige Feuer

Eine im Mittelalter epidemieartig auftretende Krankheit, die vielen Menschen einen qualvollen Tod brachte, war das »Heilige Feuer« oder die »St.-Antonius-Krankheit«. Zuerst trat diese Krankheit im Jahre 590 in Frankreich auf, ab der zweiten Hälfte des 10. Jahrhunderts bis zur Mitte des 14. Jahrhunderts dann in vier- bis fünfjährigen Abständen auch in anderen europäischen Ländern einschließlich Deutschlands. Betroffen waren oft Tausende vor allem der ärmeren Bevölkerungsschichten. Die Erkrankung äußerte sich zunächst in Form von starker Hitze, Kribbeln (daher auch die Bezeichnung »Kribbel-Krankheit«), Ameisenlaufen, Pelzigkeit und Taubheitsgefühl an den Fingern und Zehen. Diese Empfindungsstörungen breiteten sich über Hände und Füße aus und erfaßten später den ganzen Körper. Im weiteren Verlauf traten am Körper Blasen auf, die sich infizierten und zum trockenen Gewebstod (sogenannter Schwarzer Brand) der betroffenen Körperteile führten. Als Folge fielen Finger, Zehen, Nasenspitzen, Ohren und in schweren Fällen ganze Gliedmaßen ab. Oft kam es nach langem, qualvollem Siechtum durch Entkräftung und Infektionen zum Tod, nicht selten waren auch Erblindungen durch milchige Linsentrübung. In der Neuzeit wurde die Krankheit seltener; jedoch wurde ein letzter Ausbruch in Deutschland noch in den achtziger Jahren des vorigen Jahrhunderts und in Rußland 1926/27 beobachtet.

Bei dieser Krankheit handelt es sich um eine Vergiftung durch den Mutterkornpilz Claviceps purpurea, der sich als Schmarotzer auf Roggenkörnern ansiedelt und in diesen seine giftigen Alkaloide (Ergotamin, Ergokristin, Ergokryptin und andere) produziert. Die befallenen Körner sind schwärzlich verfärbt und größer als normale Roggenkörner (s. Abb. S. 199); sie werden als Mutterkorn bezeichnet, weil die in ihnen vorkommenden Alkaloide in geringer Dosis in der Geburtshilfe zur Förderung der Uteruskontraktion verwendet werden. Der Roggen wird von diesem Pilz besonders stark in feuchten, regenreichen Sommern befallen, wodurch sich das epidemieartig gehäufte Auftreten der Vergiftungen in bestimmten Jahren erklärt. Auch wurden die Menschen nur in der Zeit nach der Ernte befallen, da die Giftigkeit des Mutterkorns später abnimmt und nach einem Jahr ganz verschwindet. Mutterkornvergiftungen wurden im Mittelalter noch dadurch begünstigt, daß Brot und Mehl damals die Hauptnahrungsmittel waren; denn die Kartoffel wurde in Europa erst sehr viel später angebaut.

Die Symptome der Mutterkornvergiftung beruhen auf der gefäßverengenden Wirkung der Mutterkornalkaloide, wodurch es zunächst zu einer Durchblutungsstörung und bei längerer Einwirkung zum Gewebstod kommt. Derartige Effekte werden im übrigen auch bei der therapeutischen Anwendung der Mutterkornalkaloide als Nebenwirkung beobachtet. Die bei uns zulässige Höchstkonzentration von Mutterkörnern im Brotgetreide von 1 g/kg wird durch das Aussortieren der giftigen Körner in den Reinigungsanlagen der industriellen Mühlen eingehalten. Zum Problem kann Mutterkorn heute nur noch für die

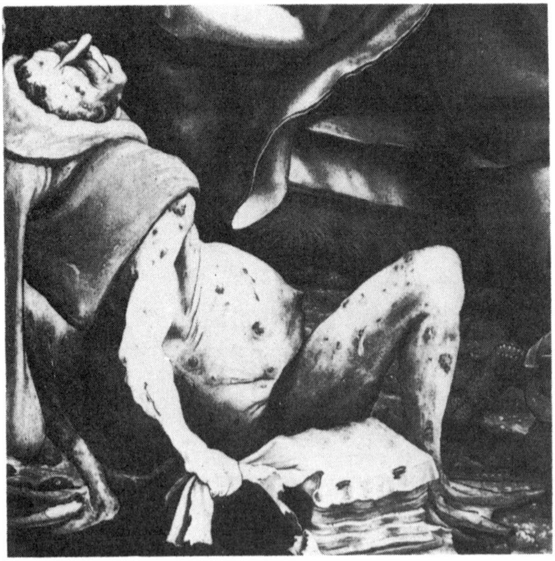

Ausschnitt einer Flügeltafel des Isenheimer Altars von Matthias Grünewald mit dem Titel »Versuchung des heiligen Antonius«. Der Unglückliche leidet an einer Mutterkornvergiftung.

Als Schmarotzer auf Roggenkörnern siedelt sich der Mutterkornpilz an.

Freunde einer alternativen Ernährung werden, die häufig frisches und ungereinigtes Getreide verzehren. Derartige naturbelassene und »gesunde« Getreide enthalten nämlich manchmal hohe Konzentrationen an Mutterkorn und sind deshalb toxikologisch bedenklich. So fand sich in einem Naturroggen, der von einer Kieler Familie zur Herstellung der morgendlichen Müsli-Mahlzeit benutzt wurde, ein Mutterkornbefall von 12 Prozent. Die gesundheitlichen Beschwerden der 13jährigen Tochter (Sehstörungen, Kopf- und Augenschmerzen sowie Schmierblutungen) hörten von selbst auf, nachdem die Ernährung umgestellt worden war.[10]

Giftige Tiere und tierische Gifte

Viele Tiere produzieren Gifte, die einerseits der Abschreckung und der Verteidigung, andererseits aber auch dem Beutefang dienen. Einige, aber durchaus nicht alle dieser giftproduzierenden Tiere können auch dem Menschen gefährlich werden. Entsprechend der weiten Verbreitung und dem zahlenmäßig häufigen Vorkommen nehmen *Schlangen* den ersten Platz unter den Vergiftungsfällen mit Gifttieren ein. Nach einer WHO-Statistik, die allerdings nur die hospitalisierten Fälle erfaßt und bei der Europa, die UdSSR und China nicht berücksichtigt wurden, kommt es weltweit jährlich zu 40000 Todesfällen durch Schlangenbisse. Unter der gesicherten Annahme, daß die Mortalitätsrate für alle durch Giftschlangen verursachten Bisse im Mittel 2,4 Prozent beträgt, kommt man damit zu rund 1,7 Millionen Bissen durch Giftschlangen jährlich. Addiert man die nicht erfaßten Unfälle hinzu, so erhöht sich diese Zahl erheblich; nach inoffiziellen Schätzungen soll es allein im vorderindischen Subkontinent jährlich zu 100000 Todesfällen durch Schlangenbisse kommen.

Es gibt über vierhundert bekannte Giftschlangen, von denen allerdings in Europa nur einige Viperarten von Bedeutung sind. In Deutschland findet sich als einzige Giftschlange die *Kreuzotter,* die sich besonders häufig auf Heideflächen, Mooren, an Waldrändern und in lichten Wäldern aufhält und nur im Rhein-Main-Gebiet fehlt. Sie wird bis zu 60 cm lang und ist wechselnd grau bis rotbraun gefärbt; bei heller Färbung ist sie an dem schwarzen Zickzackband auf dem Rücken zu erkennen, nicht dagegen an dem undeutlichen Kreuz auf dem Kopf, das ihr den Namen gegeben hat. Die Kreuzotter ist ein schützenswertes

Nur wenn sie sich bedroht fühlt, beißt die Kreuzotter; ihr Biß kann allerdings für Kinder lebensgefährlich sein.

Tier, das niemals angreift, sondern nur im Verteidigungsfalle beißt; gefährdet sind vor allem die Hände beim Beeren- und Pilzsuchen und die Füße beim Barfußgehen. Das von ihr in Drüsen produzierte und mit den Zähnen abgegebene Gift besteht aus Polypeptiden (Eiweißkörpern) und Enzymen. Selbst ausgewachsene Exemplare produzieren aber so wenig davon, daß ein gesunder Erwachsener ihren Biß in aller Regel ohne stärkere Symptome übersteht. Tödliche Kreuzotterbisse sind äußerst selten und betreffen vorwiegend Kinder: Von 27 tödlichen Kreuzotterbissen in Dänemark und Schweden in den letzten fünfzig Jahren bei mehr als 8000 gemeldeten Bissen betrafen 25 Kinder unter zwölf Jahren. 1975 wurden in Schweden insgesamt 136 Kreuzotterbisse registriert, die zur Hospitalisierung der Opfer führten; obwohl 27 dieser Patienten schwerere Allgemeinsymptome zeigten, trat kein Todesfall ein.[11] Der oft gar nicht bemerkte Biß der Kreuzotter ist wenig schmerzhaft, jedoch kommt es bald zu einer Schwellung der Bißstelle, die zentralwärts fortschreitet und von Blutungen begleitet sein kann. Allgemeine Vergiftungssymptome bestehen in Erbrechen, Leibschmerzen, Durchfall und bei schwereren Fällen in Kreislaufstörungen bis hin zum Schock. Selten kann auch Bewußtlosigkeit eintreten. Diese Erscheinungen pflegen nach einigen Tagen ohne Folgen vorüberzugehen. Der Krankheitsverlauf läßt sich durch die Gabe eines Antiserums abkürzen, jedoch kann dieses zu verschiedenen allergischen Reaktionen führen, so daß man heute im allgemeinen von seinem Einsatz bei Kreuzotterbissen absieht. Im Vergleich zu der relativ harmlosen Kreuzotter sind andere Giftschlangen erheblich gefährlicher, wie wir aus der großen Zahl der Todesfälle wissen. Bisse durch ausländische Giftschlangen können sich bei uns in zoologischen Gärten oder aber bei den immer zahlreicher werdenden Hobbyzoologen ereignen.

Von den giftproduzierenden *Insekten* besitzen bei uns die zu den Hautflüglern gehörenden Bienen, Wespen und Hornissen die größte praktische Bedeutung; nur ausnahmsweise sticht die friedfertige Hummel. Die weiblichen Tiere dieser Arten besitzen im Hinterleib einen Giftstachel, der mit Widerhaken versehen ist und bei Bienen nach dem Stich in der Wunde zurückbleibt und so zum Tode des Tieres führt. Die Wirkstoffe dieser Insektengifte bestehen aus biogenen Aminen wie Histamin, Acetylcholin und Serotonin, Polypeptiden wie Melittin und Apamin und Enzymen wie Hyaluronidase und Phospholipase. Keines der Gifte ist so toxisch, daß tödliche Vergiftungen des gesunden Erwachsenen auftreten, selbst nicht nach zahlreichen Stichen. Das gilt auch für die Hornisse: Zu Unrecht sagt man diesem von der Ausrottung bedrohten Tier eine besondere Gefährlichkeit nach. Erst wenn mehrere hundert Bienen, Wespen oder Hornissen gestochen haben, wird der Patient durch Kollaps und zunehmende Hämolyse (Auflösung der roten Blutkörperchen) gefährdet. Einzelne Stiche können allerdings dann gefährlich werden, wenn sie direkt in ein Blutgefäß hinein erfolgen, was äußerst selten ist, oder aber, was häufiger vorkommt, in Zunge und Rachen erfolgen. In diesem Fall besteht die Gefahr des Erstickens durch die einsetzende Schwellung; ein Kind mußte wegen schwerer Atemnot intubiert werden, weil es nachts im Dunklen Konfitüre naschte und hierbei von einer Wespe in den Schlund gestochen wurde. Lebensgefährlich können einzelne Insektenstiche auch dann werden, wenn sich durch vorangehende Stiche eine Überempfindlichkeit (Allergie) entwickelt hat. In diesen Fällen kann bereits ein einzelner Stich zu schweren allergischen Reaktionen bis hin zu dem – wenn er unbehandelt bleibt – häufig tödlich verlaufenden anaphylaktischen Schock führen. Als Prophylaxe sollten derart durch Allergie Gefährdete das Gegengift Adrenalin bei sich führen oder aber eine Desensibilisierung vornehmen lassen.

Spinnen sind für den Menschen recht nützliche Tiere, die Abneigung ihnen gegenüber ist nur schwer zu verstehen. Jedoch gibt es einige Spinnenfamilien, die durch ihre Gifte gefährlich sind und in manchen Ländern wie Brasilien oder im östlichen Mittelmeerraum ein fast ebenso großes Problem wie die Giftschlangen darstellen. Am gefährlichsten für den Menschen ist die in Nord- und Südamerika heimische Schwarze Witwe, die sich häufig unter Polstern, Kissen und Klosettdeckeln verbirgt. Aus Europa sind Giftspinnen fast völlig verschwunden: Unsere Kreuzspinne, die in Süditalien vorkommende Tarantel und die manchmal mit Bananentransporten eingeschleppte Vogelspinne stellen kaum ein Risiko dar.[12] Auch die in Italien, Südfrankreich und der Südschweiz verbreiteten schwarzen *Skorpione* sind relativ harmlos, ihr Stich ist nur mit dem einer Wespe zu vergleichen. Schwerer verlaufen dagegen die Stiche tropischer Skorpione, Todesfälle sind besonders bei Kindern aus Mexiko, Indien und Nordafrika bekannt.

Etwa zweihundert verschiedene Fischarten besitzen einen voll entwickelten Giftapparat, der in der Regel zur Verteidigung, in manchen Fällen aber auch als Angriffswaffe benutzt wird. Von diesen aktiv *giftigen Fischen* kommen einige auch an Europas Küsten vor, halten sich zum Teil vergraben im Sand oder am Meeresboden auf und können

Badende verletzen. In unseren Regionen sind vor allem Verletzungen durch das in der südlichen Nordsee vorkommende *Petermännchen* nicht selten, die meist beim Entleeren der Netze oder Sortieren der Fische auftreten. Die Schmerzen nach diesen Stichen sind überaus heftig und langwierig, gelegentlich können auch toxische Allgemeinreaktionen auftreten. Sehr viel gefährlicher sind in dieser Hinsicht die in tropischen Regionen vorkommenden Steinfische, nach deren Stich Todesfälle nicht selten sind.

Neben den aktiven gibt es aber auch passive Giftfische, zu denen verschiedene Arten von Kugel-, Igel- und Sonnenfischen gehören, die in Ostasien gerne gegessen werden. Diese Fische enthalten in ihrem Eingeweide das hochtoxische Nervengift *Tetrodotoxin,* von dem die LD 50 bei Mäusen nur 8 µg/kg beträgt und das somit zu den stärksten Giften überhaupt zu zählen ist. In Japan dürfen derartige Fische nur durch besonders ausgebildete Köche zubereitet werden. Trotzdem treten regelmäßig Vergiftungen auf, die mit Sensibilitätsstörungen und Lähmungen einhergehen und häufig zum Tod führen. In Japan wurden innerhalb von zwei Jahren 389 Fälle bekannt, von denen 57 Prozent tödlich endeten.

Auch gewisse *Muschelarten* können zeitweise schwere Nervengifte enthalten. Die landläufige Annahme, daß derartige Vergiftungen durch verdorbene Muscheln oder Pestizide hervorgerufen würden, trifft nicht zu. Vielmehr handelt es sich um Toxine, die von den Muscheln mit der Nahrung aufgenommen und eine gewisse Zeitlang gespeichert werden. Die hierzulande viel genossenen Miesmuscheln können gelegentlich das Nervengift *Saxitoxin* enthalten, das einem einzelligen, ihnen zur Ernährung dienenden Dinoflagellaten entstammt und ebenfalls zu Empfindungsstörungen und in höherer Dosis zu Lähmungen führen kann. Da das Auftreten dieser Dinoflagellaten jahreszeitlich schwankt, treten derartige Vergiftungen vor allem in den Monaten Mai bis September, nicht dagegen im Winter auf. Möglicherweise leitet sich daraus die Meinung ab, daß man in den Monaten ohne R keine Muscheln essen soll.

Die zu den Hohltieren gehörenden *Quallen* und *Seerosen* besitzen ähnlich den Brennesseln zahllose kleine, mit einem Stilett versehene Nesselkapseln, aus denen bei Berührung ein giftiges Sekret austritt, das starke Hautreizung verursachen kann. Sie werden deshalb auch als Nesseltiere bezeichnet. Die in der Nord- und Ostsee gelegentlich vorkommenden Nesselquallen sind relativ harmlos und führen nur zu

Brennen, Jucken, Hautrötung und Quaddelbildung. Sehr viel gefährlicher sind dagegen tropische Feuerquallen, deren Berührung beim Baden schwere Folgen haben und über Bewußtseinstrübung zum Tod durch Ertrinken führen kann. Ihre Gefährlichkeit möge der folgende publizierte Fall belegen:

Eine 31jährige deutsche Frau verbrachte im Dezember 1986 ihren Urlaub in Goa (Indien). Am Nachmittag des 3. Dezember schwamm sie im Indischen Ozean weit hinaus. Plötzlich verspürte sie heftig brennende Schmerzen am Oberkörper und bemerkte im Wasser eine größere rötliche Masse. Mit großem Kraftaufwand schwamm sie zum Ufer zurück und erlitt dort einen Kreislaufzusammenbruch. Die Haut ihres Oberkörpes sah wie nach einer Verbrennung rot und entzündet aus. Herbeigeeilte Urlauber brachten sie unter eine Dusche und anschließend in das örtliche Krankenhaus. Von hier wurde sie am 7. Dezember per Flugzeug auf die Intensivstation der Frankfurter Universitätsklinik gebracht. Oberkörper und Arme waren massiv geschwollen, die Hände und Füße nur schwach durchblutet. Die Ödembildung an Armen und Händen nahm weiter zu, außerdem entwickelten sich monströse Blasen. Die Schwellung an Händen und Armen wurde schließlich so stark, daß zur Druckentlastung beidseitig eine operative Durchtrennung der Muskelfaszien erforderlich wurde. Sechs Monate nach dem Unfall waren noch schwere sensible und motorische Ausfälle beider Hände und Arme vorhanden.[13]

Lebensmittelvergiftungen durch bakterielle Toxine

Viele Bakterien produzieren Stoffwechselgifte, die sie zum Teil nach außen abgeben und die für den Verlauf der durch sie ausgelösten Infektionskrankheiten von großer Bedeutung sind. So ist bei der Diphtherie das von den Diphtheriebakterien produzierte Toxin pathogenetisch betrachtet die eigentliche Krankheitsursache. Dieses Toxin kann jedoch nur aus den Diphtheriebakterien im Körper entstehen, weshalb die Diphtherie nicht als eine Intoxikation, sondern eben doch als eine Infektionskrankheit anzusehen ist und somit nicht in die Kompetenz des Toxikologen fällt. Gelegentlich können aber bakterielle Toxine getrennt von den sie bildenden Bakterien wirksam werden. Dies passiert dann, wenn sich Mikroorganismen in Nahrungsmitteln verbreiten und ihre Toxine dann mit diesen aufgenommen werden. Hierfür ein typisches Beispiel:

Eine Belegschaft von ca. 300 Arbeitern aß im Sommer mittags einen am Abend vorher zubereiteten Kartoffelsalat. Drei bis fünf Stunden später erkrankten 80 Prozent der Arbeiter mit schwerstem Durchfall und Erbrechen, zum Teil mit Kollapserscheinungen. Die Untersuchung von Resten des Kartoffelsalats ergab fast eine Reinkultur von Staphylokokkus aureus. Der Küchengehilfe, der den Salat zubereitet hatte, litt an einem offenen Nagelbettgeschwür des Daumens. Auf Befragen gab er zu, daß ihm während der Zubereitung des Salats der Verband abgefallen und dadurch die Kartoffelscheiben direkt mit seinem sezernierenden Geschwür in Kontakt gekommen waren. Der Salat wurde bei Zimmertemperatur rund acht Stunden stehengelassen und erst am folgenden Tage in den Kühlschrank gestellt.[14]

Staphylokokkus aureus ist ein kleines Kugelbakterium, das zu den häufigsten Erregern menschlicher Hautinfektionen gehört und auch das Nagelbettgeschwür des Küchengehilfen verursacht hatte. Kartoffelsalat wiederum ist ein idealer Nährboden für alle Bakterien, zumal bei hochsommerlichen Temperaturen. Da das von den Staphylokokken produzierte Toxin relativ hitzebeständig ist, hätte auch ein Abkochen des Salates die Vergiftung nicht verhindern können. Staphylokokken kommen aber nicht nur in eitrigen Geschwüren, sondern auch außerhalb des menschlichen Körpers praktisch überall vor. So können Lebensmittel auch spontan verderben und zu Nahrungsmittelvergiftungen führen. Neben Staphylokokken kommen vor allem Salmonellen als Ursache von Lebensmittelvergiftungen in Frage, wenn mit diesen Bakterien infizierte Tiere geschlachtet oder aber Lebensmittel durch menschliche Salmonellen-Ausscheider sekundär infiziert werden. Auf diese Weise sind häufig Massenvergiftungen in Kantinen, Schulen oder an Bord von Flugzeugen zustande gekommen.

Im allgemeinen gehen die durch Staphylokokken und andere Bakterien ausgelösten Lebensmittelvergiftungen ohne Todesfälle einher. Eine Ausnahme hiervon macht aber das von *Botulinusbakterien* produzierte Toxin, das als das stärkste überhaupt bekannte Gift anzusehen ist – seine Toxizität übersteigt die des Seveso-Dioxins TCDD um das Dreißigtausendfache! Die Bakterien, die dieses Gift produzieren, sind gasbildende Stäbchen, die überall in der Erde vorkommen und sich vor allem in eiweißhaltigem Milieu gut entwickeln, jedoch nur bei Luftabschluß (anaerob) existieren können. Die Gefahr einer Vergiftung mit diesem Toxin besteht besonders beim Genuß verdorbener eiweißhaltiger Konserven, die nicht fachgerecht sterilisiert wurden. In der verschlossenen Konserve findet der Erreger dann die für ihn erforderlichen anaeroben Verhältnisse, kann sich vermehren und Toxine bilden. Besonders häufig kommen Vergiftungen durch hausgemachte Fleisch- und Bohnenkonserven vor, doch wurden auch tödliche Vergiftungen beim Genuß vieler anderer eingemachter Gemüse- und Obstsorten (Erbsen, Tomaten, Kohl, Spargel, Aprikosen, Apfelmus usw.) beobachtet. Eine weitere Vergiftungsquelle können schlecht geräucherte Fleischwaren sein. Die Giftwirkung, die sich nach einer Latenzzeit von einigen Stunden bis mehreren Tagen zeigt, beruht auf einer Lähmung des parasympathischen und des motorischen Nervensystems. Am Anfang stehen häufig Sehstörungen durch Lähmung der Augenmuskeln, später können Schluckbehinderungen und Sprachstörungen auftreten, der Tod tritt schließlich unter zunehmender Muskelschwäche durch Atemlähmung oder Sekundärinfektionen ein. Die Applikation eines Antitoxins kann in einigen Fällen helfen, jedoch ist die Sterblichkeit auch heute noch sehr hoch. Das Gift ist allerdings hitzelabil und kann durch 15 Minuten langes Erhitzen auf 100 °C zerstört werden. Der Verlauf einer Botulismusintoxikation sei an dem folgenden Fall veranschaulicht:

Ein 44jähriger Mann aß am 27. Juni 1969 Ölsardinen und Bohnengemüse zum Mittag. Einen Tag darauf bemerkte er Schluckbeschwerden, und tags darauf hatte er Schmerzen im Hals, ein Trockenheitsgefühl im Mund und Rachen sowie einen starken Durst. Bei reichlicher Flüssigkeitseinnahme ging der Patient weiter seiner Arbeit nach. Ab 1. Juli bemerkte er eine Schwere der Augenlider, die er nicht von selbst mehr öffnen konnte. Die Sprache wurde schwerfällig und verwaschen, in Mund und Rachen nahm die Trockenheit zu, und die Heiserkeit verstärkte sich. Beim Heben der Augenlider sah er verschwommen und doppelt. Am 4. Juli kam es beim Aufstehen zu Schwindelerscheinungen und Schwäche in den Beinen, tags darauf zu erschwertem Atmen. Am 9. Juli wurde er schließlich zum Nervenarzt geschickt, der die Krankenhauseinweisung wegen des Verdachts auf Botulismus veranlaßte. Die Untersuchung des Serums auf Botulinustoxin fiel im Tierversuch positiv aus. Der Patient erhielt das Botulismus-Serum und genas.[15]

Zur Vermeidung derart lebensgefährlicher Intoxikationen ist der Inhalt aller verdorbenen oder Gasentwicklung aufweisenden Konserven (gewölbter Deckel!) und Weckgläser zu vernichten. Ferner ist bei der haushaltsmäßigen Herstellung von Konserven auf eine genaue Einhaltung der Sterilisationsvorschriften zu achten. Die Gefahr für das Entstehen einer solchen Vergiftung besteht immer dann, wenn mit Sporen infiziertes Gemüse oder Fleisch nur einmal statt zweimal sterilisiert wird, wie dies für Bohnen und Erbsen vorgeschrieben ist. Beim ersten Sterilisieren gehen nämlich die resistenten Sporen nicht zugrunde, sondern nur die Bakterien. Läßt man dann die Konserven ein bis zwei Tage stehen, so keimen unterdessen auch die Sporen aus und werden nun bei der zweiten sachgemäß durchgeführten Sterilisation abgetötet. Nur bei höheren Temperaturen, wie sie im Dampfdruckkocher möglich sind, können die Botulinussporen auch bereits bei einmaliger Sterilisation abgetötet werden.

10 Alkohol, Tabak und Kaffee

Genußmittel oder Genußgifte?

Wer genießt, tut dies zu seinem Vergnügen, nicht aber, um sich zu schaden oder gar umzubringen. Leider sind jedoch viele Genüsse mit Schadwirkungen verbunden, und in besonderem Maße gilt dies für die von uns konsumierten Genußmittel; diese haben deshalb nicht nur eine soziokulturelle, sondern auch eine große toxikologische Bedeutung. In unserem Kulturkreis stehen Alkohol, Tabak und Kaffee an der Spitze, deshalb sollen diese drei großen Genußmittel im folgenden hinsichtlich ihrer toxikologischen Auswirkungen betrachtet werden.

Alkohol als ältestes Genußmittel

Äthylalkohol oder Äthanol – dem allgemeinen Sprachgebrauch folgend einfach als Alkohol bezeichnet – ist das älteste und wohl wichtigste Genußmittel des Menschen überhaupt. Bereits bei den Naturvölkern sowie in den alten Kulturen der Babylonier, Sumerer, Ägypter, Griechen und Römer wurde er getrunken. Ausgangsstoffe zu seiner Herstellung waren Honig und Wasser bei den Germanen, Reis im Fernen Osten, Saft von Früchten, Palmen, Agaven und Kakteen im Süden. Auch heute noch wird der meiste Trinkalkohol durch Vergärung von Zucker oder stärkehaltigen Naturstoffen mit Hefe gewonnen, obwohl es auch technische Synthesemöglichkeiten gibt. Der Alkoholkonsum war in Deutschland seit jeher relativ groß und lag bereits im Jahr 1900 bei jährlich 10,1 Liter pro Kopf der Bevölkerung.[1] Nach einem deutlichen Rückgang während und zwischen den Weltkriegen stieg er in der Nachkriegszeit sehr schnell wieder an und liegt seit Anfang der siebziger Jahre bei 12 Litern mit derzeit leicht sinkender

Tendenz, was einem täglichen Konsum von etwa 30 g entspricht. Berücksichtigt man, daß der Alkoholkonsum erst in der Adoleszenz beginnt, und klammert man Kinder unter fünfzehn Jahren aus, so erhöht sich der tägliche Verbrauch pro Kopf der Bevölkerung auf etwa 40 g, was täglich einem Liter Bier, einem halben Liter Wein oder sechs Schnäpsen entspricht. Da aber nach wie vor ein nicht unerheblicher Teil der Bevölkerung wenig oder gar keinen Alkohol trinkt, ist der Konsum der alkoholtrinkenden Bevölkerung tatsächlich höher als dieser errechnete Mittelwert.

Warum wird Alkohol überhaupt getrunken?

Der Genußwert des Alkohol beruht auf seinen zentralnervösen Wirkungen, die prinzipiell hemmend sind. Alkohol ist nicht anderes als ein Narkotikum und wurde früher, vor der Entwicklung wirksamerer und ungefährlicherer Narkotika, auch als solches benutzt. Am Anfang einer Narkose aber steht ein Stadium der Erregung (Exzitation), das durch eine Lähmung zentralnervöser Hemmungen zustande kommt. Dieses Exzitationsstadium ist beim Alkohol besonders ausgeprägt und bedingt im wesentlichen seinen Genußwert: Im normalen Leben unterdrückte Impulse werden ausgelebt, die zwischenmenschliche Kommunikation und das gesellschaftliche Leben werden gefördert; gleichzeitig kann sich aber auch ein ungerechtfertigtes Selbstvertrauen entwickeln, die Selbstkontrolle abnehmen und Rücksichtslosigkeit gegenüber anderen entstehen. Ein weiterer Faktor für den Genußwert des Alkohols ist die durch ihn ausgelöste Euphorie, unter der ein Zustand körperlichen und geistigen Wohlbefindens zu verstehen ist. Auch dieser Alkoholeffekt ist im wesentlichen auf eine zentrale Hemmung zurückzuführen: Das feinere Urteilsvermögen schwindet, Gefahren werden weniger deutlich erkannt, über Unangenehmes wird weniger nachgedacht. Weiteres Trinken führt dann zu einem Übergang in das Stadium der Sedierung (Beruhigung) mit abnehmender Konzentrationsfähigkeit, Müdigkeit, verlängerter Reaktionszeit, gestörter Muskelkoordination sowie Sprach- und Gangstörungen und mündet dann schließlich in eine Lähmung der Endhirnrinde mit Bewußtlosigkeit (Narkosestadium). Die Lähmung kann dann vom Endhirn schnell auf die vegetativen Zentren im verlängerten Rückenmark übergreifen und Reflexe auslöschen sowie zentral Atmung und Kreislauf lähmen. Damit aber sind wir bereits in der Toxikologie, und für diese hat der Alkohol eine zweifache Bedeutung, nämlich als Verursacher akuter, manchmal tödlicher Vergiftungen sowie eines chronischen, häufig süchtigen Mißbrauchs (Alkoholismus).

Die akute Alkoholvergiftung

Fünf Flaschen Korn, ein Kasten Bier – die 21jährige Verkäuferin Helga aus Kiel hat die feuchtfröhliche Party bei ihrem Freund Horst (25) nicht überlebt. Er fand sie am nächsten Mittag neben sich angezogen im Bett – tot. »Die junge Frau ist an übermäßigem Alkoholgenuß gestorben«, sagt die Polizei. Bauarbeiter Horst hatte Helga und ein befreundetes Paar zu einem »gemütlichen Abend« zu sich nach Hause eingeladen. Der Bauarbeiter: »Wir klönten, hörten Musik und tranken Korn und Bier. Mehr weiß ich nicht. Als ich Helga wachrütteln wollte, merkte ich, daß sie tot war ...« (Bildzeitung vom 22. Januar 1979).

Nach einem Wetttrinken in einer Gaststätte in Clausthal-Zellerfeld ist ein 20jähriger Student an Alkoholvergiftung verstorben. Er hatte mit einem 23jährigen Kommilitonen große Mengen Wodka getrunken. Während der Ältere noch in dem Lokal zusammenbrach und mit einer lebensgefährlichen Alkoholvergiftung ins Krankenhaus kam, war der Zwanzigjährige von Freunden nach Hause gebracht und dort versorgt worden. Als sie am nächsten Mittag nach ihm sehen wollten, war er bereits tot (dpa, 1983).

Zu Tode getrunken hat sich ein 16jähriges schottisches Mädchen in dem Ferienort Caldicot in Wales bei einem Wetttrinken gegen einen Waliser. Das Mädchen, das von seiner Mutter angefeuert wurde, schüttete eine halbe Flasche Wein und mindestens 30 Wodka in sich hinein, bevor es bewußtlos zusammenbrach und starb (F.A.Z. vom 17. August 1985).

Frankfurt: Ein Vierzehnjähriger ist an den Folgen einer schweren Alkoholvergiftung gestorben, die er sich auf einer Wochenendfahrt seines Fußballclubs zugezogen haben soll. Während der Fahrt soll es zu einem Wetttrinken gekommen sein. Er war mit 3,78 Promille Alkohol im Blut in ein Krankhaus gebracht worden und gestorben (F.A.Z. vom 8. Dezember 1986).

Berichte dieser Art, die man immer wieder in der Presse liest, weisen darauf hin, daß die hohe akute Giftigkeit des Alkohols weitgehend unbekannt ist. Folge dieser Unwissenheit ist, daß akute Alkoholvergiftungen heute zu den häufigsten Vergiftungen zählen.

Die für einen Erwachsenen tödliche Alkoholdosis liegt bei etwa 250 g, dies entspricht etwa einer Flasche Schnaps. Allerdings muß diese Menge innerhalb kurzer Zeit getrunken werden, um tödlich zu wirken, was insbesondere bei Trinkwetten der Fall sein kann. Bei Einnahme über einen längeren Zeitraum steigt die tödliche Dosis durch den ständigen Abbau des Alkohols in der Leber an, denn für die akute Toxizität des Alkohols ist nicht so sehr die Dosis, sondern die maximal in Blut und Gehirn erreichte Alkoholkonzentration entscheidend. Generell kann man davon ausgehen, daß der tödliche Bereich oberhalb einer Konzentration von 3 Promille beginnt und oberhalb von 5 Promille immer mit dem Tod zu rechnen ist, wenn nicht der alkoholbedingten Atemlähmung durch künstliche Beatmung begegnet wird.[2]

Die Unterschiede in der Empfindlichkeit gegenüber den Wirkungen des Alkohols sind aber individuell sehr groß. So wurden tödliche Vergiftungen schon bei Blutalkoholspiegeln von wenig mehr als 2 Promille beobachtet, wobei Kinder besonders empfindlich sind: Schwere Intoxikationszeichen können bei ihnen schon bei Alkoholkonzentrationen unter 1 Promille auftreten.[3]

Andererseits ging kürzlich der Fall eines 52jährigen Mannes durch die Presse, der morgens um neun Uhr wegen zu langsamen Autofahrens gestoppt und einer Blutprobe unterzogen wurde und bei dem man, obwohl der untersuchende Arzt nur einen leichten Alkoholeinfluß mit unsicherem Gang, aber beherrschter Sprache festgestellt hatte, einen Blutalkoholspiegel von 5,8 Promille fand. Der Betreffende hatte die ganze Nacht Skat gespielt und dabei vierzig Flaschen Bier und zwei Flaschen Korn getrunken: er ging nach der Blutprobe zu Fuß nach Hause, frühstückte und schlief dann zwei Stunden.[4] Zweifelsohne ist die hohe Alkoholtoleranz dieses Mannes auf eine starke Gewöhnung zurückzuführen, die nicht nur die pharmakologischen Wirkungen des Alkohols abschwächt, sondern auch den Alkoholstoffwechsel nicht unerheblich steigern kann.

Alkohol und Arzneimittel

Alle Arzneimittel, die wie der Alkohol hemmend auf das Zentralnervensystem wirken, können seine Wirkung und Toxizität verstärken; umgekehrt kann die Wirkung dieser Pharmaka durch Alkohol potenziert wirken. Dies trifft in erster Linie für Narkotika, Schlaf- und Beruhigungsmittel sowie die heute so beliebten Psychopharmaka zu, aber auch für Arzneimittel, die eine zentrale Dämpfung nur als Neben- und nicht als Hauptwirkung auslösen wie manche Antihypertonika und Antiepileptika (Mittel gegen Bluthochdruck oder Epilepsie). Diese wechselseitige Wirkungsverstärkung kann dazu führen, daß nichttoxische Dosen von Alkohol eine lebensbedrohende Vergiftung auslösen. So führte die Einnahme von sechs barbiturathaltigen Schlaftabletten und 350 ml Cognac bei einer jungen Frau zum Tode, obwohl weder die Schlaftabletten noch die Alkoholdosis für sich allein hierfür ausgereicht hätten. In einem anderen Falle genügte eine einzige barbiturathaltige Schlaftablette zusammen mit einer Flasche Weißwein zur Auslösung einer tiefen Narkose mit Atemstörungen.[5]

Andererseits ist es nicht möglich, die alkoholbedingten Funktionseinschränkungen des Zentralnervensystem durch stimulierende Arzneimittel nennenswert zu beeinflussen. Dies gilt insbesondere auch für den Kaffee, der oft zum Abschluß eines feucht-fröhlichen Abends die durch Alkohol beeinträchtigte Fahrfähigkeit wiederherstellen soll. Zahlreiche Untersuchungen haben gezeigt, daß Kaffee als Ernüchterungsmittel nicht wirksam ist. Im Gegenteil – in eigenen Versuchen führte die Zufuhr von Kaffee nach Alkoholaufnahme sogar zu einer vorübergehenden Erhöhung des Blutalkoholspiegels, wahrscheinlich als Folge einer beschleunigten Resorption des Alkohols durch die Flüssigkeitsaufnahme.[6] Der alte Wunschtraum des Menschen, sich dem Alkohol und seinen Wirkungen hingeben zu können, bei Bedarf aber sofort wieder nüchtern zu werden, ist bis heute unerfüllt geblieben.

Alkohol und Kälte

Ein weiterer Faktor, der die akute Alkoholtoxizität verstärken kann, ist eine tiefe Umgebungstemperatur. Alkohol wirkt nämlich gefäßerweiternd und führt hierdurch zu einer verstärkten Wärmeabgabe insbesondere über die Haut, was sich subjektiv in einem angenehmen

Wärmegefühl äußert, objektiv aber zu einer gefährlichen Auskühlung führen kann. Dies wird dadurch verstärkt, daß der Alkohol auch die Wärmeregulationszentren im Gehirn lähmt und damit die Einleitung von Gegenmaßnahmen hemmt, die der Körper normalerweise zur Verhinderung seiner Auskühlung einsetzt (verminderte Wärmeabgabe durch Drosselung der Hautdurchblutung, vermehrte Wärmebildung durch Muskelzittern). Deshalb sind Betrunkene, die in ihrem Rausch längere Zeit bei tiefen Außentemperaturen im Freien liegenbleiben, speziell gefährdet. Ein typisches Beispiel sei aufgeführt:

Ein 65jähriger Mann kommt am 3. Januar morgens um 5.00 Uhr völlig betrunken nach Hause und verläßt um 9.00 Uhr wieder sein Zimmer. Gegen Abend findet man ihn schwer betrunken neben einer leeren Schnapsflasche in einem Straßengraben bei −10 °C Außentemperatur. Die im Krankenhaus vorgenommene Blutalkoholbestimmung ergab eine Konzentration von 3,5 Promille, die an und für sich alleine noch nicht tödlich gewesen wäre. Dennoch erwacht der Patient trotz intensiver Behandlung nicht aus seinem Koma und stirbt zwölf Stunden nach der Krankenhausaufnahme an einem Lungenödem.[7]

Der Alkoholismus

Die Bundesrepublik nimmt mit einem jährlichen Durchschnittskonsum von zwölf Litern reinem Alkohol eine Spitzenstellung in der Welt ein und wird in dieser Hinsicht nur noch von den romanischen Ländern Frankreich, Portugal, Spanien und Italien übertroffen. Umgerechnet auf den täglichen Pro-Kopf-Verbrauch der erwachsenen Bevölkerung entspricht dies einem Konsum von 40 g, natürlich keinesfalls gleichmäßig verteilt. Vielmehr nimmt mit steigendem Alkoholverbrauch die Zahl der Trinker, die sehr hohe Dosen von Alkohol konsumieren, überproportional zu.[8] Oberhalb eines täglichen Alkoholverbrauchs von 150 ml werden aber alle im Laufe der Zeit zu Problemtrinkern, deren Alkoholkonsum zu psychischen, physischen und auch gesellschaftlichen Schwierigkeiten führt. In der Bundesrepublik rechnet man mit etwa 1,5 Millionen derartiger Problemtrinker beziehungsweise Alkoholiker.

Die Ursache für einen solchen Überkonsum beruht in dem Entstehen einer *Abhängigkeit.* Hierbei handelt es sich nach der Definition der WHO um einen psychischen und oft auch physischen Zustand, der aus der Wechselwirkung eines Stoffes mit dem lebenden Organismus entsteht und der durch Verhaltensweisen und Reaktionen charakterisiert ist, zu denen immer der Drang gehört, sich den Stoff periodisch oder wiederholt zuzuführen, um dessen psychische Effekte zu erleben, und in manchen Fällen auch, um die unangenehmen Effekte seines Fehlens zu vermeiden. Eine Abhängigkeit liegt dann vor, wenn der Entzug dieses Stoffes zu Störungen psychischer und/oder physischer Art führt (Entzugssymptome) und wenn sich diese Störungen durch neuerliche Zufuhr des Stoffes aufheben lassen. Diese *Entzugssymptome* können so quälend sein, daß der Abhängige ein unbezwingbares, gieriges Verlangen verspürt, sich das Mittel auf jedem, also auch auf kriminellem Wege zu verschaffen. Gemäß der 1964 von der WHO getroffenen Definition gibt es zwei Schweregrade der Abhängigkeit, nämlich eine psychische Abhängigkeit und eine physische Abhängigkeit, wobei letztere immer die psychische impliziert. Bei einer psychischen Abhängigkeit treten psychische Entzugssymptome wie Unruhe, Unlustgefühle, Ängstlichkeit oder Müdigkeit auf, bei einer physischen zusätzlich körperliche Entzugssymptome wie Kopfschmerzen, Schlaflosigkeit, Appetitlosigkeit, Schwitzen, Tränenfluß, generalisierte Schmerzen, Kreislaufsensationen und anderes mehr. Das Entstehen, die Art und der Verlauf einer Abhängigkeit werden in erster Linie vom Mißbrauchspotential des abhängigkeitsauslösenden Stoffes bestimmt. Die WHO unterscheidet aufgrund pharmakologischer Kriterien sieben *Abhängigkeitstypen,* nämlich die Abhängigkeit vom Morphintyp, Barbiturat-Alkoholtyp, Kokaintyp, Cannabistyp (Haschisch), Amphetamintyp, Khattyp und Halluzinogentyp. Nur die ersten beiden (Morphin und Barbiturat-Alkohol) sind physische, also schwere Abhängigkeiten, die übrigen psychische Abhängigkeiten. Alkohol gehört also zu den abhängigkeitsauslösenden Stoffen, die eine schwere, körperliche Abhängigkeit auslösen; früher bezeichnete man dies als Sucht.

Ursache und Folgen des Alkoholismus

Die Ursache einer Alkoholabhängigkeit ist also in erster Linie im Alkohol selber zu suchen, nämlich in seiner Wirkung auf das Zentralnervensystem, die von den meisten Menschen als angenehm empfunden und deshalb immer wieder neu ausprobiert wird. Darüber hinaus spielt aber auch die Dauer der Exposition eine Rolle: Je länger Alkohol getrunken wird, desto größer wird die Gefahr des Entstehens der Abhängigkeit. Dann spielen auch persönliche Eigenschaften und Merkmale eine Rolle, die wir aber bis heute nicht eindeutig kennen. Es wird darüber diskutiert, ob der Stoffwechsel des Alkoholikers vielleicht den Alkohol anders verwertet und aus ihm im Gehirn besondere, suchtauslösende Metaboliten bildet. Schließlich können auch soziale Faktoren an der Entstehung des Alkoholismus beteiligt sein. Jedoch wird dieser Faktor heute meist überschätzt. Jedenfalls ist es bisher nicht gelungen, eine Gesellschaftsform zu finden, in der der Alkoholismus nicht vorkommt; er ist heute in Amerika wie in der Sowjetunion und in Schweden wie in Polen das gleiche Problem.

Die Gefahr einer Alkoholabhängigkeit besteht zunächst einmal darin, daß sich das Interesse des Abhängigen fast ausschließlich auf den Alkohol konzentriert und darüber alle zwischenmenschlichen Beziehungen beruflicher, gesellschaftlicher oder privater Art langsam zugrunde gehen. Die WHO definiert dies so: »Alkoholiker sind exzessive Trinker, deren Abhängigkeit vom Alkohol einen solchen Grad erreicht hat, daß sie deutliche Störungen und Konflikte in ihrer körperlichen und seelischen Gesundheit, ihren mitmenschlichen Beziehungen, ihren sozialen und wirtschaftlichen Funktionen aufweisen oder Prodrome einer solchen Entwicklung zeigen. Daher brauchen sie eine Behandlung.« Trotz dieser sehr eindeutigen Definition ist es nicht immer einfach, den heute ja so weit verbreiteten regelmäßigen Alkoholkonsum von einem süchtigen Trinken abzugrenzen. Die Übergänge sind fließend und reichen vom kontrollierten Konflikttrinker bis zum süchtigen Dauertrinker, der auf Alkohol überhaupt nicht mehr verzichten kann.

Zu den wirtschaftlichen, sozialen und psychischen Folgen kommen bei chronischem Alkoholüberkonsum eine Vielzahl körperlicher Schädigungen, von denen fast alle Organe und Organsysteme unseres Körpers betroffen werden. Nicht geschädigt werden nur Niere und Lunge, Organe, die aufgrund ihrer spezifischen Funktion überdurchschnittlich mit Blut und damit Sauerstoff versorgt werden. Diese Besonderheit führte zu einer von amerikanischen Autoren entwickelten Theorie, nach der Alkohol den Gewebsstoffwechsel steigert und hierdurch insbesondere in schlecht mit Sauerstoff versorgten Organen wie etwa der Leber Zellschädigungen auslöst. Diese Ansicht ist jedoch keinesfalls unbestritten, und gleiches gilt auch für alle anderen Theorien und Hypothesen über den Wirkungsmechanismus alkoholischer Organschädigungen. Zu der Frage, wie häufig die einzelnen Organe durch übermäßigen Alkoholkonsum geschädigt werden, gibt es eine repräsentative Untersuchung an tausend Alkoholikern aus Australien.[9] Die Dauer des chronischen Alkoholabusus betrug im Mittel 18,8 Jahre bei den Männern und 12,6 Jahre bei den Frauen. Über zwei Drittel dieser Patienten wiesen Organschädigungen auf, deren genaue Aufschlüsselung aus der Tabelle 8 zu ersehen ist. Wie nicht anders zu erwarten, war die Leber besonders häufig betroffen: Ein Viertel der Alkoholiker wies eine akute alkoholische Leberschädigung auf, 8,4 Prozent der Männer und 16,6 Prozent der Frauen hatten eine Leberzirrhose (Leberschrumpfung). Noch häufiger waren Schädigungen des Nervensystems in Form von peripherer Neuropathie, akuten Verwirrtheitszuständen, Epilepsie oder chronischem Hirnsyndrom, an denen insgesamt fast 40 Prozent der männlichen und 54 Prozent der weiblichen Alkoholiker litten. Der Magen war bei 22,5 Prozent der Männer und 13,7 Prozent der Frauen in Form einer alkoholischen Magenschleimhautentzündung bezie-

Tabelle 8 Häufigkeit organischer Erkrankungen bei tausend Alkoholikern. Nach P. Wilkinson u. a.[9]

Diagnose	Männer (n = 825)		Frauen (n = 175)	
	Zahl der Erkrankten	%	Zahl der Erkrankten	%
Akute alkoholische Leberschädigung	210	25,5	41	23,4
Leberzirrhose	69	8,4	29	16,6
Periphere Neuropathie	146	17,7	44	25,1
Akute Verwirrtheitszustände	52	6,3	16	9,1
Epilepsie	68	8,2	10	5,7
Chronisches Hirnsyndrom	63	7,6	25	14,3
Alkoholische Gastritis	116	14,6	17	9,7
Peptisches Ulkus	65	7,9	7	4,0
Hypertonie (labil oder fixiert)	139	16,8	30	17,1
Pneumonie	49	5,9	6	3,4
Chronische Bronchitis	151	18,3	22	12,6
Lungentuberkulose	16	1,9	–	–
Pankreatitis	18	2,2	2	1,1
Kardiomyopathie	17	2,1	2	1,1
Beri-Beri-Herz	6	0,7	1	0,6
Gicht	20	2,4	–	–
Traumatische Verletzungen	101	12,2	15	8,6

hungsweise eines Magengeschwürs geschädigt. Sehr häufig lag auch ein Bluthochdruck vor (16,8 bzw. 17,1 Prozent), und bei etwa einem Viertel der Männer sowie einem Sechstel der Frauen waren die Atemwege in Form chronischer Bronchitis oder Lungenentzündung erkrankt. Andere typische Schadwirkungen des Alkohols wie Pankreatitis (Bauchspeicheldrüsenentzündung) oder Kardiomyopathie (alkoholische Herzschädigung) waren dagegen seltener. Schließlich ist noch die erhebliche Morbidität des Alkoholikers durch Verletzungen (meist im Zusammenhang mit dem Straßenverkehr) bemerkenswert.

Aufgrund dieser vielfältigen Organschädigungen besitzt der Alkoholiker gegenüber der Gesamtbevölkerung eine erhöhte Sterblichkeit, die sich besonders in den jüngeren Lebensjahren manifestiert und seine durchschnittliche Lebenserwartung um etwa 15 Prozent mindert. Für die erhöhte Sterblichkeit sind insbesondere Selbstmord, Unfälle, Leberzirrhose und Herz-Kreislauf-Erkrankungen verantwortlich.

Die alkoholische Leberschädigung

Die Leber, die neben dem Nervensystem das wichtigste Zielorgan der toxischen Alkoholwirkung ist, reagiert mit Verfettung, alkoholischer Leberentzündung und Leberschrumpfung (Zirrhose). Aufgrund zahlreicher epidemiologischer Untersuchungen kann heute kein Zweifel mehr daran bestehen, daß diese Schädigungen in erster Linie von der aufgenommenen Alkoholdosis abhängen. So besteht eine eindeutige Beziehung zwischen dem nationalen Alkoholkonsum und der Häufigkeit der Leberzirrhose.[10] Allein der vorübergehende Rückgang der Alkoholproduktion und des Alkoholkonsums während des Zweiten Weltkriegs reichten aus, um die Zirrhosesterblichkeit in Frankreich deutlich zu vermindern. Dosisabhängigkeit einer toxischen Wirkung aber bedeutet, daß es eine Grenzdosis gibt, unterhalb derer ein toxischer Effekt nicht zu erwarten ist. W. K. Lelbach stellte bei epidemiologischen Untersuchungen an Alkoholikern fest, daß bei einem Tageskonsum von über 160 g Alkohol nach rund zwölf Jahren jeder vierte und nach zwanzig Jahren jeder zweite Alkoholiker eine Leberzirrhose aufwiesen.[11] Allerdings steht inzwischen fest, daß auch Dosen unter 160 g Alkohol täglich zur Entstehung von Zirrhosen führen können, so daß heute als Grenze der toxischen Alkoholwirkung auf die Leber eine Tagesdosis von 80 g Alkohol angesehen wird, was dem Konsum von 1 l

Wein oder 2,5 l Bier entspricht.[10] Aber auch diese Menge kann für besonders Empfindliche schon zu hoch sein. Besonders Frauen sind gegen eine alkoholinduzierte Leberschädigung weniger gefeit als Männer, so daß hier sogar eine kritische Grenzmenge von nur 20 g Alkohol täglich festgelegt wurde[12], was aber wohl etwas zu niedrig angesetzt sein dürfte; denn nach neueren Untersuchungen steigt die Erkrankungshäufigkeit an Leberzirrhose bei Frauen erst ab einem täglichen Alkoholkonsum von 40 g an.[13]

Fuselöle in alkoholischen Getränken

Die individuelle Empfindlichkeit gegenüber der hepatotoxischen Wirkung des Alkohols ist so variabel, daß man sich fragt, ob nicht zusätzliche Faktoren die Wirkung des Alkohols auf die Leber verstärken können. Dabei ist zunächst zu berücksichtigen, daß der Mensch Alkohol niemals rein, sondern immer in Form von Getränken zu sich nimmt. Diese enthalten zahlreiche Begleitstoffe, von denen die sogenannten Fuselöle als zusätzliche hepatotoxische Faktoren in Frage kommen könnten. Es handelt sich dabei um höhere Alkohole, Ester und Aldehyde, die als Nebenprodukte der alkoholischen Gärung entstehen und langsamer abgebaut werden als der Alkohol. Ein Arbeitskreis um den Pathologen W. Gibel in Berlin-Buch konnte nun durch Verfütterung von Kornfuselöl an Ratten schwerste Leberschädigungen bis hin zur Leberzirrhose auslösen.[14] Diese Untersuchungen werden vielfach als Beweis für eine hepatotoxische Wirkung der Fuselöle angesehen. Gibel gab aber in seinen Versuchen nicht alkoholische Getränke, sondern Fuselöldestillate. Um die Dosen an Fuselöl, mit denen er im Tierversuch Leberschädigungen erzeugte, zu konsumieren, müßte aber ein Erwachsener täglich 56 Liter Whisky trinken! In eigenen Versuchen, in denen wir die hepatotoxischen Wirkungen einer 40prozentigen Alkohollösung mit einer Reihe von Spirituosen wechselnden Fuselölgehaltes verglichen haben, waren die Wirkungen dieser Getränke auf die Leber in keinem Falle stärker als die der reinen, fuselölfreien Alkohollösung.[15] Selbst nach Einnahme der wichtigsten Fuselöle in Dosen, die zehn- bis hundertmal größer waren als die maximal mögliche Aufnahme mit alkoholischen Getränken, traten keine Zeichen einer Leberschädigung ein. Fazit: Auch durch Bevorzugung fuselölarmer Getränke kann man der alkoholischen Leberschädigung nicht entgehen.

Alkohol und Nervensystem

Ein 37jähriger Briefträger bekam bei seiner dienstlichen Tätigkeit jeweils an verschiedenen Stellen und aus unterschiedlichem Anlaß drei bis vier Schnäpse eingeschenkt. In der Frühstückspause trank er eine Flasche Bier, mittags teilte er sich mit seiner Frau eine weitere Flasche und zum Abendessen ebenfalls. Dieser Mann, der von niemandem als Trinker angesehen wurde, sozial eingeordnet und nie betrunken war, mußte sich in einer chirurgischen Klinik einer harmlosen, mehr oder weniger kosmetischen Operation unterziehen. Fünf Tage später mußte ein Psychiater als Konsiliarius hinzugezogen werden, der ihn als Notfall wegen Delirium tremens in die akute Wachstation eines Psychiatrischen Landeskrankenhauses einwies, weil er als bettflüchtig nicht in der chirurgischen Klinik belassen werden konnte, auch meinte er, Orchestertöne zu hören. Auf der Intensivstation mußte eine mechanische Fixierung vorgenommen werden, da er über die gepolsterte Seitenwand des Spezialbettes für akut Delirante gestiegen war, sich an den Wänden entlangtastete und nach Medikamenten suchte.[1]

Dies ist das Beispiel eines Alkoholdelirs (Delirium tremens, Säuferwahnsinn), wie es vorzugsweise bei chronischen Alkoholikern durch plötzlichen Entzug des Alkohols, in diesem Falle wegen des Krankenhausaufenthaltes, entsteht. Es zeigt sich in einem ängstlichen Verwirrtheitszustand mit Halluzinationen und Illusionen, wobei die bekannten weißen Mäuse allerdings selten gesehen werden. Meist ist es kleines Ungeziefer, das über die Bettdecke läuft und als störend weggewischt wird. Auch rosa Elefanten, Känguruhs und Tiger werden gelegentlich geschildert. Einmal fühlte sich ein junger Soldat im Eisenbahnabteil durch zwei Kühe belästigt, meldete sich bei den Feldjägern und beschwerte sich später, daß auch beim Transport im Jeep eine Kuh neben ihm gesessen habe.[1] In dem genannten Fall betraf diese Erscheinung ebenfalls einen Mann, der weder von sich selbst noch von seiner Umgebung als Alkoholiker erkannt war. Ohne Behandlung sterben bei diesem Krankheitsbild, dessen Ursache nicht eindeutig geklärt ist, häufig Patienten.

Neben dem Alkoholdelir gibt es eine ganze Reihe weiterer Krankheitsbilder und Syndrome, die auf eine alkoholische Schädigung des Zentralnervensystems zurückzuführen sind, so epileptiforme Anfälle, schwere Gedächtnis- und Merkschwäche, paranoide Reaktionen, allgemeiner geistiger Abbau und schließlich die Dipsomanie, unter der ein anfallsartig auftretendes Zwangstrinken bis hin zur vollständigen Bewußtseinstrübung zu verstehen ist (sogenanntes Quartalsäufertum). Auch das periphere Nervensystem wird durch den Alkohol in Form chronischer Nervenentzündungen, die sich in Schmerzen, Empfindungsstörungen und motorischer Schwäche äußern, betroffen. Die Störungen sind üblicherweise symmetrisch und befallen anfangs meist die unteren Gliedmaßen. Ein weiteres bekanntes Phänomen bei Alkoholkrankheiten ist der Tremor (Zittern), der feinschlägig in den Fingern beginnt und sich später auf Zunge, Lippen, Hände und Füße ausdehnt. Schließlich können auch schwere Schädigungen der Sinnesorgane und insbesondere Sehstörungen als Folge einer Augennervenentzündung eintreten.

Herz-Kreislauf-Schäden nach Alkoholmißbrauch

Obwohl der Münchner Pathologe Otto Bollinger bereits vor hundert Jahren auf das häufige Vorkommen vergrößerter und erweiterter Herzen bei starken Biertrinkern hinwies (»Münchner Bierherz«), wurden die herzschädigenden Effekte des Alkohols bisher weniger beachtet als seine sonstigen Schadwirkungen. Dabei wirkt Alkohol wie alle Hypnotika hemmend auf die Tätigkeit des Herzens und führt bereits in niedriger Konzentration zu einer Schwächung seiner Kontraktionskraft.[16] Während ein gesundes Herz eine derartige Abnahme seiner Leistungsfähigkeit im allgemeinen kompensieren kann, haben klinische Untersuchungen gezeigt, daß ein durch Koronarsklerose vorgeschädigtes Herz für die negativen Wirkungen des Alkohols erheblich empfindlicher ist als ein primär gesundes und daß bereits mäßiger Alkoholgenuß mit Blutalkoholspiegeln zwischen 0,4 und 0,5 Promille bei Koronarsklerotikern zu einer physiologisch bedeutsamen Einschränkung der Herzfunktion führen kann.[17] Der gar nicht so seltene und schon bei Blutalkoholspiegeln um 2 Promille auftretende akute Herztod des Alkoholikers dürfte hier seine Erklärung finden. Darüber hinaus kann chronischer Alkoholgenuß zur alkoholischen Kardiomyopathie führen, die heute als ein eigenständiges Krankheitsbild anerkannt wird, allerdings relativ selten auftritt.

Weiterhin hat sich in neuerer Zeit herausgestellt, daß Alkohol ein wichtiger Faktor für das Entstehen eines pathologisch erhöhten

Blutdruckes (Hypertonie) ist.[18] Wahrscheinlich ist chronischer Alkoholismus neben Übergewicht und Kochsalz-Überkonsum eine der wichtigsten diätetischen Ursachen für diese Erkrankung; ihr alkoholinduzierter Anteil wird auf 7 bis 10 Prozent geschätzt, was in der Bundesrepublik mehr als 500000 Einwohnern entspricht.

Die alkoholische Embryopathie

Obwohl Menschen seit Jahrtausenden Alkohol konsumieren, wissen wir erst seit fünfzehn Jahren, daß durch den mütterlichen Alkoholkonsum embryonale Schädigungen und Mißbildung ausgelöst werden können.[19] Das heute genau definierte Krankheitsbild der alkoholischen Embryopathie ist durch Minderwuchs, eine allgemeine geistige Retardierung sowie multiple Merkmale einer gestörten Organentwicklung charakterisiert (anomale Handfurchen, fliehendes Kinn, breiter und platter Nasenrücken, schmales Lippenrot, Augenlidfalten, Ohrmißbildungen und anderes mehr). Diese Schädigung kommt dadurch zustande, daß der Alkohol zwar voll plazentagängig ist, die embryonale Leber aber nur über 10 Prozent der Alkohol-Abbaukapazität der erwachsenen Leber verfügt: Schon relativ geringe, vor allem aber permanent einwirkende Alkoholkonzentrationen können deshalb den Prozeß der embryonalen Organentwicklung hemmen und mißbildungserzeugend wirken. Bei Kindern alkoholkranker Mütter ist mit einem Auftreten der Alkoholembryopathie

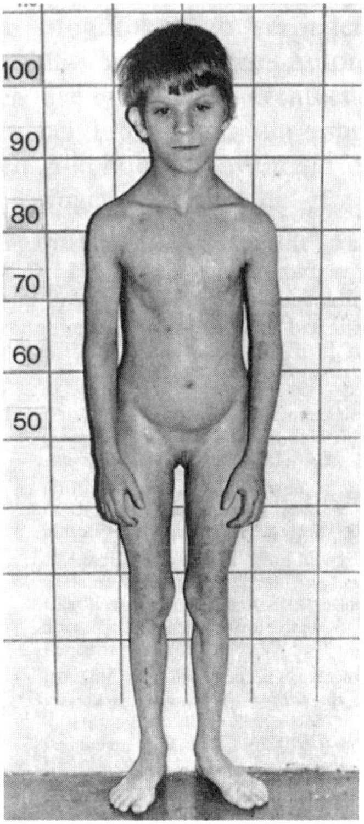

Minderwuchs und Intelligenzminderung bei einem neunjährigen durch Alkohol vorgeburtlich geschädigten Mädchen (K. Ijaiya u. a.).

in etwa der Hälfte der Fälle zu rechnen. Besonders gefährlich ist dabei mütterlicher Alkoholkonsum in den ersten Phasen und vor allem im ersten Monat der Schwangerschaft, zu einem Zeitpunkt also, zu dem diese häufig noch nicht bekannt ist. Eine amerikanische Studie zeigte, daß im ersten Schwangerschaftsmonat schon bei einem mütterlichen Alkoholkonsum zwischen 28 und 56 g täglich etwa 10 Prozent und bei mehr als 56 g Alkohol etwa 20 Prozent der Kinder geschädigt werden.[20] Eine Verminderung des kindlichen Geburtsgewichtes um durchschnittlich allerdings nur 14 g ließ sich schon nach einem mütterlichen Alkoholkonsum von täglich einem Drink und weniger feststellen, bei einer täglichen Dosis von drei bis fünf Drinks waren es 165 g.[21]

Schwerer Alkoholabusus der Mutter während der Schwangerschaft wird heute als eine eugenische Indikation zum Schwangerschaftsabbruch angesehen. Da eine einmal eingetretene Alkoholembryopathie kaum besserungsfähig und ausgleichbar ist, kommt der Prophylaxe besondere Bedeutung zu. Potentielle Mütter müssen wissen, daß bereits mäßiger Alkoholkonsum insbesondere in den ersten Monaten der Schwangerschaft zu einer irreversiblen Schädigung des Kindes führen kann und die künftige Mutter im Interesse des Kindes deshalb auf den Alkoholgenuß in dieser Zeit verzichten sollte.

Soll man den Onkel »trockenlegen«?

Unter dieser Überschrift erschien kürzlich in einer Regionalzeitung folgende Leseranfrage mit Antwort:

Frage: Mein 76jähriger, alleinstehender Onkel ist seit kurzem durch eine Behinderung ans Haus gefesselt. Wir erledigen jetzt alle Besorgungen wie den Einkauf von Lebensmitteln für ihn. Mein Onkel ist daran gewöhnt, täglich zum Bier ein, zwei Schnäpse zur trinken. Früher hat er sich den Alkohol selbst besorgt, aber weil er das nun nicht mehr kann, sollen wir den Schnaps mitbringen. Das macht uns großes Kopfzerbrechen, denn Alkohol ist für ihn natürlich nicht gesund. Andererseits: Sollen wir ihm das Trinken nun verbieten beziehungsweise es verhindern? Dazu ist er doch schon zu alt.

Antwort: Wenn es bei kleinen Mengen Alkohol bleibt, sollten Sie Ihrem Onkel den Wunsch erfüllen. Sie haben es ja in der Hand, nur soviel zu besorgen, daß sein Alkoholkonsum sich in Maßen hält.[22]

Diese Frage und ihre Beantwortung sind erschreckend. Zeigen sie doch, in welch unerträglicher Weise ältere Menschen entmündigt und entwürdigt werden. Die Verwandten überlegen sich, ob sie den 76jährigen Herrn wie ein Kind behandeln und ihm das Trinken verbieten, dieses gar verhindern sollen. Immerhin schien er ihnen für eine solche Behandlung denn doch zu alt. Der antwortende Redakteur aber setzt allem die Krone auf, indem er empfiehlt, den Alkoholkonsum des Onkels restriktiv zu reglementieren.

Immerhin muß man den anfragenden Verwandten zugestehen, daß sie sich um die Gesundheit ihres Onkels Sorgen machen; denn sie halten den Genuß von ein bis zwei Schnäpsen zum Bier für nicht gesund. Damit sind wir beim toxikologischen Kern dieser Frage: Ist Alkoholkonsum in jedem Falle und in jeder Menge gesundheitsschädlich? Diese Frage kann, von Ausnahmen abgesehen, verneint werden. Ausnahmen sind, worauf bereits hingewiesen wurde, schwangere Frauen, ferner Alkoholiker, die dem Mißbrauchspotential des Alkohols nicht widerstehen und deshalb nur durch völlige Abstinenz geheilt werden können, weiterhin auch Patienten mit bestimmten Erkrankungen wie etwa Leberschädigungen, für die bereits geringe Dosen von Alkohol gefährlich sind. Für alle übrigen aber gibt es keinerlei Hinweis dafür, daß mäßiger Alkoholkonsum der Gesundheit abträglich ist.[23] Im Gegenteil – in zwanzig epidemiologischen Untersuchungen, die seit 1969 unternommen wurden, hat sich einhellig herausgestellt, daß das Auftreten von koronarer Herzerkrankung und Herzinfarkt mit dem Alkoholkonsum negativ korreliert, das heißt also, bei Abstinenten höher ist als bei der alkoholtrinkenden Bevölkerung.[24] Diese Aussage gilt allerdings nur für mäßigen Alkoholkonsum. Die Dosis-Wirkungskurve für das Auftreten von koronaren Herzerkrankungen und Herzinfarkt, bezogen auf den Alkoholkonsum, verläuft U-förmig: Sie fällt vom Alkoholabstinenten zum mäßig Alkoholtrinkenden ab, erhöht sich dann aber wieder bei steigendem Alkoholkonsum, so daß die Werte der Alkoholabstinenten erreicht und sogar überschritten werden. Die Ursache dieser günstigen Wirkung des Alkohols auf die Entstehung der Arteriosklerose der Herzkranzgefäße ist noch nicht restlos klar; möglicherweise ist eine durch Alkohol bedingte Erhöhung einer bestimmten Fettfraktion des Blutes (HDL-Cholesterin) für diese Wirkung verantwortlich.

Bei der in diesem Zusammenhang als »mäßig« bezeichneten Alkoholdosis handelt es sich um die tägliche Aufnahme von maximal 40 bis allenfalls 50 g absoluten Alkohols, was etwa dem Konsum von einem Liter Bier, einem halben Liter Wein oder fünf bis sechs Schnäpsen entspricht. Wer in der Lage ist, einen solchen mäßigen Alkoholkonsum einzuhalten und nicht zu überschreiten, hat keinen Grund, ihn aus gesundheitlichen Erwägungen aufzugeben – von den genannten Ausnahmen abgesehen. Die Sorgen der Verwandten des 76jährigen Herrn sind deshalb aus toxikologischer Sicht unbegründet. Er darf seine ein bis zwei Schnäpse zur Flasche Bier beruhigt trinken, denn die in diesem Kapitel dargestellten Schadwirkungen des Alkohols treten erst oberhalb eines »mäßigen« Konsums auf.

Der falsche Alkohol

Der 43jährige Schweißer B. wurde wegen einer Alkoholvergiftung ins Hafenkrankenhaus in Hamburg eingeliefert und ist dort nach kurzer Zeit gestorben. Ein Freund des B. erklärte bei der Aufnahme, daß dem B. von einer befreundeten Familie aus Mitteldeutschland Alkohol zugeschickt wurde. B. soll aus dem Alkohol Schnaps hergestellt und von diesem mit seinem Freund W. getrunken haben. Bei letzterem stellten sich noch in der Nacht Unwohlsein und Erbrechen ein. Das Unwohlsein war am nächsten Tag verschwunden, doch zeigten sich nun bei W. Sehstörungen wie Flimmern vor den Augen und Gelbsehen.[25]

Nach einem Trinkgelage mit einem illegal hergestellten Wein sind am Samstag auf einer Kautschukplantage in Nordmalaysia 20 indische Arbeiter an den Folgen einer Vergiftung gestorben. 52 weitere Arbeiter erkrankten schwer, 15 befanden sich in Lebensgefahr, 5 erblindeten. Eine Frau, die den billigen und geschmuggelten Samsuwein verkauft haben soll, wurde verhaftet.[26]

In beiden Fällen handelte es sich um eine Vergiftung mit Methylalkohol (Methanol), dem einfachsten, nur ein C-Atom enthaltenden Alkohol. Methanol wird auch als Holzgeist bezeichnet, weil er bei der trokkenen Destillation des Holzes (heute aber auch synthetisch) gewonnen wird. Methanol wird in großem Umfange als industrielles Lösungsmittel zur Herstellung von Beizen, Polituren und Lacken verwendet. Neben den relativ seltenen gewerblichen Vergiftungen kam es früher recht häufig zu zufälligen Methanolvergiftungen, wenn Methanol anstelle des relativ teuren Äthylalkohols getrunken oder dieser mit Methanol gestreckt wurde. In neuerer Zeit wurde vor allem aus Entwicklungsländern von derartigen Vergiftungen berichtet. In Italien kam es 1986 durch eine groß angelegte Weinpanscherei mit Methanol zu zahlreichen Todesfällen.

In fast allen Fällen nehmen die Opfer beim Genuß alkoholischer Getränke, die mit Methanol versetzt sind, nichts Auffälliges wahr, da Methanol in Geschmack und Geruch dem Äthanol sehr ähnlich ist. Jedoch führt der Genuß größerer Mengen sehr schnell zu Übelkeit und Erbrechen, hervorgerufen durch die Reizung des Magen-Darm-Traktes. Die berauschende Wirkung des Methanols ist geringer ausgeprägt als beim Äthanol. Die eigentlich toxischen Erscheinungen treten erst nach einer Latenzzeit von acht bis vierundzwanzig Stunden auf und bestehen in erster Linie in einer Schädigung der Sehnerven bis hin zur vollständigen Erblindung; gelegentlich wurden auch Ohrensausen und Ertaubung beschrieben. In schweren Fällen kann der Tod durch Lähmung des Atemzentrums eintreten. Die Toxizität des Methanols ist erheblich: die tödliche Dosis liegt zwischen 30 und 100 ml, bereits nach 4 ml kann es zur Erblindung kommen.

Die Ursache für die Giftigkeit des Methanols beruht darauf, daß dieser im Organismus in die hochtoxische Ameisensäure umgewandelt wird. Diese metabolische Umwandlung erfolgt durch die gleichen Fermente, die auch den Äthylalkohol im Organismus abbauen. Deshalb kann man den Äthylalkohol als Gegengift bei Vergiftungen durch Methylalkohol einsetzen: Äthylalkohol besetzt dann nämlich die für den Stoffwechsel beider Alkohole zuständigen Fermente und hemmt hierdurch die Umwandlung des Methanols in die toxische Ameisensäure. Zur Behandlung einer Methylalkoholvergiftung ist es erforderlich, einen Blutalkoholspiegel von etwa 1 Promille über mehrere Tage aufrechtzuerhalten; auf diese Weise können die vergifteten Patienten von einer sonst tödlichen oder zur Erblindung führenden Methanolvergiftung bewahrt werden. Dieses ist aber die einzige Ausnahme, bei der Äthylalkohol als Gegengift eingesetzt werden darf, bei allen anderen Vergiftungen ist die Gabe von Äthylalkohol absolut kontraindiziert.

Tabak als Genußmittel

Der Tabak stammt wie so viele andere Genußmittel aus der Neuen Welt: Columbus war der erste Weiße, der 1492 sah, daß Indianer den Rauch brennender gerollter Tabakblätter einsogen. Auf dem gesamten neu entdeckten Erdteil wurde der Tabak damals angepflanzt und von Mann und Frau geraucht. Ein Jahrhundert später wurde der Tabakgenuß durch Seeleute nach Europa und von dort in die ganze Welt verbreitet. Jean Nicot, der französische Gesandte am portugiesischen Hof, verschaffte sich Samen der Tabakpflanze und förderte seinen Anbau und seine Aufbereitung; später würdigte man seine Verdienste, indem man den Hauptwirkstoff mit seinem Namen belegte: Nicotin. Tabak wurde zunächst nicht nur als Genußmittel, sondern auch als Arzneimittel gegen viele Krankheiten eingesetzt. Als Genußmittel wurde er zunächst vorwiegend geschnupft; der englische Seeheld Sir Francis Drake soll als erster das Pfeifenrauchen eingeführt haben. Vom Krimkrieg brachten Soldaten die von Russen und Türken übernommene Zigarette nach Zentraleuropa, deren Siegeszug allerdings erst nach dem Ersten Weltkrieg einsetzte. Derzeit rauchen weltweit etwa 70 Prozent der männlichen und 35 Prozent der weiblichen Erwachsenen; es gibt kein Volk, das sich diesem Genußgift verschlossen hat.

Zusammensetzung des Tabakrauchs

Der Tabakrauch entsteht aus der Verbrennung des Tabaks. Im Glutkegel der Zigarette herrscht eine Temperatur um 900 °C und eine Sauerstoffunterbilanz, so daß dort leicht reduzierende Bedingungen vorliegen. Organisches und anorganisches Tabakmaterial wird thermisch zersetzt, die durchweg gasförmigen Reaktionsprodukte geraten dann in die hinter dem Glutkegel gelegene Destillationszone, in der sich viele Stoffe mit dem freiwerdenden Wasserdampf abdestillieren. Hinter dieser Zone bildet sich durch Abkühlung ein Aerosol, in dem das Nikotin enthalten ist. Dieses Aerosol schlägt sich teilweise mit abnehmender Temperatur im Restteil der Zigarette oder Zigarre, der sogenannten Kondensationszone, nieder. Zum Mundende hin findet somit eine zunehmende Anreicherung der Destillate statt, so daß es toxikologisch sehr wichtig ist, wie weit eine Zigarette oder Zigarre abgeraucht wird.

Tabakrauch ist ein Gemisch von Gasen und Aerosolen. Bisher sind darin mehrere tausend Substanzen aufgefunden und von ihnen mehrere hundert chemisch identifiziert worden. Neben dem Hauptwirkstoff Nikotin enthält der Tabakrauch zahlreiche Gase wie Kohlenmonoxyd, Stickoxyde (Nitrosegase) und andere Reizgase, daneben eine Vielzahl organischer Verbindungen wie Alkohole, Alkane, Ketone, Aldehyde, organische Säuren und aromatische Kohlenwasserstoffe, ferner auch Nitrile, Schwefelverbindungen Sauerstoff-Heterozyklen sowie Spuren von Schwermetallen (zum Beispiel Cadmium). An karzinogenen Stoffen enthält der Tabakrauch Benzo(a)pyren und mehrere seiner Abkömmlinge, Nitrosamine, Dioxine sowie Chrom, Arsen und Cadmium. Der nicht zum Raucher, sondern nach außen hin entweichende Nebenstromrauch unterscheidet sich von dem zum Raucher gehenden Hauptstrom in seiner Zusammensetzung, da in tieferen Temperaturen weniger Material verbrannt und mehr abdestilliert wird; so ist in ihm die Konzentration an Nikotin und Karzinogenen erheblich höher als im Hauptstrom, was für die Beurteilung des Passivrauchens von Bedeutung ist.

Die Wirkungen des Nikotins

Für die pharmakologischen Wirkungen des Rauchens ist in erster Linie das Nikotin verantwortlich. Zigarrentabak enthält 1,5 Prozent, Zigarettentabak etwa 1 Prozent davon. Etwa 30 Prozent des Nikotins gelan-

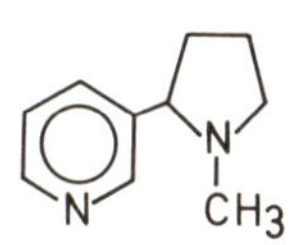

Nikotin

gen mit dem Hauptstrom zum Raucher, hiervon werden beim Mundrauchen etwa 5 Prozent, beim Lungenrauchen dagegen bis zu 95 Prozent aufgenommmen; die Nikotinzufuhr beim Rauchen einer Zigarette von 1 g beträgt somit etwa 3 mg, beim Rauchen einer Zigarre etwa 7,5 mg. Nikotin wird im Organismus rasch oxydativ abgebaut: die Halbwertszeit der Ausscheidung aus dem Blut ist mit zwei Stunden relativ kurz.

Die pharmakologischen Wirkungen des Nikotins beruhen in erster Linie auf einem Angriff an den Ganglien des vegetativen Nervensystems, die durch Nikotin in kleinerer Dosierung erregt werden. Als Folge hiervon steigt der Tonus des sympathischen und des parasympathischen Nervensystems an, was zu vielfältigen Wirkungen auf den Organismus führt: Anstieg des Blutdrucks, leichte Zunahme der Herzfrequenz, Abnahme der Hautdurchblutung infolge Gefäßverengung, Steigerung des Stoffwechsels (Sympathikuswirkungen); verstärkte Magensaftsekretion, Zunahme der Beweglichkeit von Magen und Darm, abführende Wirkung (Parasympathikuswirkungen). Außerdem wirkt Nikotin erregend auf das Zentralnervensystem, was meist als angenehm empfunden wird. Jedoch ist diese Wirkung stark von der jeweiligen Ausgangslage abhängig; sie ist besonders ausgeprägt bei bestehender Müdigkeit, während bei bestehender Erregung Nikotin eher dämpfend wirkt. Experimentalpsychologische Untersuchungen über die Wirkungen des Nikotins ergaben kein einheitliches Bild, gelegentlich fand sich eine gewisse Beschleunigung geistiger Funktionsabläufe auf Kosten der Genauigkeit. Auffällig ist die gegenüber Rauchern und Nichtrauchern verminderte Leistung von Rauchern unter Rauchentzug. Neben der zentralen Wirkung des Nikotins spielen für den Genuß des Rauchens sicherlich auch noch andere Faktoren eine Rolle wie etwa der dem Menschen innewohnende Spieltrieb, der durch das Hantieren mit der Zigarette oder Zigarre befriedigt wird oder aber gesellschaftliche Faktoren wie das Flair der Männlichkeit und des Erwachsenseins, das heute noch vielfach mit dem Rauchen verbunden ist.

Andererseits kann aber kein Zweifel daran bestehen, daß Nikotin ein erhebliches Mißbrauchspotential besitzt und eine Abhängigkeit auslösen kann, wenn es auch von der WHO nicht in die Gruppe der abhängigkeitsauslösenden Stoffe aufgenommen wurde.[27] Dabei scheint die Nikotinzufuhr über die Lunge offenbar von entscheidender Bedeutung für das Abhängigkeit schaffende Potential des Zigarettenrauchens zu sein: Das inhalierte Nikotin erreicht das Gehirn in wenigen Sekunden, so daß dieses nach jedem Zug aus einer Zigarette mit Nikotin überflutet wird. Daß Nikotin ein Abhängigkeitspotential besitzt, geht auch aus Experimenten hervor, bei denen Affen oder Ratten sich dieses Alkaloid selbst zuführten, um seine Wirkung zu genießen.[27] Weiterhin kommt es bei Gewohnheitsrauchern sowohl zu Abstinenzerscheinungen nach Tabakentzug als auch zu einer Nikotintoleranz, also zu einem Nachlassen der Wirkung des Nikotins, beides Effekte, die für einen Abhängigkeit auslösenden Stoff charakteristisch sind.

Akute Vergiftungen durch Nikotin

Die für einen Menschen tödliche Nikotindosis beträgt 50 bis 60 mg. Nikotin besitzt damit die toxische Stärke der Blausäure, und Vergiftungen durch reines Nikotin führen auch fast so schnell zum Tode wie Blausäure. Dennoch treten tödliche Nikotinvergiftungen durch Rauchen nicht ein, da eine entsprechende Dosis infolge des schnellen Abbaus im Körper nicht akkumulieren kann. Jedoch sind tödliche Vergiftungen bei Kindern durch das Essen von Zigaretten oder bei Häftlingen durch Einnahme wäßriger Zigaretten- oder Tabakextrakte vorgekommen, ferner bei Tabakschmugglern, die sich Tabakblätter um den Leib gebunden hatten, sowie auch durch Nikotin, das früher als Insektizid verwendet wurde.

Rauchen und Gesundheit

Daß das Tabakrauchen der menschlichen Gesundheit nicht unbedingt förderlich ist, war seit langem bekannt, daß der Tabak aber unter den zahlreichen Umweltgiften, denen die Menschheit heute ausgesetzt ist, weitaus an erster Stelle steht, ist eine relativ neue Erkenntnis. In den USA rechnet man mit jährlich 350000 Todesfällen, die durch Rauchen verursacht werden und die verhindert werden könnten, wenn nicht geraucht würde; diese Zahl entspricht etwa der Anzahl der im Zweiten Weltkrieg gefallenen amerikanischen Soldaten.[28] Im einzelnen wird angenommen, daß von den 565000 jährlichen Todesfällen an koronarer Herzkrankheit 30 Prozent oder 170000 und von den 412000 Krebstodesfällen ebenfalls 30 Prozent oder 125000 auf das Konto des Rauchens gehen, ferner 62000 Todesfälle an chronisch obstruktiver Lungenerkrankung. Jede Zigarette bedeutet eine Verkürzung des Lebens um 5½ Minuten, im Mittel verlieren Raucher so fünf bis acht Jahre ihres Lebens. Wahrscheinlich beruht auch die (noch) längere Lebenserwartung der Frau gegenüber dem Manne im wesentlichen auf dem (noch) bei Frauen schwächeren Zigarettenkonsum. Welche Krankheiten sind es nun, die durch Rauchen verursacht oder begünstigt werden?

Rauchen und Lungenkrebs

Das Bronchialkarzinom, der häufigste Krebs der Lunge, war um die Jahrhundertwende eine so seltene Erkrankung, daß sogar Einzelfälle in wissenschaftlichen Zeitschriften mitgeteilt wurden; 1900 waren es insgesamt 200, 1912 374 solcher Fälle in der gesamten Weltliteratur. Seither ist die Häufigkeit dieses Krebses weltweit auf das Mehrhundertfache angestiegen. Die Gesamtsterblichkeit an Krebs hat sich demgegenüber im gleichen Zeitraum nur etwa verdoppelt. Die Häufigkeitszunahme des Bronchialkarzinoms betraf zunächst nur das männliche Geschlecht. Bei diesem ist es seit längerer Zeit die häufigste Krebsart, was bedeutet, daß jeder zwanzigste bis fünfundzwanzigste Todesfall bei Männern durch ein Bronchialkarzinom bedingt ist. In neuerer Zeit aber verschieben sich die Geschlechtsunterschiede so, daß nunmehr auch die Häufigkeit des Bronchialkarzinoms bei Frauen zunimmt; in den USA ist bei Frauen der Bronchialkrebs derzeit so häufig wie Brustdrüsenkrebs. Das Bronchialkarzinom ist kein Leiden des Greisenalters, sondern des mittleren und höheren Erwachsenenalters mit einem Häufigkeitsgipfel zwischen dem 55. und dem 60. Lebensjahr.[29]

Da sich im gleichen Zeitraum, in dem sich die Häufigkeit des Bronchialkarzinoms so stark erhöht hat, die Gesamtsterblichkeit an Krebs nur verdoppelte, müssen diesem andere Ursachen zugrunde liegen als der Mehrzahl der übrigen Krebse: Wir müssen nach einem exogenen Karzinogen fahnden, das sich speziell auf die Atemwege auswirkt und erst mit dem Beginn dieses Jahrhunderts in Erscheinung getreten ist; ferner muß diese Krankheitsursache bisher Männer stärker betroffen haben als Frauen. Als Ursache kommen erstens die individuelle Luftverschmutzung durch Tabakrauch und zweitens die allgemeine Luftverschmutzung durch die Industrialisierung in Frage. Prüfen wir zunächst die erste Möglichkeit.

Die Einführung der Zigarette am Ende des 19. Jahrhunderts führte zu einem starken Anwachsen des Tabakverbrauchs; so erhöhte sich der jährliche Zigarettenkonsum in den USA pro Kopf der Bevölkerung von 140 im Jahr 1900 auf 3600 im Jahr 1960. In Deutschland lag der jährliche Pro-Kopf-Verbrauch an Zigaretten 1932 noch bei 489; 1952 betrug er in der Bundesrepublik schon 633, 1974 dagegen 2059.[30] Eine gleiche Zunahme wurde in allen anderen Staaten Europas und auch der übrigen Welt beobachtet. Der Konsum von Zigarren- und Pfeifentabak hat sich dagegen im gleichen Zeitraum kaum verändert. Diese

Zunahme des Zigarettenverbrauches verläuft nun parallel mit der erhöhten Häufigkeit von Bronchialkarzinomen, wobei die Kurven lediglich um zwei bis drei Jahrzehnte zeitlich verschoben sind, was der bekannten Latenzzeit zwischen der Einwirkung eines Karzinogens und dem Auftreten eines Tumors entspricht.[29] Nun sind derartige Korrelationen aber noch kein wissenschaftlicher Beweis für eine Kausalität, worauf im ersten Kapitel bereits hingewiesen wurde, wohl aber ein Hinweis auf eine solche, wenn andere experimentelle oder klinische Befunde die Kausalität stützen.

Da im Tabakrauch, wie bereits bekannt, zahlreiche krebserzeugende Stoffe vorkommen, sind die chemischen Voraussetzungen für eine karzinogene Wirkung zumindest qualitativ gegeben. Weiterhin konnte die karzinogene Wirkung von Tabakrauchkondensaten nach lokaler Anwendung auf der Haut von Mäusen und Kaninchen sowie nach subkutaner Injektion bei Ratten eindeutig gesichert werden. Inzwischen ist es auch gelungen, die karzinogene Wirkung inhalierten Tabakrauchs an kleinen Nagern sowie Hunden nachzuweisen: Von 36 Hunden, die man an das Rauchen gewöhnte und deren Konsum etwa 40 Zigaretten täglich entsprach, entwickelten innerhalb von 2½ Jahren 18 Tiere ein Bronchialkarzinom. Der letzte und schlagende Beweis für die ursächliche Rolle des Zigarettenrauchens bei der Auslösung des Bronchialkarzinoms wurde dann aber durch epidemiologische Untersuchungen geführt, die weltweit an Millionen von Menschen unternommen wurden und die zu dem einheitlichen Ergebnis führten, daß die Häufigkeit des Bronchialkarzinoms bei Rauchern um ein Vielfaches größer ist als bei Nichtrauchern. Sieben prospektive Studien dieser Art wurden im sogenannten Terry-Report (1964 und 1967) zusammengefaßt mit dem eindeutigen Ergebnis, daß Zigarettenraucher gegenüber Nichtrauchern eine bis auf das Zwanzigfache erhöhte Anfälligkeit für das Bronchialkarzinom besitzen und daß das Ausmaß dieser Erhöhung von der Zahl der gerauchten Zigaretten abhängt, also eine Dosisabhängigkeit vorliegt. Diese Aussage trifft nur für Zigaretten-, weniger dagegen für Zigarren- und Pfeifenraucher zu, bei denen die Zunahme des Bronchialkarzinoms nur wenig über der von Nichtrauchern lag. Dieser Umstand ist darauf zurückzuführen, daß nur der leicht saure Zigarettenrauch, kaum dagegen der stärker reizende, alkalisch reagierende Zigarren- und Pfeifenrauch in die tieferen Atemwege inhaliert wird und damit die Bronchien erreicht. Zigarren- oder Pfeifenraucher, die inhalieren, sind genauso gefährdet wie Zigarettenraucher.

Welche Rolle spielt nun die Luftverschmutzung für die Zunahme des Bronchialkarzinoms? Tatsächlich weisen einige Studien darauf hin, daß Bronchialkarzinome insgesamt, das heißt also bei Rauchern und Nichtrauchern, in industrialisierten Regionen häufiger vorkommen als auf dem Lande, was mit den höheren Luftkonzentrationen an polyzyklischen Aromaten in Zusammenhang stehen könnte.[29] Man spricht in diesem Zusammenhang auch vom »Urbanisationsfaktor«. Es ist jedoch möglich, daß es sich bei diesem Urbanisationsfaktor nur um eine verkappte Auswirkung des Rauchens handelt, da die städtische Jugend früher zu rauchen beginnt und generell der Zigarettenkonsum in Städten höher ist als auf dem Lande. Weiterhin steht der Zigarettenkonsum in klarem Zusammenhang mit der Dauer der Ausbildung und ist bei Arbeitern erheblich größer als bei Akademikern; wo aber viel Industrie ist, da gibt es auch viele Industriearbeiter. Weiterhin läßt es sich auch nicht durch Luftverschmutzung erklären, wenn das wenig industrialisierte Finnland mit seinen tausend Seen nach England die Spitze in der Häufigkeit des Bronchialkarzinoms einnimmt, noch weit vor der Bundesrepublik und den USA, oder aber wenn in der Lagunenstadt Venedig ohne jeglichen Autoverkehr die Lungenkrebssterblichkeit höher ist als in der bedeutenden Industriestadt Turin.[31] Schließlich läßt sich das häufigere Vorkommen des Bronchialkarzinoms bei Männern im Vergleich zu Frauen auch nicht mit Luftverschmutzung erklären, da hiervon beide Geschlechter gleich betroffen werden.

Neben dem Bronchialkarzinom treten bei Zigarettenrauchern auch Karzinome des Kehlkopfes, der Mundhöhle, der Speiseröhre, der Harnblase und der Niere häufiger auf als bei Nichtrauchern. Bei Zigarren- und Pfeifenrauchern sind Karzinome der Mundhöhle, der Speiseröhre und des Kehlkopfes häufiger als bei Nichtrauchern.

Chronische Bronchitis und Emphysem

Während der Lungenkrebs in den meisten Fällen zum Tode führt und auf diese Weise statistisch zuverlässig erfaßt werden kann, ist dies bei anderen Lungenerkrankungen wie der chronischen Bronchitis und dem Emphysem (Lungenblähung) nicht der Fall. Insofern ist hier der Beweis eines eindeutigen Zusammenhangs mit den Rauchgewohnheiten schwerer zu führen als beim Bronchialkarzinom. Der chronischen Bronchitis können verschiedene Ursachen zugrunde liegen, außer

Rauchen sind Luftverunreinigungen sowie klimatische Faktoren zu bedenken. Jedoch steht eindeutig fest, daß die Häufigkeit der Erkrankung an chronischer Bronchitis mit dem Umfange des Zigarettenrauchens zunimmt und bei extremen Rauchern dreißigmal höher ist als bei Nichtrauchern. Dies ist darauf zurückzuführen, daß der Tabakrauch zahlreiche reizende Inhaltsstoffe enthält, die die Schleimbildung in den Atemwegen verstärken, gleichzeitig aber die Aktivität des für die Selbstreinigung der Bronchien zuständigen Flimmerepithels herabsetzen und auf diese Weise die Voraussetzungen für eine bakterielle Infektion schaffen. Aus diesem Grunde leiden Raucher auch häufiger an akuten Erkrankungen der Atemorgane. Mit dem Fortschreiten einer chronischen Bronchitis treten Funktionsstörungen der Lunge auf, die sich in zunehmender Atembehinderung und letzten Endes in schwerer Atemnot äußern. Der Folgezustand der chronischen Bronchitis ist das Emphysem, die Lungenblähung, deren Häufigkeit ebenfalls mit der Zahl der gerauchten Zigaretten zunimmt. Parallel zur täglichen Zahl der Zigaretten steigt auch die Sterblichkeit an chronischer Bronchitis: So wurde bei englischen Ärzten mit einem Zigarettenkonsum von über 25 Stück pro Tag eine gegenüber Nichtrauchern um das Zwanzigfache erhöhte Sterblichkeit an dieser Erkrankung festgestellt.

Rauchen und Herzinfarkt

Koronare Durchblutungsstörungen durch Rauchen wurden bereits 1858 von dem französischen Schiffsarzt J. Gelineau beschrieben, der das epidemische Auftreten von Herzschmerzen auf seinem Schiff auf den starken Tabakkonsum der Matrosen zurückführte. Diese Beobachtung war zweifelsohne richtig, da Nikotin eine gefäßverengende Wirkung hat und sich ferner bei Patienten mit Koronarerkrankung durch das Rauchen von Zigaretten oder die Injektion von Nikotin Schmerzen und auf eine myokardiale Durchblutungsnot hinweisende EKG-Veränderungen auslösen ließen. Allerdings tritt eine solche durch Rauchen ausgelöste Schmerzreaktion keineswegs bei allen, sondern nur bei Menschen auf, die eine entsprechende Veranlagung für Gefäßzusammenziehung haben.

Andererseits haben die großen prospektiven epidemiologischen Untersuchungen wie der Terry-Report und die Framingham-Studie eindeutig ergeben, daß die Todesrate an Herzinfarkt bei Zigarettenrauchern etwa doppelt so hoch ist wie bei Nichtrauchern. Wenn auch diese Erhöhung der Sterblichkeit nicht so groß ist wie die im Durchschnitt zwölffach gesteigerte beim Bronchialkarzinom, so bedingt das häufigere Vorkommen arteriosklerotischer Herzerkankungen gegenüber dem Lungenkrebs absolut gesehen eine weit größere Übersterblichkeit an diesem Leiden als an allen anderen rauchbedingten Erkrankungen einschließlich des Bronchialkarzinoms: In der Gesamtsterblichkeit der Raucher steht der Herzinfarkt mit 42,5 Prozent an erster Stelle, während am Bronchialkarzinom nur 7,2 Prozent der Raucher sterben.

Neben der Koronarsklerose tritt auch die Arteriosklerose anderer Gefäßabschnitte bei Rauchern häufiger auf als bei Nichtrauchern. Dies gilt insbesondere für die arteriosklerotisch bedingten peripheren Durchblutungsstörungen des Beines, die man auch als »Raucherbein« bezeichnet, und in geringerem Umfange auch für das Auftreten von arteriosklerotischen Durchblutungsstörungen des Gehirns.

Magen- und Darmerkrankungen

Nikotin steigert die Magensaftsekretion sowie die Aktivität von Magen und Darm. Dies erklärt, warum Geschwüre des Magens und des Zwölffingerdarms bei Rauchern deutlich häufiger auftreten als bei Nichtrauchern. Nach mehreren Statistiken liegt die Sterblichkeitsquote an diesen Erkrankungen bei Rauchern sogar zwei- bis siebenfach über der von Nichtrauchern. Aus diesem Grunde ist bei den Geschwürserkrankungen des Magens und Darmes ein absolutes Rauchverbot indiziert.

Rauchen und Schwangerschaft

Seit langem ist bekannt, daß der Embryo beim Rauchen der Mutter mit einer Erhöhung der Herzfrequenz reagiert, also mitraucht. Die meisten Gifte sind nämlich plazentagängig und gehen somit von der Mutter auf das ungeborene Kind über. Dies trifft auch für Nikotin und die sonst mit dem Rauchen aufgenommenen Gifte zu; so ist etwa die Konzentration des Schwermetalls Cadmium im Fruchtwasser rauchender Mütter dreimal höher als bei Nichtraucherinnen.[32] Die Konsequenzen des Rauchens in der Schwangerschaft sind vielfältig.[33] Auf der einen Seite erhöht Rauchen die Ansprechbarkeit des Uterus auf wehenauslösende Impulse, so daß es etwa doppelt so häufig zu Frühgeburten kommt.

Weiterhin sind die Geburtsgewichte der Kinder rauchender Mütter im Durchschnitt um 150 bis 250 g niedriger als bei Nichtraucherinnen, wobei eine deutliche Abhängigkeit von der Zahl der gerauchten Zigaretten besteht. Es ist denkbar, daß die gefäßverengende Wirkung des Nikotins oder aber der erhöhte Kohlenmonoxydgehalt im Blut der Mütter für diese Wirkungen verantwortlich ist. In einigen Untersuchungen wurde auch eine erhöhte perinatale Sterblichkeit der Neugeborenen von rauchenden Müttern festgestellt. Darüber hinaus können aber durch Tabakrauch auch Mißbildungen ausgelöst werden, dies allerdings nicht so sehr durch das Rauchen der Mütter, sondern durch den Zigarettenkonsum des Vaters. So war die Häufigkeit schwerer Mißbildungen bei den Kindern stark rauchender Väter doppelt so groß wie bei den Kindern von nichtrauchenden Vätern.[34] Dies könnte Folge pathologischer Veränderungen der Spermien sein, wie sie bei

Rauchern nachgewiesen wurden, andererseits aber auch auf der passiven Rauchbelastung von Mutter und Kind beruhen.[35]

Möglicherweise wird durch das Rauchen der Mütter auch eine transplazentare Karzinogenese ausgelöst, die sich im Auftreten von Krebs im Kindes- und Jugendalter äußert. Die karzinogenen Substanzen im Tabakrauch sowie die erhöhte Empfindlichkeit des Embryos für Karzinogene lassen eine solche Möglichkeit durchaus real erscheinen. Epidemiologische Untersuchungen ergaben bisher allerdings nur ein leichtes und statistisch nicht signifikant erhöhtes Risiko für das Auftreten von Krebs bei Kindern, deren Mütter während der Schwangerschaft geraucht hatten.[36] In einer neueren Studie aus Schweden war aber das Krebsrisiko von Kindern stark rauchender Mütter um 50 Prozent höher als bei den Kindern von Nichtraucherinnen.[37]

Lohnt es sich, mit dem Rauchen aufzuhören?

Im Unterschied zum Alkohol läßt sich beim Rauchen keine Dosis festlegen, die der Gesundheit nicht schadet oder sie sogar fördert. Dies beruht darauf, daß es für die im Tabakrauch enthaltenen krebsauslösenden Stoffe keine sichere Schwellendosis gibt. Jedoch nimmt natürlich das gesundheitliche Risiko auch beim Rauchen mit steigender Dosis zu und mit sinkender Dosis ab; Reduktion der Rauchmenge bedeutet somit auch Verminderung des gesundheitlichen Risikos. Dabei ist besonders zu empfehlen, Zigaretten und Zigarren nur zu zwei Dritteln ihrer Länge zu rauchen, um nicht die in der Kondensationszone niedergeschlagenen Schadstoffe aufzunehmen. Inwieweit es möglich ist, durch Filter oder aber teerarme Zigaretten das gesundheitliche Risiko des Rauchens zu vermindern, ist noch nicht eindeutig geklärt. Nikotinarme Zigaretten stellen jedenfalls keine Lösung dar, da sie zu einem Mehr an Zigarettenverbrauch und damit zu einer erhöhten Aufnahme der eigentlich karzinogen wirksamen Inhaltsstoffe des Tabaks führen. Wahrscheinlich ist es besser, Zigaretten mit relativ hohem Nikotingehalt, aber möglichst niedriger Konzentration an anderen Schadstoffen herzustellen.[30]

Eine wichtige Frage für den Raucher ist die, ob er durch eine Abstinenz vom Rauchen tatsächlich seine Gesundheit und seine Lebenserwartung verbessern kann. Diese Frage kann eindeutig bejaht werden. In allen prospektiven Studien ist die Sterblichkeit der ehemaligen Zigarettenraucher um 20 bis 40 Prozent niedriger als die der Raucher. Ehemalige Raucher, die schon über zehn Jahre lang nicht mehr rauchen, sterben nicht früher als Nichtraucher. Deshalb ist es durchaus sinnvoll, sich auch nach langjährigem Rauchen zum Aufhören zu entschließen.

Die Bedeutung des Passivrauchens

Ich habe bereits in Kapitel 4 darauf hingewiesen, daß der Tabakrauch die wichtigste Quelle der Innenluftverschmutzung (Indoor pollution) darstellt. Noch vor etwa zwei Jahrzehnten nahm man an, daß hieraus nur eine Belästigung in Form von Reizungen der Augen und der Atemwege, nicht aber eine ernsthafte Gesundheitsgefährdung der exponierten Nichtraucher resultiert. Inzwischen wurde in mehr als dreißig Publikationen nachgewiesen, daß Kinder rauchender Eltern wesentlich häufiger an Entzündungen der Atemwege erkranken als Kinder von Nichtrauchern; im ersten Lebensjahr ist das Passivrauchen sogar als die wichtigste Ursache für Bronchitis und Lungenentzündung anzusehen.[38] In einer Studie über die Auswirkungen chronischen Passivrauchens an etwa 2000 Beschäftigten wiesen Langzeit-Passivraucher ähnliche Funktionseinschränkungen der Lunge auf wie nicht inhalierende Raucher. Neben Kindern sind Erwachsene mit Erkrankungen der Herzkranzgefäße durch Passivrauchen besonders gefährdet: Nach einem zweistündigen Aufenthalt in einem schlecht gelüfteten, auch von Rauchern benutzen Raum verringerte sich ihre körperliche Leistungsfähigkeit bis zum Auftreten von Angina-pectoris-Schmerzen um 38 Prozent.[39] Dies ist darauf zurückzuführen, daß Passivrauchen durch das mit dem Zigarettenrauch aufgenommene Nikotin den Sauerstoffbedarf des Herzmuskels steigert, während das ebenfalls mit dem Tabakrauch aufgenommene Kohlenmonoxyd die Sauerstoffversorgung des Herzmuskels vermindert. Es ist deshalb nicht erstaunlich, daß in epidemiologischen Untersuchungen Passivraucherinnen ein signifikant höheres Herzinfarktrisiko aufwiesen als nicht belastete Kontrollpersonen.[35]

Eine sehr intensive Diskussion ist in letzter Zeit über die Frage entstanden, ob Passivrauchen auch Bronchialkrebs auslösen kann. Ausgangspunkt war eine 1981 erschienene japanische Studie an über 90000 nichtrauchenden Frauen, in der ihre Sterblichkeitsrate bei verschiedenen Krankheiten mit den Rauchgewohnheiten ihrer Männer in

Beziehung gesetzt wurde. In dieser Untersuchung war das Risiko der mit Rauchern verheirateten Frauen, an Lungenkrebs zu sterben, doppelt so hoch wie das der Ehefrauen von Nichtrauchern. Inzwischen sind eine ganze Reihe weiterer epidemiologischer Untersuchungen durchgeführt worden, von denen allerdings nicht alle das Ergebnis der japanischen Studie bestätigen konnten. Andererseits wurde aber in einigen Untersuchungen bei den nichtrauchenden Ehefrauen rauchender Männer ein erhöhtes Risiko für andere Erkrankungen festgestellt, zum Beispiel für Brustkrebs, Uteruskrebs, Tumoren endokriner Organe und Leukämie.[35]

Bei der Beurteilung dieser Untersuchungen muß man zunächst feststellen, daß die Voraussetzungen für eine karzinogene Wirkung des Passivrauchens durchaus gegeben sind: Nahezu alle der im Tabakrauch nachgewiesenen krebserzeugenden Stoffe gehen nicht nur mit dem Hauptstrom zum Raucher, sondern auch mit dem Nebenstrom in die Umgebungsluft. Viele von ihnen wie etwa Nitrosamine, polyzyklische aromatische Kohlenwasserstoffe und Formaldehyd erscheinen im Nebenstrom sogar in erheblich höherer Konzentration als im Hauptstrom. Insofern kann die Karzinogenbelastung des Passivrauchers durchaus der eines schwachen Rauchers entsprechen. Da andererseits bereits bei Männern, die nur fünf Zigaretten täglich rauchen, eine fünffache Zunahme des Lungenkrebsrisikos festgestellt wurde[38], wird man das karzinogene Risiko des Passivrauchens nicht von der Hand weisen können. Natürlich handelt es sich um ein geringeres Risiko als beim aktiven Rauchen, und derartige geringe Risiken lassen sich epidemiologisch nur sehr schwer nachweisen; der epidemiologische Versuchsansatz stößt hier an seine methodischen Grenzen. Deshalb scheint es mir nicht weiter erstaunlich zu sein, daß die erhöhte Anfälligkeit der Passivraucher für das Bronchialkarzinom nicht durchgängig in allen entsprechenden Studien statistisch signifikant nachgewiesen werden konnte. Da aber dieser Zusammenhang aufgrund der bekannten karzinogenen Inhaltsstoffe des Tabakrauchs und der bekannten karzinogenen Wirkung des Aktivrauchens als plausibel anzusehen ist, sollte man ihn entsprechend bewerten. Man vergleiche in diesem Zusammenhang das Verhalten der Öffentlichkeit und der Behörden im Falle des Formaldehyd, auf dessen Toxizität bereits im 3. Kapitel eingegangen wurde. Obwohl die Tierversuche, die für eine Karzinogenität von Formaldehyd sprechen, wegen der verwendeten hohen Konzentrationen und der vorausgegangenen entzündlichen Reaktionen nach Ansicht vieler

Experten für eine karzinogene Wirkung niederer Formaldehydkonzentrationen keinen Aussagewert haben und alle bisherigen epidemiologischen Untersuchungen negativ verlaufen sind, wurde vom Bundesgesundheitsamt ein Grenzwert von 0,1 ppm für alle zum Daueraufenthalt benutzten Räume festgelegt. Millionen und Abermillionen von Steuergeldern wurden und werden verwendet, um diesen Grenzwert in Schulen, Kindergärten und anderen öffentlichen Gebäuden zu erreichen. Auf der anderen Seite aber ist es erlaubt, daß in den gleichen Gebäuden geraucht wird, wobei bereits sechs Zigaretten in einem 50 m^3 großen Raum zu Formaldehydkonzentrationen über dem Grenzwert von 0,1 ppm führen und daneben noch etwa 30 andere Karzinogene oder Cokarzinogene in wechselnder Konzentration freisetzen! Bei dieser Sachlage ist die Forderung nach einem wirksamen und unter Umständen gesetzlichen Nichtraucherschutz am Arbeitsplatz und in der Öffentlichkeit nachdrücklich zu unterstützen. Allerdings sollte man auch hier das Kind nicht mit dem Bade ausschütten und eine totale Trennung von Rauchern und Nichtrauchern anstreben; der Nichtraucher, der nur gelegentlich zu Hause oder in einer Gaststätte etwas Rauch mitinhaliert, dürfte kaum gefährdet sein.

Kaffee – ein anregendes Genußmittel

Von den drei großen Genußmitteln unseres Kulturkreises ist der Kaffee das jüngste; denn erst im 17. Jahrhundert breitete sich der Kaffeegenuß, der vorher bereits im arabischen Raum bekannt war, in Europa aus: 1645 wurde das erste Kaffeehaus Europas in Venedig, 1652 das erste englische Kaffeehaus in London und 1677 das erste deutsche Kaffeehaus in Hamburg eröffnet. Heutzutage wird Kaffee von nahezu jedermann getrunken, ob jung oder alt. Die Bundesrepublik Deutschland importiert jährlich etwa 500000 Tonnen Kaffee und wird in dieser Hinsicht nur noch von den Vereinigten Staaten übertroffen.[40] Hinsichtlich des Pro-Kopf-Verbrauches liegen wir mit 7 kg jährlich sogar deutlich höher als die USA (4,7 kg); nur in den skandinavischen Ländern wird noch mehr Kaffee getrunken als in der Bundesrepublik! Wegen seiner allgemeinen Verbreitung ist der Kaffee heutzutage eigentlich kaum mehr als Genußmittel, sondern mehr als Nahrungsmittel oder als gewöhnliches Getränk zu betrachten; viele befriedigen ihren Flüssigkeitsbedarf vorwiegend oder sogar ausschließlich durch Kaffee.

Gesellschaft im Kaffeehaus, nach einem Kupferstich um 1700.

Der Genußwert des Kaffees beruht neben seinem aromatischen Geruch und Wohlgeschmack in erster Linie auf seiner funktionsfördernden Wirkung auf das zentrale Nervensystem. Subjektiv äußert sich diese in dem Gefühl, angeregt und aufgeheitert zu sein. Rededrang und Arbeitseifer stellen sich ein, Trägheit und Unlustgefühle schwinden. Durch zahlreichere und lebhaftere Assoziationen und schnellere Kombination von Ideen entwickelt sich eine für den Kaffeegenuß typische Gedankenklarheit. Diese kann allerdings bei Überdosierung in Gedankenflucht und Geschwätzigkeit übergehen. Schwierigere geistige Leistungen wie etwa Rechenoperationen lassen sich deshalb durch Kaffee nur in einem sehr engen Dosisbereich steigern. Besonders ausgeprägt sind die zentral erregenden Wirkungen des Kaffees, wenn seinem Genuß eine Ermüdung voranging, man fühlt sich wieder frisch, die Symptome der Erschöpfung schwinden. Die individuelle Empfindlichkeit für die anregenden Wirkungen des Kaffees ist allerdings sehr unterschiedlich, und es gibt Menschen, für die der Kaffee geradezu ein Schlafmittel ist.

Die zentral anregenden Wirkungen des Kaffees beruhen in erster Linie auf seinem Gehalt an Coffein, der bei den handelsüblichen Sorten zwischen 0,9 und 1,3 Prozent beträgt. Mit einer Tasse Kaffee werden, je nach Stärke des Aufgusses, zwischen 50 und 150 mg Coffein konsumiert. Auch die übrigen pharmakologischen Wirkungen des Kaffees beruhen im wesentlichen auf seinem Gehalt an Coffein. Zu nennen ist hier zunächst eine leichte Steigerung der Kontraktionskraft und der Frequenz des Herzens und damit eine Förderung der Herzleistung. Jedoch führt normaler Kaffeegenuß im allgemeinen zu keiner Steigerung, sondern eher zu einer Abnahme der Herzfrequenz, da eine gleichzeitige Erregung des Vagus die direkte Herzwirkung kompensiert oder sogar übertrifft. Bei besonders empfindlichen Versuchspersonen sowie nach hohen Dosen von Kaffee überwiegt jedoch die Herzwirkung, so daß die Herzfrequenz ansteigen kann. Exzessiver Kaffeegenuß kann gelegentlich bei besonders empfindlichen Personen auch zu Unregelmäßigkeiten des Herzschlages führen. Durch eine direkte Beeinflussung der Gefäßmuskulatur erweitern Kaffee und Coffein die peripheren Gefäße. Eine Ausnahme hiervon machen die Gehirngefäße, die im Unterschied zu allen anderen Gefäßgebieten eher verengt werden. Dies ist die Ursache für die günstige Wirkung des Kaffees bei Kopfschmerzen, insbesondere wenn diese wie bei Migräne durch Erweiterung der Gehirngefäße bedingt sind.[41]

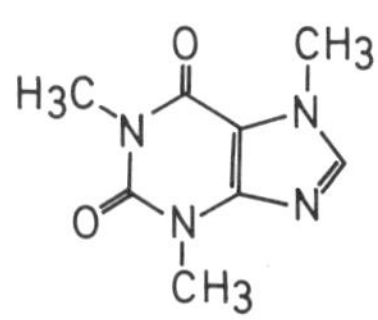

Coffein

Die Wirkungen des Kaffees auf den Blutdruck sind nicht allzu groß, da die periphere Gefäßerweiterung die Stimulation der Herztätigkeit im allgemeinen kompensiert. Blutdrucksteigerungen treten nach Kaffee im allgemeinen nur bei coffeinabstinenten Personen ein und sind nicht höher als 10 bis 20 mm Hg; gegenüber dieser Wirkung entwickelt sich außerdem innerhalb von wenigen Tagen eine Toleranz, so daß Kaffee dann nicht mehr den Blutdruck steigert. Deshalb ist dem Kaffee keine ursächliche Bedeutung für die Entwicklung eines Bluthochdrucks zuzumessen, und dementsprechend ist ein bestehender Bluthochdruck auch keine Kontraindikation für normalen Kaffeegenuß. Im übrigen kann die Blutdruckwirkung des Kaffees bei Patienten mit Blutunterdruck (Hypotonie) und den hieraus resultierenden Beschwerden bei der Erhebung aus der Horizontale (orthostatische Dysregulation) therapeutisch ausgenutzt werden; die morgendliche Tasse Kaffee kann hier, wie inzwischen auch experimentell nachgewiesen wurde, günstig wirken.[42]

Im Vordergrund der Wirkung des Kaffees auf den Magen-Darm-Trakt steht die Steigerung der Magensaftproduktion, an der neben Coffein auch die Röstprodukte des Kaffees sowie sein Gehalt an Chlorogensäure beteiligt sind. Kaffee steigert außerdem die Gallesekretion und die Darmperistaltik, und in gewissem Umfange wird auch die Funktion der Niere erhöht. Schließlich führt Kaffeegenuß auch zu einer leichten Anregung des Gesamtstoffwechsels, was bei einer Kellnerin, die 15 bis 18 Tassen Kaffee täglich trank, zu einer Temperaturerhöhung führte, die nach Verminderung der Kaffeemenge wieder verschwand.[41]

Die toxischen Wirkungen des Kaffees

Die Frage, ob Kaffeegenuß möglicherweise gesundheitsschädlich ist, hat wegen der weiten Verbreitung des Kaffeegenusses eine enorme gesundheitspolitische Bedeutung. Die Geschichte der Kaffeeverbote zeigt, wie bereits früher medizinische Gründe dazu herhalten mußten, um aus religiösen oder wirtschaftlichen Gründen ergangene Verbote zu untermauern. Dies zeigt besonders eindrücklich das Beispiel Friedrichs des Großen, der den Kaffee mit einer Steuer von einem Taler pro 24 Lot belegte und auf eine gegen diese hohe Steuer gerichtete Eingabe wie folgt antwortete: »Es ist abscheulich, wie weit es mit der Consumption des Kaffees geht: Das macht, jeder gemeine Mensch und Bauer gewöhnt sich jetzt zum Kaffee. Wird das eingeschränkt, so müssen sich die Leute wieder an das Bier gewöhnen, und das ist zum besten der eigenen Brauereien. Auch geschieht es mit der Absicht, daß nicht so viel Geld für Kaffee aus dem Lande gehen soll. Übrigens sind seine königliche Majestät höchst selbst in der Jugend mit Biersuppe erzogen worden, das ist viel gesünder wie der Kaffee.«[43] Hier wird also ganz deutlich ausgesprochen, daß die Gesundheit nur ein Vorwand zur

Durchsetzung wirtschaftspolitischer Ziele war. Härter verfuhren andere deutsche Fürsten wie etwa der Landgraf Friedrich von Hessen und die Fürstbischöfe von Hildesheim und Paderborn, die Kaffeegenuß dem Volke gänzlich untersagten. Zu einem Höhepunkt der Auseinandersetzungen über den Kaffee kam es vor fünfzig Jahren in Berlin. In den zwanziger und dreißiger Jahren hatte der deutsche Anatom Hermann Stieve tierexperimentelle Untersuchungen mit Kaffee und Coffein unternommen und festgestellt, daß bei Kaninchen die mehrmonatige Applikation von täglich 0,1 g/kg Coffein Schädigungen der Eierstöcke und Hoden auslöst. Stieve verfiel nun dem Fehler, seine tierexperimentellen Befunde ohne Beachtung der Dosis auf die Verhältnisse am Menschen zu übertragen und vertrat die Ansicht, daß die Fortpflanzungsfähigkeit des Menschen durch Coffein geschädigt würde und ein Teil der ungewollten Unfruchtbarkeit durch die Schädigung bedingt sei, die Coffein allein oder zusammen mit anderen Genußgiften und umweltbedingten Schädigungen bewirke. Hätte niemand diesen Behauptungen widersprochen, so wäre der Kaffee im Dritten Reich als »Volkskraftzersetzer« verboten worden. In dieser Situation setzte die Deutsche Pharmakologische Gesellschaft das Thema »Kaffee und Coffein« 1938 als Hauptpunkt auf die Tagesordnung ihrer Berliner Tagung. In den Verhandlungen wurde dargelegt, daß es keinen Beweis dafür gibt, daß ein normaler Kaffeegenuß dem gesunden Menschen schaden kann. Hinsichtlich der Stieveschen Befunde wurde festgestellt, daß diese mit einer Dosis von Coffein erzeugt worden waren, die, umgerechnet auf einen erwachsenen Menschen, dem täglichen Genuß von 60 bis 70 Tassen Kaffee entsprächen. Derartige Mengen würden aber selbst bei starkem Kaffeetrinken nie erreicht. Der Vorstand der Deutschen Pharmakologischen Gesellschaft gab als Resümee der Verhandlungen eine Erklärung ab, in der es unter anderem hieß: »Klinische Erfahrungen lehren, daß bei dem üblichen Gebrauch des Kaffees weder vorübergehende noch bleibende Schädigungen vorkommen. Den im Tierversuch unter Ignorierung der Bedeutung der Dosen beobachteten Schädigungen der Keimdrüsen – so interessant sie in der Theorie auch sein mögen – stehen beim Menschen keine entsprechenden Erfahrungen und Beobachtungen aus dem Leben gegenüber.«[43]

Haben diese vor fünfzig Jahren getroffenen Feststellungen auch heute noch Gültigkeit? Hinsichtlich der akuten Toxizität sind keine Bedenken zu äußern; diese ist relativ gering, denn nach dem Ergebnis von

Tierversuchen dürfte die für den Menschen tödliche Dosis etwa 1 kg Röstkaffee oder 100 Tassen Kaffeegetränk entsprechen.[44] Dementsprechend sind tödliche Vergiftungen durch Kaffee bisher nicht beschrieben worden. Wie aber steht es mit dem täglichen und lebenslangen Kaffeegenuß? Seit dem Statement der Deutschen Pharmakologischen Gesellschaft 1938 haben sich Hunderte von experimentellen, klinischen und epidemiologischen Studien mit dieser Frage befaßt. In diesen Untersuchungen wurde der Kaffee mit der Entstehung vieler Krankheiten wie Koronarsklerose, Herzinfarkt, Blasen-, Ovarial- und Bauchspeicheldrüsenkrebs sowie Schädigungen des Embryos und der Erbanlagen in Zusammenhang gebracht.

Ich habe diese Untersuchungen seit langem verfolgt und kürzlich einer eingehenden Analyse unterzogen[45], deren wesentliche Ergebnisse kurz dargestellt werden.

1. *Wirkt Kaffee embryotoxisch oder mißbildungsauslösend (teratogen)?*
Diese Frage kann eindeutig verneint werden. Der Verdacht einer solchen Wirkung beruht allein auf tierexperimentellen Studien, die mit hohen Dosen von Coffein bei einmaliger Applikation vorgenommen wurden und mit den Bedingungen des menschlichen Kaffeegenusses weder von der Dosis noch von der Zufuhrart her vergleichbar sind. Epidemiologische Studien haben keinen Zusammenhang zwischen Kaffeekonsum und Mißbildungsrate ergeben. Es besteht somit kein Grund, Schwangeren von einem normalen Kaffeekonsum abzuraten.

2. *Wirkt Kaffee erbgutschädigend (mutagen)?*
Auch diese Frage ist zu verneinen. Weder Kaffee noch Coffein stellen in den zum Genuß verwendeten Dosen für den Menschen ein mutagenes Risiko dar. Die im Reagenzglas mit Kaffee und Coffein in hohen, meist schon allgemeintoxisch wirkenden Dosen erzielten Effekte treten nach Kaffeegenuß in vivo nicht auf, weil die erforderlichen Konzentrationen nicht erreicht werden.

3. *Wirkt Kaffee karzinogen?*
Weder Kaffee noch Coffein haben im Tierexperiment jemals eine solche Wirkung gezeigt. Dieses Ergebnis entspricht auch unseren Kenntnissen über die chemische Zusammensetzung des Kaffees: Kaffee enthält weder Nitrosamine noch Aflatoxine, und sein Gehalt an polyzyklischen Aromaten vom Typ des Benzo(a)pyrens ist so gering, daß Kaffeegenuß nur mit einem Tausendstel an der Gesamtaufnahme dieses Karzinogens mit der Nahrung beteiligt ist. Der Verdacht einer

karzinogenen Wirkung begründet sich somit allein auf den Ergebnissen epidemiologischer Untersuchungen. Bei der Bewertung dieser Studien ist neben ihrer großen Anfälligkeit für systematische Fehler die Wirkung von Störgrößen zu berücksichtigen: Kaffeekonsum ist nämlich nicht nur mit dem Rauchen, sondern auch mit einer bestimmten Lebensform und einem bestimmten diätetischen Verhalten assoziiert, Faktoren, die ihrerseits für die Entstehung von Tumoren ursächliche Bedeutung haben. Schließlich beweisen epidemiologische Untersuchungen primär nur Korrelationen, nicht aber Kausalitäten. Die Kriterien, die auf eine Kausalität hindeuten wie etwa die Stärke der Korrelation, ihre Dosisabhängigkeit, die Beständigkeit ihres Nachweises und schließlich ihre biologische Plausibilität, das heißt die Übereinstimmung mit Informationen aus anderer Quelle, sind hinsichtlich der Beziehungen des Kaffeekonsums zum Auftreten von Karzinomen nicht erfüllt. Die Stärke der Korrelation war meist gering und knapp oberhalb der statistischen Signifikanz liegend, Dosiswirkungsbeziehungen waren so gut wie niemals und Übereinstimmung in den Ergebnissen mehrerer epidemiologischer Studien in keinem Falle vorhanden. Im allgemeinen überwogen die Studien mit negativem Ergebnis, lediglich beim Blasenkarzinom war die Zahl der Studien mit einem positiven Ergebnis größer als die mit negativem. Da eine biologische Plausibilität im Hinblick auf die negativen Tierversuche und die chemische Zusammensetzung des Kaffees nicht besteht, ist ein kausaler Zusammenhang zwischen Kaffeekonsum und dem Auftreten von Krebserkrankungen als unwahrscheinlich zu bezeichnen.

4. *Fördert Kaffee die Entstehung koronarer Herzerkrankungen?*

Auch dieser Verdacht beruht in erster Linie auf epidemiologischen Studien, und auch hier sind die für die Kausalität einer epidemiologisch festgestellten Korrelation notwendigen Kriterien nicht erfüllt. Dabei ist insbesondere die fehlende Konsistenz der Ergebnisse hervorzuheben: Acht von neun prospektiven und sechs von neun retrospektiven Studien ergaben keine Korrelation zwischen Kaffeekonsum und dem Auftreten koronarer Herzerkrankungen. Jedoch wurde eine positive Beziehung zwischen Kaffeekonsum und Serumcholesterinspiegel in der Mehrzahl der hierzu unternommenen epidemiologischen Studien und eine durch Kaffee bedingte Anhebung der Cholesterinwerte auch in einigen experimentellen Untersuchungen an Mensch und Tier nachgewiesen. Der durch Kaffee bewirkte Cholesterinanstieg ist aber sehr gering und dürfte deshalb die Entstehung koronarer Herzerkrankungen kaum nennenswert begünstigen. Das schließt aber nicht aus, Patienten mit erhöhten Cholesterinwerten zu einem vorübergehenden Verzicht auf Kaffee zu bewegen, um so eine eventuelle Beteiligung von Kaffee an der Hypercholesterinämie im Einzelfalle festzustellen und gegebenenfalls diesen Patienten vom Kaffeegenuß abzuraten.

Ist Kaffee gesundheitsschädlich?

Als Fazit unserer derzeitigen Erkenntnisse ist somit festzustellen, daß es für eine gesundheitsschädliche Wirkung bei normalem Kaffeegenuß nach wie vor keinen schlüssigen Beweis gibt und die Erklärung der Deutschen Pharmakologischen Gesellschaft von 1938 weiterhin gültig ist. Es ist lediglich erforderlich, die Liste der bereits bekannten Kontraindikationen des Kaffees (Magen- und Zwölffingerdarmgeschwür, Herzrhythmusstörungen, Überfunktion der Schilddrüse) durch einen Ratschlag zum Verzicht auf Kaffee bei erhöhten Blutcholesterinwerten, die sich nach Kaffeeverzicht bessern, zu erweitern. Diese Aussage bedeutet natürlich nicht die Bescheinigung absoluter Sicherheit im Sinne des völligen Ausschlusses einer Gefährdung; hierzu ist, wie bereits einleitend dargestellt, toxikologische Erkenntnis grundsätzlich nicht in der Lage. Mit einem Restrisiko, das sich wahrscheinlich auch in Zukunft nicht völlig wird ausräumen lassen, müssen wir beim Kaffee wie bei vielen anderen Dingen leben und dieses gegen seinen Nutzen abwägen. Der Nutzen des Kaffees liegt aber nicht nur im individuellen Genuß, sondern auch darin, daß die vom Kaffeegenuß ausgehende geistige Anregung einen Faktor von eminenter kulturhistorischer Bedeutung darstellt. Vor der Verbreitung des Kaffees waren als Genußmittel nur alkoholische Getränke bekannt.

Durch die Konkurrenz des Kaffees trat an die Stelle des Alkoholgenusses die den Geist erhellende Wirkung des Coffeins, und dieser Wandel hat wesentlich zu einer Verfeinerung der Sitten beigetragen, wie sie zu Beginn der Neuzeit einsetzte. Weiter ist zu bedenken, was denn als Genuß- oder Nahrungsmittel an die Stelle des Kaffees träte, wenn man seinen Verbrauch einschränken oder gar aufgeben würde. Käme es zu einem erhöhten Konsum von Tabak oder Alkohol, wäre das Ergebnis für den Gesundheitszustand der Bevölkerung mit Sicherheit äußerst negativ. Aber auch ein kompensatorischer Mehrverbrauch von Getränken ohne psychische Wirksamkeit wäre nicht ohne weiteres als positiv anzusehen. So ist die Milch sehr viel kalorienreicher als der Kaffee, und Kaltgetränke beinhalten hygienische Probleme, die beim Kaffee entfallen. Berücksichtigt man diese hier nur kurz angedeuteten Faktoren, die man als den Nutzen des Kaffees subsumieren kann, so neigt sich die Waage der Nutzen-Risiko-Analyse zugunsten des Kaffees.

Und wie steht es mit dem Tee?

Tee gilt neben Bier und Wein als das älteste Getränk in der Menschheitsgeschichte; denn er war schon vor 3000 Jahren in China bekannt. Nach Europa gelangte er allerdings erst Anfang des 17. Jahrhunderts: 1610 kam erstmals auf Schiffen der holländischen Ostindischen Kompanie japanischer Tee über Java nach Holland.[46] Heute ist Tee weltweit neben Wasser das häufigste Getränk.

Der wichtigste Inhaltstoff des Tees ist, wie bei Kaffee, zweifellos Coffein, auf dem auch in erster Linie der Genußwert des Tees beruht. Gerbstoffe (Teepolyphenole) und ätherische Öle sind für den Geschmack und den Geruch des Tees verantwortlich; ihre Zusammensetzung ist stark von der Herkunft und der Fermentation des Tees abhängig.[47]

Das Teegetränk enthält im Durchschnitt etwa halb soviel Coffein wie der Kaffee: bei mittlerer Aufgußstärke 50 bis 70 mg pro Tasse. Starker Tee kann jedoch bis zu 100 mg Coffein pro Tasse, ein schwacher Aufguß dagegen nur 20 bis 40 mg enthalten.[48] Früher war man der Ansicht, daß das im Tee enthaltene Coffein langsamer als das im Kaffee enthaltene resorbiert wird, das trifft nicht zu.[49]

Der wesentliche Unterschied in der Zusammensetzung des Tees gegenüber der des Kaffees besteht einerseits in den fehlenden Röststoffen, die gelegentlich reizauslösende Wirkungen auf den Magen-Darm-Trakt ausüben können, und andererseits in den vorhandenen Gerbstoffen, die bei Magen-Darm-Erkrankungen, insbesondere Entzündungen, eine günstige Wirkung ausüben können. Deshalb wird Tee von vielen Menschen vertragen, die auf Kaffee mit Reizerscheinungen im Magen-Darm-Kanal reagieren. Weiterhin ist der hohe Fluoridgehalt des Tees zu erwähnen, der im Getränk zwischen 1 und 2 mg/l betragen kann und dem bei der Fluoridprophylaxe der Karies eine Bedeutung zukommt.

Erstaunlicherweise wurden dem Tee erheblich seltener schädigende Wirkungen zugeschrieben als dem Kaffee, was möglicherweise mit seiner subjektiv besseren Verträglichkeit zu erklären ist. Tatsächlich gibt es keinen begründeten Hinweis, daß normaler Teegenuß irgendeine schädliche Wirkung für die Gesundheit hat. Im Gegenteil – in tierexperimentellen wie auch epidemiologischen Untersuchungen wurde für Tee eine günstige, antiarteriosklerotische Wirkung auf die Blutfett- und Cholesterinkonzentrationen nachgewiesen.[47]

11 Arzneimittel als Gifte

Positive und negative Wirkungen

Arzneimittel sind nach der Definition unseres Arzneimittelgesetzes Stoffe, die dazu bestimmt sind, Krankheiten, Körperschäden oder krankhafte Beschwerden zu heilen, zu lindern, zu verhüten oder zu erkennen (§ 2). Da Arzneimittel auf den lebenden Organismus im positiven Sinne einwirken sollen, ist die Frage berechtigt, warum ihnen in einem Buch über Gifte ein eigenständiges Kapitel gewidmet wird. Dies hat zwei Ursachen: erstens können Arzneimittel aufgrund ihrer spezifischen Wirkungen auf die Funktionen des lebenden Organismus bereits bei geringer Überdosierung zu toxischen Erscheinungen führen; zweitens haben alle Arzneimittel auch bei richtiger Dosierung unerwünschte Begleiterscheinungen, die wir als Nebenwirkungen bezeichnen und die den Organismus schädigen können.

Akute Vergiftungen durch Arzneimittel

Die überwiegende Mehrzahl – zwischen 70 und 90 Prozent – aller behandlungsbedürftigen Vergiftungen wird durch Arzneimittel ausgelöst. Bei Erwachsenen sind dies fast ausschließlich absichtliche, das heißt also suizidale Vergiftungen, bei Kindern vorwiegend unbeabsichtigte (akzidentelle) Vergiftungen durch versehentliche Einnahme von Medikamenten. Etwa drei Viertel aller Arzneimittelvergiftungen wiederum entfallen auf Schlaf- und Beruhigungsmittel einschließlich der modernen Psychopharmaka vom Typ der Tranquillantien, Neuroleptika und Antidepressiva. Die Vorliebe für diese Arzneimittel zu suizidalen Zwecken resultiert aus dem Wunsch nach einem schmerzlosen Tod bei aufgehobenem Bewußtsein. Früher wurden als Schlafmittel in erster

Linie Barbitursäurederivate verwendet (am bekanntesten war das heute nicht mehr benutzte Präparat Veronal), die eine sehr geringe therapeutische Breite aufwiesen und von denen bereits eine bis zwei Packungen zu einer tödlichen Vergiftung führen konnten. Barbiturate sind heute weitgehend ersetzt durch modernere Schlafmittel insbesondere aus der Gruppe der Benzodiazepine, die eine erheblich größere therapeutische Breite haben und deshalb sehr viel seltener tödliche Vergiftungen auslösen. Als fast tragisch muß man es bezeichnen, daß der Verursacher einer der größten Arzneimittelkatastrophen, nämlich das Schlafmittel Contergan (Thalidomid), hinsichtlich des möglichen Mißbrauchs zu suizidalen Zwecken ein ausgesprochen ideales Schlafmittel war: Nachgewiesenermaßen ist es trotz vielfältiger Versuche niemals irgend jemandem gelungen, sich mit Thalidomid tödlich zu vergiften. Selbst die Einnahme von 144 Tabletten Contergan-forte wurde folgenlos überlebt.[1]

Vergiftungen durch Schlaf- und Beruhigungsmittel führen zunächst zu einem tiefen Schlaf, der dann in nicht mehr erweckbare Bewußtlosigkeit übergeht; der Tod tritt durch eine zentrale Atemlähmung ein. Sofern die Patienten zeitig in klinische Behandlung kommen, ist die Aussicht auf ein Überleben im allgemeinen gut. Häufig wird mit Alkohol kombiniert, wobei sich, worauf schon hingewiesen wurde, die Wirkungen des Alkohols und der Schlaf- und Beruhigungsmittel gegenseitig verstärken können.

Erheblich gefährlicher als Schlaf- und Beruhigungsmittel sind die zur Behandlung von Depressionen eingesetzten trizyklischen Antidepressiva, da diese eine ausgesprochen herzschädigende Wirkung haben und bei Überdosierung deshalb gar nicht selten einen Herztod auslösen.[2] Vergiftungen mit diesen Substanzen sind relativ häufig, weil Depressionen den Patienten zum Selbstmord treiben und er dann einfach das zur Behandlung verschriebene Medikament in Überdosis einnimmt.

Auch Schmerzmittel, die zum Teil rezeptfrei erhältlich sind, können zu schweren Vergiftungen führen. So ist die Vergiftung durch Acetylsalicylsäure (Aspirin) in den USA mit 10000 Fällen pro Jahr eine der häufigsten Vergiftungen überhaupt. Der Verlauf ist allerdings keineswegs angenehm: Übelkeit, Erbrechen und Magenschmerzen werden von Schwindel, Ohrensausen und starkem Schwitzen sowie Atemnot abgelöst; erst später kommt es zur Bewußtlosigkeit und schließlich zum Tod. Vergiftungen mit dem Schmerzmittel Paracetamol waren vor einigen Jahren in England sehr häufig; nachdem sich herumgesprochen hatte, daß Paracetamol keinesfalls zu einem schmerzlosen Tod in Bewußtlosigkeit, sondern zu einem langen und qualvollen Sterben durch den Zerfall der Leber führt, sind diese Vergiftungen seltener geworden.

Sehr gefährlich sind auch Vergiftungen mit herz- und kreislaufaktiven Arzneimitteln wie den zur Behandlung der Herzschwäche verwendeten Digitalisglykosiden oder aber den als Hochdruckmittel eingesetzten Betablockern und Kalziumantagonisten. Häufig sind derart Vergiftete auch durch intensive klinische Behandlung nicht zu retten. Derartige Arzneimittel sollten deshalb besonders dem Zugriff von Kindern strikt entzogen werden. Ich denke dabei an eine in unserem Klinikum behandelte 15jährige Schülerin, die nach einem familiären Bagatellstreit in mehr oder weniger demonstrativer Weise aus der Hausapotheke eine Packung Tabletten schluckte, die ihrem Vater zur Hochdruckbehandlung verschrieben worden waren, und die trotz aller Bemühungen innerhalb weniger Stunden verstarb. Hätte dieses Mädchen eine gleiche Menge von Schlaftabletten genommen, wäre sie mit Sicherheit heute noch am Leben.

Arzneimittelnebenwirkungen

Auch beim bestimmungsgemäßen – also nicht überdosierten – Gebrauch haben Arzneimittel neben den erwünschten pharmakologischen Hauptwirkungen unerwünschte Begleiterscheinungen, die man üblicherweise als Nebenwirkungen bezeichnet. Die Häufigkeit von Nebenwirkungen insgesamt hängt natürlich vom Umfang des Arzneimittelkonsums und der Art der Arzneimittel ab und schwankt demgemäß. Bei einer Erhebung an Patienten einer Aachener Klinik wurden bei fast einem Viertel Arzneimittelnebenwirkungen festgestellt, während bei nicht hospitalisierten Patienten Arzneimittelnebenwirkungen erheblich seltener sind (nur bei etwa 2 Prozent). Der Anteil der einzelnen Arzneimittel an der Gesamtzahl von Nebenwirkungen wird einerseits von ihrer Nebenwirkungspotenz, andererseits von ihrer Anwendungshäufigkeit bestimmt. In der Aachener Erhebung standen im Vordergrund Antibiotika, gefolgt von Zytostatika (Mittel zur Behandlung bösartiger Geschwülste), von Herzglykosiden und Glukokortikoiden (Nebennierenrindenhormone). Andererseits liegt der Prozentsatz von Patienten, die wegen Arzneimittelnebenwirkungen in ein Krankenhaus aufgenommen werden, zwischen 3 und 6 Prozent der Gesamtaufnahmen. Arzneimittelnebenwirkungen stellen somit ein ernstes toxikologisches Problem dar.

Pharmakodynamische Nebenwirkungen

Nach ihrer Ursache lassen sich die Arzneimittelnebenwirkungen in verschiedene Kategorien einteilen. Am häufigsten sind Nebenwirkungen, die sich von der pharmakologischen Hauptwirkung des Arzneimittels ableiten; diese sind in der Regel vorhersehbar und in gewissem Umfange auch vermeidbar. Die einfachste Ursache einer solchen pharmakologischen Nebenwirkung ist eine Übersteigerung der Hauptwirkung, die auch bei sachgerechter Dosierung dann auftreten kann, wenn die Empfindlichkeit des Patienten sehr hoch oder aber die Ausscheidung des Arzneimittels durch eine Krankheit beeinträchtigt ist. Hierfür ein Beispiel: Die Digitalisglykoside, Inhaltsstoffe des Roten Fingerhutes (Digitalis purpurea) und des Wolligen Fingerhutes (Digitalis lanata), steigern die Kontraktionskraft, hemmen aber die Frequenz des Herzens. Beide Effekte sind bei der Behandlung der Herzschwäche erwünscht, da hier die Kontraktionskraft des Herzens vermindert, seine Frequenz aber krankhaft gesteigert ist. Die therapeutische Breite der Herzglykoside ist aber so gering, daß trotz exakter Einhaltung der vorgeschriebenen Dosen bei manchen Patienten eine zu starke Hemmung der Herzfrequenz eintreten kann, die nun die Herztätigkeit negativ beeinflußt. Andererseits werden viele dieser Digitalisglykoside vorwiegend über die Niere ausgeschieden. Liegt nun neben einer Herzinsuffienz gleichzeitig eine Nierenfunktionsstörung vor, so werden diese Stoffe unzureichend eliminiert und deshalb auf diese Weise in ihrer Wirkung verstärkt.

Nebenwirkungen als Folge der pharmakologischen Hauptwirkung können aber nicht nur durch deren Übersteigerung, sondern auch infolge ihrer Unspezifität zustande kommen. Die meisten Arzneimittel wirken nämlich nicht nur am erwünschten Ort, sondern auch an anderen Stellen, wobei die dann dort entstehenden Effekte Nebenwirkungen sind. Derartige Nebenwirkungen durch unspezifischen pharmakologischen Angriff sehen wir besonders häufig bei Medikamenten, die auf die regulierenden Systeme unseres Organismus einwirken, nämlich auf das Nervensystem und das Endokrinium. So hemmt das in der

Tollkirsche vorkommende Alkaloid Atropin die Erregungsübertragung an den Endigungen des parasympathischen Nervensystems und senkt deshalb dessen Tonus. Dies hat zur Folge, daß unter anderem die Drüsensekretion abnimmt, die Herzfrequenz steigt und die Pupille sich erweitert. Alle diese Wirkungen haben einen therapeutischen Wert: Die Hemmung der Drüsensekretion wird bei Magengeschwüren eingesetzt, die Zunahme der Herzfrequenz bei Herzrhythmusstörungen, die Pupillenerweiterung bei der diagnostischen Betrachtung des Augenhintergrundes. Der Herzpatient wird also die Abnahme der Speichelsekretion und die Pupillenerweiterung, der Magenpatient dagegen die Zunahme der Herzfrequenz und die Sehstörungen als Nebenwirkungen ansehen. Es hängt also manchmal nur von der Betrachtungsweise ab, ob man eine Arzneimittelwirkung als Haupt- oder Nebenwirkung einstuft.

Ein weiteres Beispiel: Die Inhaltsstoffe des Mutterkorns (Secale cornutum), eines auf Getreide schmarotzenden Pilzes (siehe Kapitel 9), führen zu einer Kontraktion der glatten Muskulatur. Diese Wirkung setzt man therapeutisch nach Geburten ein, um die Muskulatur des Uterus zur Kontraktion und damit Nachgeburtsblutungen zum Stehen zu bringen. Die Secale-Alkaloide bringen aber auch die glatten Muskeln in den Blutgefäßten zur Kontraktion, was zu einer Störung der Durchblutung und bei längerer Anwendung zum Gewebstod führen kann; klinisch wurden schwere periphere Durchblutungsstörungen bis hin zur Gangrän nach längerer Anwendung von Secale-Alkaloiden beobachtet.

Toxische Nebenwirkungen

Toxische Arzneimittelnebenwirkungen im engeren Sinne sind von den pharmakologischen dadurch abzugrenzen, daß sie mit der erwünschten Hauptwirkung in keiner Beziehung stehen. Als toxisch ist eine Wirkung dann zu bezeichnen, wenn sie den Organismus schädigt, wobei das Ausmaß der Schädigung von einer leichten Funktionseinschränkung bis zum Zelltod beziehungsweise zum Tod des Gesamtorganismus gehen kann. Grundsätzlich können toxische Nebenwirkungen sowohl durch eine reversible Wechselwirkung mit dem biologischen Substrat als auch über eine echte Bindung an dieses zustande kommen. Im ersten Falle kommt es zu einer funktionellen Änderung des Systems,

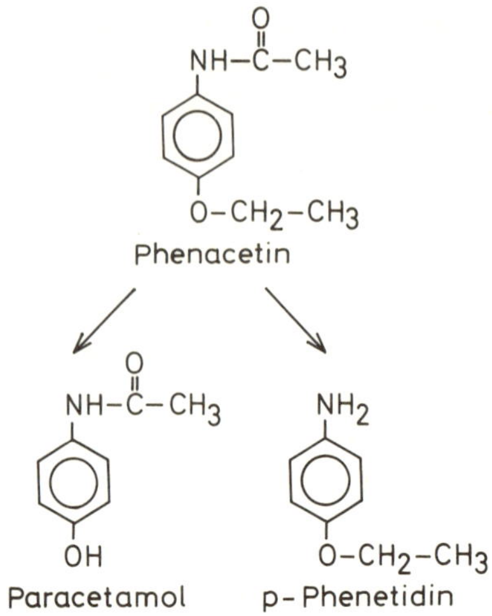

Die beiden Abbauwege des Schmerzmittels Phenacetin.

die dann verschwindet, wenn die Substanz aus dem Organismus ausgeschieden ist; im zweiten tritt demgegenüber eine irreversible Veränderung des biologischen Substrates ein. Diese beiden Möglichkeiten seien bespielhaft erklärt. Phenacetin ist eine schmerzstillend wirkende Substanz, die im Organismus teilweise zu p-Phenitidin metabolisiert wird. Dieser Metabolit ist in der Lage, den Blutfarbstoff Hämoglobin durch Oxydation in Methämoglobin umzuwandeln. Da das Methämoglobin nicht in der Lage ist, Sauerstoff zu transportieren, kommt es zu einer Störung der Sauerstoffversorgung des Organismus mit vielfältigen Krankheitserscheinungen. Die Bildung von Methämoglobin ist somit eine der typischen toxischen Nebenwirkungen des Phenacetins. Der Prozeß der Methämoglobinbildung ist jedoch reversibel, denn die roten Blutkörperchen enthalten ein reduzierendes Ferment, das Methämoglobin wieder in Hämoglobin zurückverwandeln kann. Die Aktivität dieses Ferments ist bei Kindern und besonders bei Säuglingen aber noch nicht voll vorhanden, so daß es bei ihnen schon nach therapeutischer Dosierung von Phenacetin zu einer erheblichen Bildung von Methämoglobin kommen kann. Aus diesem Grunde wird Phenacetin in der Kinderheilkunde nicht mehr angewendet; statt dessen verwendet man das chemisch verwandte Paracetamol, das nicht zu p-Phenitidin metabolisiert wird und somit kein Methämoglobin bildet.

Paracetamol können wir als Beispiel für eine toxische Nebenwirkung nehmen, die durch eine feste chemische Bindung an organische Substrate zustande kommt. Normalerweise wird Paracetamol in der Leber an Glukuronsäure und Schwefelsäure gekoppelt und in dieser Form über die Niere ausgeschieden. Daneben ist in geringem Umfange ein anderer Abbauweg vorhanden, nämlich die Hydroxylierung am Stickstoff durch das Fermentsystem der mischfunktionellen Oxidasen der Leber, das auch sehr viele andere Arzneimittel und Fremdstoffe abbaut. Als Folge dieser Hydroxylierung kommt es durch Elektronenumlagerung zur Bildung eines sogenannten chinoiden Systems, das heißt eines Stoffwechselmetaboliten mit hoher chemischer Reaktivität. Dieser ist nicht stabil, sondern reagiert sofort mit den SH-Gruppen der

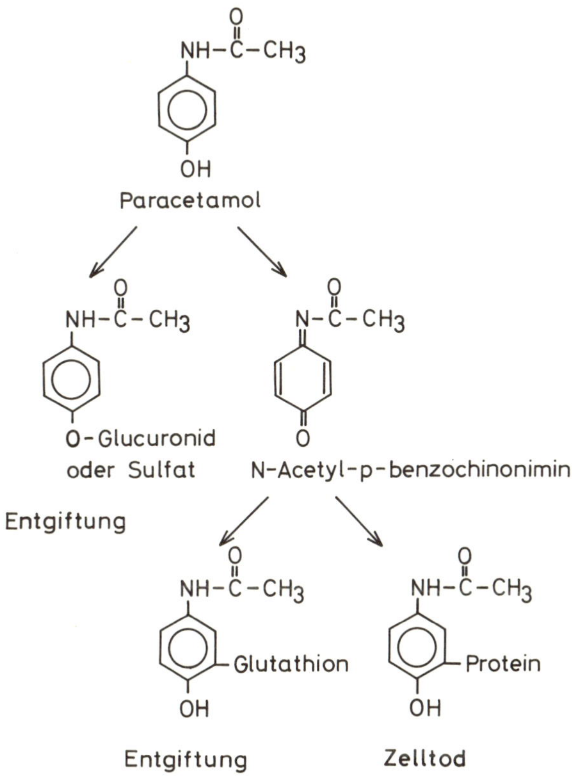

Der Abbau des Schmerzmittels Paracetamol im menschlichen Organismus führt einerseits zu ungefährlichen, andererseits zu zellschädigenden Metaboliten.

Zellproteine in irreversibler Form und führt damit zu einer Schädigung der Leberzelle bis hin zum Zelluntergang. Die Leber enthält aber einen Schutzstoff, nämlich das Tripeptid Glutathion, das diesen reaktiven Metaboliten des Paracetamols an sich binden und damit inaktivieren kann. Im allgemeinen reicht die Konzentration dieses Schutzstoffes aus, um die durch Hydroxylierung entstandenen Metabolitmoleküle zu entgiften. Nach hohen Dosen von Paracetamol oder bei besonders empfindlichen Patienten kann es als Nebenwirkung einer Behandlung mit Paracetamol jedoch zu einer Schädigung der Leber kommen.

Aus diesem Beispiel können wir auch ersehen, wodurch individuelle Unterschiede in der Empfindlichkeit gegenüber einer toxischen Wirkung zustande kommen können: zum Beispiel durch eine verstärkte Aktivität des giftenden Fermentsystems der mischfunktionellen Oxidasen, wie sie etwa durch erhöhte Fremdstoffbelastung oder stärkeren Alkoholgenuß ausgelöst werden kann. Tatsächlich ist bekannt, daß die leberschädigende Wirkung des Paracetamols und auch anderer Gifte bei Alkoholkonsumenten erheblich stärker ist als bei Alkoholabstinenten. Eine andere Erklärung für eine höhere individuelle Empfindlichkeit wäre eine verminderte Konzentration von Glutathion in der Leber, wie wir sie etwa bei Mangelernährung zu erwarten haben.

Allergische Nebenwirkungen

Am ausgeprägtesten sind die individuellen Unterschiede gegenüber allergischen Arzneimittelwirkungen. Allergie beruht darauf, daß der Organismus in der Lage ist, zu seinem eigenen Schutze gegen artfremdes Eiweiß Antikörper zu bilden und diese hierdurch zu binden. Diese Antigen-Antikörper-Reaktion ist die Grundlage der Immunabwehr und schützt uns vor vielen bakteriellen Infektionen, sie kann aber andererseits auch zu verschiedenartigen Krankheitserscheinungen führen. Arzneimittel sind, von Ausnahmen abgesehen, im allgemeinen nicht in der Lage, den Organismus direkt zur Antikörperbildung anzuregen, weil ihre Molekülgröße dafür nicht ausreicht. Sie können aber als sogenanntes Halbantigen (Hapten) wirken, nachdem sie eine feste chemische Bindung mit körpereigenem Eiweiß eingegangen sind und auf diese Weise eine Molekulargröße erlangt haben, die zur Bildung von Antikörpern ausreicht. Ausgangspunkt für die Bildung eines Halbantigens aus einem Arzneimittel ist meist der metabolische Umbau des

Arzneimittels, sofern dieser zu einer Verbindung führt, die Körpereiweiß an sich binden kann. Auch hier zeigt sich wieder, daß die individuell unterschiedliche Stoffwechselkapazität die Nebenwirkung verursacht, und dies erklärt die starken Unterschiede in der individuellen Empfindlichkeit für solche Nebenwirkungen.

Allergische Arzneimittelnebenwirkungen unterscheiden sich von toxischen dadurch, daß bereits nach kleinsten Dosen maximale Effekte auftreten können. Die klinischen Erscheinungen sind ausgesprochen vielfältig, sie reichen von Hautausschlägen über Nesselfieber, Ödemen und Asthma bis hin zum anaphylaktischen Kreislaufzusammenbruch oder aber zu schwersten Schädigungen der Blutbildung und anderen System- und Organkrankheiten. Zur Verhütung einer allergischen Arzneimittelreaktion ist eine sorgfältige Arzneimittelanamnese erforderlich, die gegebenenfalls durch einen spezifischen Test auf allergische Überempfindlichkeit ergänzt werden muß.

Eine weitere Ursache für Arzneimittelnebenwirkungen sind Arzneimittelinteraktionen, daß heißt also Wechselwirkungen eines Arzneimittels mit einem oder auch mehreren gleichzeitig eingenommenen anderen Arzneimitteln, auf die bereits im 1. Kapitel eingegangen wurde. Arzneimittelinteraktionen können zu einer qualitativen oder quantitativen Änderung der Arzneimittelwirkung führen, wobei von diesen Änderungen sowohl die Haupt- als auch die Nebenwirkungen betroffen sein können. Man schätzt, daß etwa 10 bis 20 Prozent aller Arzneimittelnebenwirkungen ihre Ursache in Arzneimittelinteraktionen haben.

Plazeboeffekte

Schließlich ist darauf hinzuweisen, daß Arzneimittelnebenwirkungen auch Plazeboeffekte sein können. Unter einem Plazebo versteht man ein Scheinmedikament, das man bei Arzneimittelprüfungen im Blindversuch einsetzt, um die pharmakologische Wirkung von der spontanen Heilungstendenz der Krankheit beziehungsweise dem psychischen Effekt der Medikation abzugrenzen. Die Zufuhr von Scheinmedikamenten kann durchaus Besserungen oder Heilungen zur Folge haben, wobei die Erfolgsquote von der Art der Erkrankung, von der Persönlichkeit des Patienten und der Suggestivkraft des Arztes abhängig ist. Plazebos rufen aber nicht nur Wirkungen, sondern, wie wir aus mehreren Untersuchungen wissen, auch Nebenwirkungen in einer Häufigkeit bis zu 50 Prozent hervor. Es handelt sich zwar im allgemeinen um leichtere Erscheinungen wie Schläfrigkeit, Kopfschmerzen, Erschöpfung usw., immerhin aber doch um Nebenwirkungen, die vom Patienten als störend und unerwünscht empfunden werden. Leichtere Nebenwirkungen können also allein durch den psychischen Einfluß der Arzneibehandlung ausgelöst werden und müssen nicht unbedingt auf einer pharmakologischen, toxischen oder allergischen Ursache beruhen. Wenn andererseits als Ergebnis einer Arzneimittelprüfung, wie man das gelegentlich liest, mitgeteilt wird, daß überhaupt keine Nebenwirkungen auftraten, so bedeutet dies, daß nicht einmal die Plazeboquote der Nebenwirkungen erfaßt wurde.

Lassen sich Arzneimittelnebenwirkungen verhüten?

Da Nebenwirkungen zum Arzneimittel gehören wie die Hauptwirkungen, ist ihre vollständige Verhütung nur durch die Nichtanwendung von Arzneimitteln erreichbar. Es braucht nicht näher begründet zu werden, daß dies keine Lösung des Problems darstellt. Denn ganz ohne Arzneimittel würde der Mensch zwar 37 Minuten Lebenserwartung durch vermiedene Nebenwirkungen gewinnen, aber 15 Jahre durch nicht geheilte Krankheiten verlieren.[3] Verhütung kann deshalb nur bedeuten, daß aufgrund genauer Kenntnis der Nebenwirkungspotenz eines Arzneimittels dieses nur dann eingesetzt wird, wenn der Krankheitszustand des Patienten und der zu erwartende therapeutische Erfolg das Nebenwirkungsrisiko rechtfertigen. Es geht also um die Frage, wie man die Nebenwirkungspotenz eines Arzneimittels erfassen kann. Es wurde bereits im 1. Kapitel darauf hingewiesen, daß sich aufgrund der tierexperimentellen Voruntersuchungen, denen heute jedes neu entwickelte Medikament unterzogen wird, etwa 70 Prozent der beim Menschen nach Arzneimitteln auftretenden Nebenwirkungen vorhersagen lassen. Es bleibt ein Rest von etwa 30 Prozent, der sich erst am Menschen feststellen läßt. Dabei entsteht nun das bereits erwähnte statistische Problem, daß sich sehr selten auftretende Nebenwirkungen weder durch die zahlenmäßig begrenzten Tierversuche noch durch die ebenso begrenzten klinischen Prüfungen erfassen lassen und erst bei der breiten Anwendung der Medikamente, das heißt also nach deren Zulassung bekannt werden. Die Auswirkung dieser statistischen Gesetzmäßigkeit wird von den Medien regelmäßig als *Arzneimittelskandal* bezeichnet und führt fast ebenso regelmäßig zur Forderung nach dem sofortigen Verbot des Medikamentes, wobei in der Regel weder der Nutzen des Medikamentes für den Patienten noch der Schaden durch seine Nichtanwendung oder ein Ausweichen auf andere, natürlich ebenfalls mit Nebenwirkungen behaftete Arzneimittel bedacht wird. Andererseits ist es erforderlich, daß Nebenwirkungen auch nach der Zulassung eines Arzneimittels weiterhin kontrolliert und beobachtet werden, um seltene Nebenwirkungen zu erkennen und zu erfassen. Die Prüfung eines neuen Arzneimittels ist mit dessen Zulassung keineswegs beendet, sondern tritt damit erst in die eigentlich entscheidende Phase.

Es kann also keine absolute Sicherheit der Arzneitherapie im Sinne einer vollständigen Verhütung von Nebenwirkungen geben. Diesem letzten Gedanken hat auch der Gesetzgeber Rechnung getragen, indem er in § 5 des Zweiten Arzneimittelgesetzes zwar verbietet, daß bedenkliche Arzneimittel in den Verkehr gebracht werden, wobei er unter »bedenklich« solche Arzneimittel versteht, die bei bestimmungsgemäßem Gebrauch schädliche Nebenwirkungen auslösen, jedoch im letzten Halbsatz dieses Paragraphen dann einräumt, daß diese Nebenwirkungen über ein nach den Erkenntnissen der medizinischen Wissenschaft vertretbares Maß hinausgehen müssen. Die Entscheidung darüber, was vertretbar ist, hat bei der Zulassung eines Arzneimittels die zulassende Behörde, also das Bundesgesundheitsamt, zu treffen. Im Einzelfall bei der Anwendung des Arzneimittels ist es dann aber der behandelnde Arzt, der das Risiko einer Arzneitherapie gegen den therapeutischen Nutzen abwägen muß.

12 Zur Behandlung und zur Verhütung von Vergiftungen

Erste Hilfe bei Vergiftungen

Die Behandlung von Vergiftungen ist zweifelsohne Sache des Arztes. Gleichwohl kann auch jeder andere im Rahmen der Ersten Hilfe mit einer Vergiftung konfrontiert und zum Handeln gezwungen werden. Deshalb sollen die wichtigsten allgemeinen Grundsätze der Vergiftungsbehandlung dargestellt werden.

Bei Vergiftungen wie auch bei jeder anderen Gesundheitsstörung müssen als erstes die vitalen Funktionen Atmung und Kreislauf erhalten werden. Dies erfolgt nach den üblichen Prinzipien der Ersten Hilfe, deren Beherrschung heute von jedem Führerschein-Kandidaten, also

Auslösen von Erbrechen bei einem Kind.

auch von medizinischen Laien erwartet wird. Dabei muß als wichtigstes auf die Atmung geachtet werden, da bei ihrer Unterbrechung innerhalb weniger Minuten irreversible Schädigungen bis hin zum Tod eintreten: stabile Seitenlage, um eine Verlegung der Atemwege durch den bei Bewußtlosigkeit erschlafften Zungengrund zu beheben, gegebenenfalls künstliche Beatmung. An zweiter Stelle steht die Herz-Kreislauf-Tätigkeit, die unter Umständen durch eine externe Herzmassage aufrechterhalten werden muß. Diese Maßnahmen der Ersten Hilfe haben vor allen anderen Vorrang. Es hat keinen Zweck, sich mit Fragen der Diagnose und der Suche nach einem Gegengift zu befassen, wenn gleichzeitig der Patient nicht mehr atmet oder sein Herz nicht mehr schlägt.

An zweiter Stelle in der Therapie von Vergiftungen stehen die Maßnahmen der *primären Giftentfernung*. Man versteht darunter die Entfernung des noch nicht durch die Schleimhaut oder Haut resorbierten Giftes, damit es gar nicht erst in den Körper gelangt. Bei Vergiftungen durch Verschlucken kann man Erbrechen erzwingen, eine Maßnahme, die auch nicht medizinisch Vorgebildete einleiten können. Bei Erwachsenen läßt sich Erbrechen durch das Trinken von heißer Kochsalzlösung erzielen (drei gehäufte Teelöffel auf ein Glas Wasser). Falls das Erbrechen nicht spontan eintritt, kann es durch Reizung der Rachenhinterwand mit einem Löffelstiel reflektorisch ausgelöst werden. Bei Kindern kommt Salzwasser wegen der Gefahr einer Kochsalzvergiftung nicht in Frage. Hier gibt man soviel wie möglich mit Wasser verdünnten Fruchtsaft (etwa Himbeersaft) und legt das Kind dann – Kopf und Gesicht nach unten – zum Erbrechen quer über das Knie eines sitzenden Erwachsenen, so daß der Bauch gepreßt wird. Dann wird der Rachen mit Finger oder Löffelstiel solange gereizt, bis das Kind erbricht. Eine Alternative zum Auslösen des Erbrechens, die allerdings nur vom Arzt durchgeführt werden kann, ist die Magenspülung.

Das Erbrechen nach oraler Aufnahme eines Giftes ist um so wichtiger, je gefährlicher das aufgenommene Gift ist. Besonders bei Vergiftungen durch das Herbizid Paraquat, durch Phosphorsäureester vom Typ des E 605 oder herzwirksame Arzneimittel kann das Leben des Betroffenen allein davon abhängen, wie schnell und wie wirksam Erbrechen ausgelöst wird. Auch bei Vergiftungen mit ätzenden Substanzen wie Säuren und Laugen hängt das Schicksal des Patienten allein von der rechtzeitigen Verdünnung der aufgenommenen Ätzstoffe im Rahmen der Ersten Hilfe ab. Dabei ist ausdrücklich darauf hinzuweisen, daß der Versuch einer spezifischen Neutralisierung zeitraubend und sinnlos ist. Das Entscheidende ist die Geschwindigkeit der Verdünnung, ob diese durch Wasser, Bier oder Milch erfolgt, dagegen ohne Bedeutung.

In folgenden Fällen darf Erbrechen nicht ausgelöst werden:

1. Bei bewußtlosen oder benommenen Patienten, weil hier die Gefahr der Aspiration des Erbrochenen mit der Folge einer Verlegung der Atemwege besteht.
2. Bei Vergiftungen durch Netzmittel (Tenside), weil die Gefahr einer ungeheuren Schaumbildung mit folgender Erstickung besteht.
3. Bei Vergiftungen durch Heizöl und Benzin, weil die Gefahr eines Übertrittes dieser Gifte in die Lunge besteht.

Sofern die Haut mit Gift in Berührung kam, müssen die Vergifteten sofort entkleidet und alle betroffenen Stellen mit reichlich warmem Wasser und Seife gereinigt werden. Besonders wichtig ist sofortiges Handeln bei Augenverätzungen: Spülung unter dem nächsten Wasserhahn, notfalls auch mit Milch oder Tee, wobei eine Person den Kopf hält und die andere die Lider spreizt und den Wasserstrahl ohne größeren Druck direkt einfließen läßt. Auf diese Weise soll das Auge zehn Minuten lang gespült werden. Ein Transport zum nächsten Augenarzt ohne diese Erste Hilfe kann den Verlust des Auges bedeuten. Erfolgte die Giftaufnahme über die Atemwege, ist der Patient sofort aus der giftgashaltigen Atmosphäre zu entfernen und mit Sauerstoff oder frischer Luft zu versorgen. Dabei ist auch an den Schutz des Retters (durch Anseilen oder Gasmaske) und an eine mögliche Explosionsgefahr zu denken.

Die Maßnahmen der *sekundären Giftentfernung* sind dem Arzt und der Klinik vorbehalten und sollen deshalb hier nur genannt werden: Steigerung der körpereigenen Giftausscheidung durch Verstärkung der Harnbildung bei nierengängigen Giften (Trinken großer Flüssigkeitsmengen, Gabe von Diuretika), forcierte Abatmung bei Vergiftungen mit Gasen, Hämodialyse (künstliche Niere) oder Blutwäsche (Hämoperfusion).

Eine weitere Möglichkeit der Giftbehandlung besteht in der Gabe von *Gegengiften* (Antidoten). Antidote können zum Beispiel Gifte in einer chemischen Reaktion in ungiftige Substanzen umwandeln oder aber aus einer unlöslichen in eine besser lösliche und damit über die Niere ausscheidungsfähige Form bringen, sie können die toxische Wirkung der Gifte am Zielorgan blockieren oder in einer Antigen-Antikörper-Reaktion Gifte binden. Im Unterschied zu einer weit verbreiteten Ansicht gibt es Antidote nur für einen kleinen Teil aller Gifte. Schließlich gehört zur Behandlung der Vergiftungen auch die symptomatische Therapie der Vergiftungsfolgen, die ebenso wie die Antidotbehandlung vorwiegend Aufgabe des Arztes ist.

Schließlich ist darauf hinzuweisen, daß für die Diagnose einer Vergiftung die Sicherstellung und Verwahrung von Materialien nötig ist, die sich am Vergiftungsort finden: leere Tablettenschachteln, Wassergläser, Erbrochenes oder Ausscheidungen wie Urin und Kot. Bei jedem Verdacht einer Vergiftung muß nach solchen Umgebungsfaktoren gefahndet werden, da sie unter Umständen eine schnelle Diagnose und damit eine sachgerechte Therapie ermöglichen.

Folgende *Fehler* müssen bei der Behandlung von Vergiftungen unbedingt vermieden werden:

1. Verabreichung von Milch, die immer noch als ein universales Gegengift bei allen Vergiftungen angesehen wird. Dies ist ein Restbestand der antiken Medizin, in der man Esels-, Stuten-, Kamel- oder Frauenmilch bei verschiedensten Erkrankungen und Vergiftungen trinken ließ. Milch ist ausgesprochen schädlich bei allen Vergiftungen mit schwer wasserlöslichen, aber gut fettlöslichen Substanzen (E 605, Chlorkohlenwasserstoffe), weil sie diese im Darmkanal löst und schnell zur Resorption bringt. Als einzige Ausnahme darf Milch gegeben werden bei Vergiftungen mit ätzenden Säuren oder Laugen, da hier ihre gute Neutralisationsfähigkeit zur Wirkung kommt.
2. Verabreichung von Alkohol, der nach einem Volksglauben bei Schlangenbißverletzungen helfen soll, dessen Einnahme aber bei allen Vergiftungen als Kunstfehler zu betrachten ist, da er zum Beispiel eine vermehrte Durchblutung der Magenschleimhaut auslöst und dadurch die Resorption von Giften beschleunigt. Auch hier gibt es eine Ausnahme, auf die bereits hingewiesen wurde: bei der Methylalkoholvergiftung wird Äthylalkohol als spezifisches Antidot eingesetzt, da er durch Fermenthemmung die Giftung des Methylalkohols zu Ameisensäure vermindert.
3. Gabe von Flüssigkeit an Bewußtlose und Benommene, die wegen der Aspirations- und Erstickungsgefahr unbedingt zu unterlassen ist.

Die Giftinformationszentralen

Alle Maßnahmen der Vergiftungsbekämpfung setzen natürlich voraus, daß tatsächlich eine Vergiftung vorliegt. Manchmal ist es aber so, daß versehentlich irgendeine Substanz eingenommen wurde, deren Giftigkeit oder Ungiftigkeit nicht bekannt ist. In solchen Situationen wird man tunlichst einen Arzt um Rat fragen. Sofern ein solcher nicht erreichbar ist, besteht auch für den medizinischen Laien die Möglichkeit, sich bei einer der in der Bundesrepublik bestehenden Giftinformationszentralen Rat zu holen. Diese Zentren geben Tag und Nacht telefonisch Auskunft. Durch einen Anruf läßt sich in der Regel schnell klären, ob eine behandlungsbedürftige Vergiftung vorliegt oder nicht.

Hier die Telefonnummern der Informationszentren für Vergiftungsfälle in der Bundesrepublik:

Berlin	(0 30) 3023022/3035466 Zentrale: 3035-1
Bonn	(0228) 2606-211 Zentrale: 2606-1
Braunschweig	(0531) 6880
Bremen	(0421) 497-5268/3688
Freiburg	(0761) 270-4361/4300/4301 Zentrale: 270-1
Göttingen	(0551) 396239/41 Zentrale: 396210/11
Hamburg	(040) 6385-3345/3346 Zentrale: 6385-1
Homburg/Saar	(06841) 16-2257/2846 Zentrale: 16-0
Kiel	(0431) 5974268 Zentrale: 597-0
Koblenz	(0261) 499648

Ludwigshafen	(0621) 503-431 Zentrale: 503-1
Mainz	(06131) 232466/7 Zentrale: 17-1
München	(089) 41402211
Münster	(0251) 83-6245/6188 Zentrale: 83-1
Nürnberg	(0911) 3982451 Zentrale: 3980
Papenburg	(04961) Zentrale: 83-0

Die Verhütung von Vergiftungsfällen

Wer dieses Buch bis hierher gelesen hat, kommt vielleicht zu der Erkenntnis, daß auch bei ihm zu Hause das eine oder andere gefährliche Mittel frei herumsteht oder zumindest leicht erreichbar ist. Damit aber sind die Voraussetzungen für eine unbeabsichtigte Vergiftung nicht nur bei Kindern, sondern durch Verwechslung auch bei Erwachsenen gegeben.

Neben Medikamenten und Pflanzenschutzmitteln können auch viele Haushaltsmittel wie Waschpulver, Möbelpolituren, Fleckenentferner oder Toilettenreiniger zur Ursache unbeabsichtigter Vergiftungen werden. Besonders gefährlich ist das Aufbewahren von derartigen Haushaltsmitteln in Flaschen, die normalerweise Getränke enthalten: Der Schluck aus einer Bier-, Saft- oder Weinflasche kann so zu einer schweren oder sogar tödlichen Vergiftung führen, wie wir dies leider immer wieder zu sehen bekommen. Besonders vorsichtig sollte man auch mit süßen Hustensäften sein, die häufig Beruhigungsmittel oder Codein enthalten und bei der Naschhaftigkeit der Kinder immer wieder zu schweren Vergiftungen geführt haben.

Von den Arzneimittelherstellern kann gefordert werden, daß gefährliche Mittel nur in den für Kleinkinder schwer zu öffnenden Spezialverpackungen abgegeben und daß toxische Arzneimittel nicht durch Dragierung mit Zucker in eine besonders schmackhafte Form gebracht

Der nächtliche Schluck aus der Doppelkornflasche wurde einem Kleingärtner zum tödlichen Verhängnis; er hatte selbst das Unkrautbekämpfungsmittel Paraquat darin abgefüllt.

werden. So haben in den USA gezuckerte Aspirin-Dragees in leuchtenden Farben zu vielen tödlichen Vergiftungen bei Kindern geführt.

Vergiftungen durch Arzneimittel lassen sich weiterhin dadurch verhüten, daß toxische durch weniger toxische Medikamente mit größerer therapeutischer Breite ersetzt werden. Es wurde bereits im vorhergehenden Kapitel darauf hingewiesen, daß der Übergang von den früher als Schlafmittel benutzten Barbituraten zu den moderneren Schlafmitteln eine erhebliche Abnahme der Todesfälle bei Schlafmittelvergiftungen bewirkt hat.

Eine wichtige Rolle spielt auch die Rezeptpflicht, die ein geeignetes Mittel gegen den Mißbrauch von Medikamenten zum Freitod darstellt. So sahen wir noch in den siebziger Jahren in der Bundesrepublik häufig Vergiftungen durch die damals rezeptfreien Schlafmittel vom Bromureidtyp, deren Letalität erschreckend hoch war. Nachdem diese Substanzen unter Rezeptpflicht gestellt wurden, ist dieser Vergiftungstyp so gut wie verschwunden. Auf der anderen Seite darf man nicht glauben, daß durch eine totale Rezeptpflicht oder ein völliges Verbot des Vertriebs aller toxischen Stoffe Selbsttötungen grundsätzlich vermieden werden könnten; denn dann müßte man auch alle Türme, Brücken und mehrstöckigen Häuser beseitigen, den Verkauf von Stricken, Schnüren und Messern untersagen und große Teile unserer Flora und Fauna ausrotten.

Wie kann man sich vor Umweltgiften schützen?

Da der einzelne die Umweltmedien Luft und Wasser kaum verbessern und ihnen auch nicht entgehen kann, bleibt für die individuelle Prophylaxe gegenüber Umweltgiften eigentlich nur die Wahl bestimmter Ernährungsformen. Daß man auf diese Weise tatsächlich etwas erreichen kann, zeigt das Beispiel der Vereinigten Staaten auf dem Gebiet des Fettkonsums.

Die Erkenntnis, daß der übermäßige Genuß tierischer Fette mit ihrem hohen Gehalt an gesättigten Fettsäuren die Entstehung der Arteriosklerose und ihrer Folgekrankheiten begünstigt, andererseits aber der Genuß pflanzlicher Fette mit ihrem Gehalt an ungesättigten Fettsäuren diesen Krankheiten vorbeugt, hat in den USA in den letzten Jahrzehnten zu einer aufsehenerregenden Veränderung der Ernährungsgewohnheiten geführt. Im Zeitraum von 1963 bis 1975 nahm der Verbrauch pflanzlicher Fette um 44 Prozent zu, während sich der von Milch um 19 Prozent, der von Butter um 32 Prozent und der von tierischem Fett um 57 Prozent verminderte.[1] Das Ergebnis war eine spektakuläre Abnahme der Todesfälle an Herzinfarkt.

Sollte es nicht möglich sein, in ähnlicher Weise auch die Gefahren der uns bedrohenden Umweltgifte auszuschalten? Leider läßt sich diese Frage nur mit »nein« beantworten. Unsere Lebensmittel sind nämlich Produkt und Bestandteil unserer Umwelt und enthalten deshalb auch alle Gifte, die in dieser vorkommen. Eine völlige Ausschaltung ernährungsbedingter ökologischer Risiken ließe sich deshalb nur durch völlige Nahrungskarenz erreichen – eine Lösung des Problems, die offensichtlich nicht in Frage kommt.

Doch läßt sich durch bestimmte Ernährungswahl das toxikologische Risiko zumindest reduzieren. Dabei ist an erster Stelle die Vermeidung jeder einseitigen Ernährung zu nennen, da eine solche immer die Gefahr einer Häufung toxischer Einflüsse beinhaltet. Wer etwa seinen Eiweißbedarf vorwiegend durch Innereien deckt, nimmt mit ihnen hohe Dosen von Cadmium und Blei auf. Wer andererseits nur Fisch als Eiweißquelle nutzt, führt sich hohe Dosen von Quecksilber und Arsen zu. Auch der einseitige Genuß pflanzlicher Nahrungsmittel, die in der Volksmeinung allgemein als »gesund« gelten, kann durch den hohen Nitratgehalt mancher Gemüsesorten oder durch deren hohen Bleigehalt zu einer toxischen Belastung werden. Daraus folgt, daß eine gemischte Ernährung, die nicht nur einzelne Nahrungsmittel bevorzugt, die wichtigste Maßnahme zur Verminderung ernährungsbedingter toxischer Schäden bedeutet.

Weitere Ansatzpunkte, toxische und besonders karzinogene Nahrungsbestandteile zu verringern, könnten sein:

- Einschränkung des Genusses gepökelter und geräucherter Lebensmittel mit ihrem hohen Gehalt an Nitrosaminen und zyklischen Aromaten;
- Meidung aller verschimmelten Nahrungsmittel;
- Meidung aller übermäßig gebratenen und insbesondere verkohlten Nahrungsmittel;
- Bevorzugung gekochter gegenüber gebratenen Lebensmitteln;
- Bevorzugung einer ballaststoffreichen Diät, um die Konzentration von Karzinogenen im Darm zu vermindern und deren Kontaktzeit mit der Darmwand zu verkürzen;[2]
- Einschränkung der Fettzufuhr, da Fette die Ausscheidung von Gallensäuren in den Darm steigern, die als Tumorpromotoren wirken können;[2]
- Vermeidung jeder Überernährung, da diese die Entstehung zahlreicher Krebsarten begünstigt.[2]

Alle Bestrebungen, die Schadstoffbelastung unserer Umwelt zu reduzieren, sind selbstverständlich zu begrüßen und zu unterstützen. Hierzu zählen auch die heute schon weit verbreiteten Versuche, bei der Erzeugung von Lebensmitteln auf die Anwendung von Pestiziden und eine übermäßige Düngung zu verzichten.

Fast überall in der Bundesrepublik Deutschland finden wir Bioläden, in denen die Produkte dieser biologisch-dynamischen Anbauweise vertrieben werden. Der Nachweis, daß diese Bioprodukte tatsächlich weniger Pestizidrückstände und sonstige Schadstoffe enthalten als normal produzierte Lebensmittel, ist freilich bisher nur in Einzelfällen gelungen.[3] Dies ist nicht weiter erstaunlich, wenn man berücksichtigt, daß derartige Betriebe in einer Umwelt wirken, in der Pflanzenschutzmittel weiterhin in bisherigem Umfang eingesetzt werden. Auch scheint mir aufgrund der bekannten und bereits in Kapitel 7 (S. 167) dargestellten Fakten die toxische Gefahr, die von den in der Nahrung enthaltenen Pestizidrückständen ausgeht, nicht allzu groß zu sein.

Jedoch liegt die Hauptbedeutung einer derartigen alternativen Produktionsweise nicht auf toxikologischem, sondern auf allgemein ökologischem Gebiet; denn die heute weitgehend auf Monokulturen und intensive Nutzung des Bodens ausgerichtete konventionelle Landwirtschaft führt, wie von Ökologen immer stärker betont wird, zu erheblichen und in ihrer Tragweite noch gar nicht abzuschätzenden Umweltschäden.[3]

Ein Malus für Raucher und Trinker?

Alle prophylaktischen Maßnahmen zur Eingrenzung toxischer Umweltbelastungen werden in ihrer gesundheitlichen Wirksamkeit bei weitem übertroffen durch den Verzicht auf Rauchen und übermäßigen Alkoholgenuß. Jedoch darf der Hinweis auf die toxischen Gefahren dieser Genußmittel nicht dazu dienen, sich mit der Existenz toxikologischer Umweltgefahren abzufinden.

Denn in einem Punkt unterscheiden sich die Genußmittel Tabak und Alkohol grundsätzlich von Pestizidrückständen oder Schwermetallen in Nahrungsmitteln: Sie bieten für ihre Toxizität einen Gegenwert, nämlich den Genuß. Wer, wie der Autor dieser Zeilen, Leben nicht nur als eine quantitative, sondern auch als eine qualitative Größe ansieht, kann diesen Faktor nicht unberücksichtigt lassen. Insofern gehöre ich nicht zu denen, die mit allen Mitteln und Kräften und in sicher wohlmeinender Absicht ihre Mitmenschen zur Aufgabe aller mit toxischen Gefahren verbundenen Handlungen drängen, um deren Lebenserwartung zu verlängern. Der Toxikologe hat die Pflicht, die Gefahren und Risiken menschlicher Handlungsweise nach bestem Wissen und Gewissen aufzuzeigen. Die Entscheidung darüber, ob diese Gefahren und Risiken etwa im Falle des Tabaks und Alkohols den Nutzen aufwiegen, der aus ihrem Genuß entspringt, unterliegt aber nicht ihm, sondern allein dem mündigen Bürger selbst. »Eine freie Gesellschaft sollte sich im Zweifelsfall dazu durchringen, ihre Bürger nach eigener Fasson leben, aber auch nach eigener Fasson krank werden und sterben zu lassen.«[4]

An dieser Stelle der Diskussion kommt regelmäßig ein Argument, das man immer wieder liest und selbst von höchster ministerieller Seite mehrfach gehört hat. Nämlich die Behauptung, daß die ständig zunehmenden Kosten der modernen Medizin hauptsächlich auf die Genußsucht und die Zügellosigkeit beim Essen, Trinken und Rauchen zurückzuführen seien und insofern jeder, der ein solches gesundheitsschädigendes Verhalten an den Tag legt, auf Kosten seiner Mitmenschen lebe. In logischer Fortführung dieses Gedankens forderte der Deutsche Kassenärzteverband, daß Raucher oder Patienten, die häufig Alkohol trinken, einen Risikozuschlag zu den ärztlichen Behandlungskosten zahlen sollen.[4]

Man kann diesen Risikozuschlag sogar quantitativ berechnen, indem man die Kosten der durch Tabak und Alkohol nachweislich verursachten Erkrankungen feststellt und durch die Zahl der Raucher beziehungsweise Trinker dividiert. Dennoch sind derartige Überlegungen und Berechnungen schon im Ansatz falsch. Sie lassen einen ganz simplen und selbstverständlichen Faktor außer acht, nämlich den Tatbestand, daß jeder sterben muß, ganz gleich, ob er gesundheitsbewußt lebt oder nicht. Eine Einsparung von Kosten bei den durch Alkohl und Tabak ausgelösten Erkrankungen bedeutet deshalb nicht, daß die Betreffenden nun lebenslang gesund bleiben und keine Krankheitskosten verursachen. Natürlich erkranken auch sie, freilich später, häufig aber an Erkrankungen, die erheblich teurer sind als die durch Tabak oder Alkohol bedingten.

Eingehende Analysen haben gezeigt, daß die über das gesamte Leben errechneten Gesundheitsausgaben bei Nichtrauchern sogar höher sind als bei Rauchern, denn die höheren Jahresausgaben bei Rauchern werden durch die längere Lebenserwartung der Nichtraucher mehr als ausgeglichen.[5] Der bekannte Gesundheitssystemforscher Fritz Beske wies kürzlich ebenfalls darauf hin, daß Prävention keineswegs zu einer Kostenverminderung, sondern vielmehr zu einer Kostensteigerung im Gesundheitswesen führe; ihr Ziel sei eine Verlängerung des Lebens und eine Verbesserung der Lebensqualität, wofür man auch mehr zahlen müsse.[6] Solange Menschen sterblich sind, bedeutet die Verhinderung einer Krankheit nie die Verhinderung von Krankheit überhaupt, sondern nur, daß man dann an etwas anderem erkrankt und stirbt.

Auch die häufig angeführten Kosten einer durch selbstverschuldete Krankheit ausgelösten Frühinvalidität sind ein Argument von zweifelhaftem Wert. Natürlich bezieht ein Frühinvalide ein Einkommen, für das er keine Arbeitsleistung erbringt; dies trifft aber auch für den Altersrentner zu. Verfolgt man solche Überlegungen, so müßte man schließlich alle Maßnahmen fördern, die das Leben des Menschen unmittelbar nach dem Eintritt des Ruhestandes enden lassen. Man sieht, wohin man kommt, wenn man solche veterinärmedizinischen Kosten-Nutzen-Analysen auf menschliche Verhältnisse überträgt.

Literatur

Einleitung

1 Robert Jungk: Die neue Pest. In: T. Weidenbach, I. Kerner und D. Radek: Dioxin – die chemische Zeitbombe. Köln 1984, S. 339ff.
2 E.-O. Maetzke: Lüstern auf Tartaren-Nachrichten. Frankfurter Allgemeine Zeitung vom 21. Dezember 1983.
3 D. Schmähl: Formaldehyd: Post festum? Deutsches Ärzteblatt 82 (1985) 118.
4 B. Heptner: Die verstrahlte Molke rollt weiter hin und her. Die Neue Ärztliche vom 24. August 1987.
5 O. Wassermann: Kranke Gesellschaft – kränkende Gesellschaft? Schleswig-Holsteinisches Ärzteblatt Nr. 1 (1987) 10.
6 Lübecker Nachrichten vom 21. Juli 1985: Gift zerstörte seine Gesundheit.
7 H. Mohr: Wissenschaft zum Erkennen, Glauben zum Handeln. Frankfurter Allgemeine Zeitung vom 23. Dezember 1986.
8 W. Cyran: Oft wird einfach übertrieben – Gesundheitsgefährdung durch die Umwelt. Frankfurter Allgemeine Zeitung vom 22. Oktober 1985.
9 E. Efron: Die Apokalyptiker – Krebs und die große Lüge. München 1986.
10 Die Zeit Nr. 24 vom 10. Juni 1988: Eine Kieler Affäre.
11 M. F. Perutz: Ging's ohne Forschung besser? Stuttgart ^{2}1988.
12 G. Zbinden: Menschen, Tiere und Chemie. Zollikon 1985.
13 S. Moeschlin: Klinik und Therapie der Vergiftungen. Stuttgart/New York ^{7}1986.
14 W. Wirth und C. Gloxhuber: Toxikologie. Stuttgart/New York ^{4}1985.
15 W. Braun und A. Dönhardt: Vergiftungsregister. Stuttgart/New York ^{3}1982.
16 W. Forth, D. Henschler und W. Rummel: Allgemeine und spezielle Pharmakologie und Toxikologie. Mannheim/Wien/Zürich ^{5}1987.
17 O. Strubelt: Elementare Pharmakologie und Toxikologie. Stuttgart ^{3}1989.
18 Casarett und Doull: Toxicology. The basic science of poisons. New York ^{2}1980.

1 Die Grundlagen der Toxikologie

1 E. Anastassiades, R. Wilson, J. S. W. Stewart und G. D. Perkin: Fatal brain oedema due to accidental water intoxication. Br. Med. J. 287 (1983) 1181–1182.
2 Ph. Labrune, B. Bader, P. Lebras, C. Wood, D. Devictor und G. Huault: Intoxication par l'eau chez l'enfant. Arch. Fr. Pediatr. 42 (1985) 863–865.
3 R. Hess, F. Waechter und P. Bentley: Zur Thematik des experimentellen Schwellenwertes in der Karzinogenese. AMI-Berichte 2 (1981) 219–230.

4 J. R. Williams und P. D'Arpa: Dose patterns of cellular effects induced by carcinogens: evidence for the presence or absence of thresholds. J. Am. Coll. Toxicol. 2 (1983) 185–193.
5 H. Oeser (Hrsg.): Krebs: Schicksal oder Verschulden? Stuttgart 1979, S. 182.
6 D. Schmähl: Problems of dose-response studies in chemical carcinogenesis with special reference to n-nitroso compounds. CRC Crit. Rev. Toxicol. 6 (1979) 257–281.
7 dpa-Dokumentation/HG 3035: Tierversuche. dpa-Hintergrund (1982).
8 J. L. Schardein: Drugs as teratogens. Cleveland 1976.
9 H. Frohberg: Präklinische Untersuchungen – Toxikologie. Arzneim.-Forsch. 25 (1975) 1101–1110.
10 H. P. Wolff: Tierversuche in der Medizin. Deutsches Ärzteblatt 78 (1981) 2219–2220.
11 H. J. Bretschneider: Medizinisch-naturwissenschaftliche Forschung im Dienste von Krankheitsheilung, Wunschbefriedigung und Wahrheitsfindung. Gesellschaft zur Förderung der biomedizinischen Forschung e. V. Informationen 1 (1987) 8–13.
12 O. Strubelt und R. Emmerich: Unerwünschte Arzneimittelinteraktionen. Der Praktische Arzt 16 (1979) 3–15.
13 O. Strubelt: Über die Möglichkeiten und die Grenzen toxikologischer Erkenntnis. Schlesw.-Holst. Ärzteblatt Nr. 2 (1987) 94–118.
14 C. R. Richter und M. C. Weinstein: Cost-effectiveness of lowering the aflatoxin tolerance level. Fd. Chem. Toxic. 22 (1984) 439–445.

Weiterführende Literatur
E. J. Ariens, E. Mutschler und A. M. Simonis: Allgemeine Toxikologie – eine Einführung. Stuttgart 1978.
J. S. Mausner und S. Kramer: Mausner and Bahn Epidemiology – An Introductory Text. Philadelphia [2]1985.
R. K. Müller und K. Lohs: Toxikologie. Einführung – Probleme – Tendenzen. Stuttgart 1987.

2 Toxische Schwermetalle

1 S. Preussner, H.-P. Klöcking und G. Bast: Chronisch-schleichende Quecksilbervergiftung in der zahnärztlichen Praxis. Arch. Toxikol. 20 (1963) 12–20.
2 D. P. Merfield, A. Taylor, D. M. Gemmell und J. A. Parrish: Mercury intoxication in a dental surgery following unreported spillage. Brit. dent. J. 141 (1976) 179–186.
3 O. Strubelt: Wiederholt sich die Tragödie von Minamata? Der Praktische Arzt 19 (1982) 3178–3194.
4 F. K. Käferstein, H.-J. Altmann, G. Kallischnigg, H. Klein, M.-T. Kossen, H. Lorenz, J. Müller, E. Schmidt und K. P. Zufelde: Blei, Cadmium und Quecksilber in und auf Lebensmitteln. ZEBS Berichte (= Zentrale Erfassungs- und Bewertungsstelle für Umweltchemikalien des Bundesgesundheitsamtes) 1 (1979).
5 P. Weigert, J. Müller, H. Klein, K. P. Zufelde und J. Hillebrand: Arsen, Blei, Cadmium und Quecksilber in und auf Lebensmitteln. ZEBS-Hefte 1 (1984) 17–60.
6 Deutsche Gesellschaft für Ernährung e. V.: Ernährungsbericht 1984, S. 75–101.
7 M. Hermani: Toxikologie der Inhaltsstoffe giftiger und genießbarer Pilze. Schriftenreihe der Untersuchungsstelle für Umwelttoxikologie des Landes Schleswig-Holstein, Heft 9. Kiel 1980.

8 Informationen des Bundesministeriums für Jugend, Familie und Gesundheit: Umweltchemikalien, Probleme – Maßnahmen. Bericht der interministeriellen Projektgruppe »Umweltchemikalien«. Bonn-Bad Godesberg März 1976.

9 Arbeitsgemeinschaft für die Reinhaltung der Elbe der Länder Hamburg–Niedersachsen–Schleswig-Holstein, ARGE Elbe: Schwermetalldaten der Elbe. Bericht über die Ergebnisse der Schwermetalluntersuchungen im Elbabschnitt von Schnakkenburg bis zur Nordsee 1979/1980. Hamburg 1980.

10 H. Martin und O. Berger: Die gewerbliche Bleiintoxikation als internistisches Krankheitsbild. Med. Welt 24 (1973) 589–592.

11 H. Benger und T. Kempf: Vorkommen von Schwermetallionen im Trinkwasser. Bundesgesundheitsblatt 15 (1972) 17–20.

12 R. Iffland und M. Staak: Diagnostik seltener Bleivergiftungen. Med. Welt 35 (1984) 1114–1116.

13 M. Klein, R. Namer, E. Harpur und R. Corbin: Earthenware containers as a source of fatal lead poisoning. New Engl. J. Med. 203 (1970) 669–672.

14 R. Bornschein, D. Pearson und L. Reiter: Behavioral effects of moderate lead exposure in children and animal models: part 1, clinical studies. In: L. Goldberg: Critical Reviews in Toxicology, Vol. 8/1. Boca Raton, Florida 1980, S. 43.

15 M. Smith, T. Delves, R. Lansdown, B. Clayton und Ph. Graham: The effects of lead exposure on urban children: The Institute of Child Health/Southampton study. Dev. Med. Child. Neurol. 25 (1983) Suppl. No. 47, 1–54.

16 Th. Haas, K. H. Schaller und H. Valentin: Gefährdung der Umwelt durch Blei und seine Verbindungen. Deutsches Ärzteblatt 69 (1972) 1803–1805.

17 G. Reichel, F. Wobith und W. T. Ulmer: Akute und chronische Wirkung von Straßenluft an verkehrsreicher Kreuzung auf die Lungenfunktion des Menschen, den CO-, Hb- und Bleigehalt des Blutes. Int. Arch. Arbeitsmed. 26 (1970) 84–97.

18 D. Schmidt, B. Sansoni, W. Kracke, F. Dietl, M. Bauchinger und W. Stich: Die Bleibelastung der Münchner Verkehrspolizei. Münch. med. Wochenschrift 114 (1972) 1761–1763.

19 Bremische Bürgerschaft: Bericht über Bleiuntersuchungen im Lande Bremen (Bleibericht) des Senats der Freien Hansestadt Bremen. Drucksache 10/454 vom 2. 3. 1981.

20 J. L. Annest, J. L. Pirkle, D. Makuc, J. W. Neese, D. D. Bayse und M. G. Kovar: Chronological trend in blood lead levels between 1976 and 1980. New Engl. J. Med. 308 (1983) 1373–1377.

21 N. Englert, Ch. Krause, H. L. Thron und M. Wagner: Untersuchungen zur Bleibelastung ausgewählter Bevölkerungsgruppen in Berlin (West). Bundesgesundheitsblatt 29 (1986) 322–326.

22 J. Thürauf, K.-H. Schaller und H. Valentin: Umweltgefährdung und Gesundheitsschäden durch Cadmium. Deutsches Ärzteblatt 72 (1975) 1129–1132.

23 N. Degreve: Carcinogenic, teratogenic and mutagenic effects of cadmium. Mutat. Res. 86 (1981) 115–135.

24 R. Müller, R. Palmer und R. Gehrig: Giftige Stoffe im Haushalt. Düsseldorf 1985.

25 C. Markard: Impact of Cadmium in the Environment of the Federal Republic of Germany. Ecotoxicology and Environmental Safety 7 (1983) 111–116.

26 C. C. Travis und E. L. Etnier: Dietary intake of cadmium in the United States: 1920–1975. Environ. Res. 27 (1982) 1–9.

27 C.-P. Siegers, J. R. Jungblut, F. Klink und F. Oberheuser: Effect of smoking on cadmium and lead concentrations in human amniotic fluid. Toxicol. Lett. 19 (1983) 327–331.

28 H.-W. Schlipköter und K. Beyen: Gesundheitliche Gefährdung durch Blei und Cadmium. notabene medici 2 (1987) 65–73.

29 R. Lauwerys, H. Roels, A. Bernhard und J. P. Buchet: Renal response to cadmium in a population living in a nonferrous smelter area in Belgium. Int. Arch. Occup. Environ. Health 45 (1980) 271–274.

30 G. Schrader und O. Wiegand: Arsen-Vergiftung durch Schädlingsbekämpfungsmittel. Führer-Wielands Sammlung von Vergiftungsfällen 7 (1936) 133.

31 L. Lewin: Die Gifte in der Weltgeschichte. Hildesheim 1971.

32 M. Sonneborn: Erfassung und Bewertung mutagener Stoffe in Wässern. Wasser-Boden-Luft-Berichte 5 (1981) 12–24.

33 R. Seeger und H. G. Neumann: DAZ-Giftlexikon: Arsen. Deutsche Apotheker Zeitung 125 (1985) 1741–1746.

34 E. Weinig und G. G. Schmidt: Zur Verteilung des Thalliums im Organismus bei tödlichen Thalliumvergiftungen. Arch. Toxikol. 21 (1966) 199–215.

35 P. Trenkwalder, K. Bencze und H. Lydtin: Chronische Thalliumintoxikation. Beobachtung einer kriminellen Vergiftung. Deutsche med. Wochenschrift 109 (1984) 1561–1566.

Weiterführende Literatur

L. Friberg, G. F. Nordberg und V. B. Vouk: Handbook on the Toxicology of Metals. Amsterdam/New York/Oxford ²1986.

L. Friberg, C.-G. Elinder, T. Kjellström und G. F. Nordberg: Cadmium and Health: A Toxicological and Epidemiological Appraisal. Vol. II: Effects and Response. Boca Raton, Florida 1986.

L. Friberg und J. Vostal: Mercury in the Environment. Cleveland, Ohio 1976.

T. Tsubaki und K. Irukayama: Minamata Disease. Amsterdam/Oxford/New York 1977.

3 Tödliche Gase

1 S. Moeschlin: Klinik und Therapie der Vergiftungen. Stuttgart/New York ⁷1986, S. 287.

2 V. von Ekelsund: Kohlenoxyd-Massenvergiftung in einer Kirche. Führer-Wielands Sammlung von Vergiftungsfällen 7 (1936) 149–150.

3 H.-W. Schlipköter: Schadstoffe der Luft unter besonderer Berücksichtigung der Autoabgase. Deutsches Ärzteblatt 70 (1973) 2527–2531.

4 H. Zorn: Luftverunreinigung durch Kohlenmonoxid. Deutsches Ärzteblatt 71 (1974) 232–238.

5 E. Grandjean: Epidemiologie der Luftverunreinigungen. Schweiz. med. Wochenschrift 102 (1972) 1889–1897.

6 K. Jacons: Erfahrungsbericht über Anwendung von 4-DMAP bei einer schweren Blausäure-Vergiftung. Konsequenzen für die Praxis. Zbl. Arbeitsmed. 34 (1984) 274–277.

7 K. Heimdahl: Akute Gasvergiftung durch Tierdung. Tidsskr. Nor. Laegeforen 100 (1980) 1913–1914.

8 J. R. Bucher: Methyl Isocyanate: A review of health effects research since Bhopal. Fund. appl. Toxikol. 9 (1987) 367–379.
9 G. Kummerle und A. Eben: Zur Toxizität von Methylisocyanat und dessen quantitativer Bestimmung in der Luft. Arch. Toxikol. 20 (1964) 235–241.
10 Bundesanstalt für Arbeitsschutz: Formaldehyd. Verwendung, Gefahren, Schutzmaßnahmen. Informationen für den Arbeitsschutz. Schriftenreihe der Bundesanstalt für Arbeitsschutz, Gefährliche Arbeitsstoffe GA 15. Dortmund ^{2}1985.
11 Deutsche Forschungsgemeinschaft: Gesundheitsschädliche Arbeitsstoffe. Toxikologisch-arbeitsmedizinische Begründung von MAK-Werten. Hrsg. von D. Henschler. Weinheim 1987.
12 Bundesgesundheitsamt: Vom Umgang mit Formaldehyd. Berlin 1985.
13 R. Grießhammer, F. Vahrenholt und F. Claus: Formaldehyd. Eine Nation wird geleimt. Reinbek bei Hamburg 1984.
14 Formaldehyd. Stellungnahme des Wissenschaftlichen Beirates der Bundesärztekammer. Deutsches Ärzteblatt 84 (1987) 2107–2113.
15 A. G. Ulsamer, J. R. Beall, H. K. Kang und J. A. Frazier: Overview of Health Effects of Formaldehyde. Hazard assessment of chemicals: Current Developments, Vol. 3. San Diego 1984, S. 337–400.
16 Universities associated for research and education in pathology, Inc.: Epidemiology of chronic occupational exposure to formaldehyde: report of the ad hoc panel on health aspects of formaldehyde. Toxicol. Indust. Health, Vol. 4 (1988) 77–90.
17 H. Remmer: Formaldehyd: Krebsverdächtig? Hyg. + Med. 10 (1985) 116–117.
18 D. Schmähl: Formaldehyd: Post festum? Hyg. + Med. 10 (1985) 118.
19 O. Strubelt: Zur Toxizität der Fluoride. Öffentl. Gesundheitswesen 50 (1988) 465–468.

Weiterführende Literatur
Schriftenreihe des Bundesministers für Jugend, Familie und Gesundheit: Formaldehyd. Band 148. Stuttgart/Berlin/Köln/Mainz 1984.

4 Gesundheitsgefährdung durch Luftverschmutzung

1 Folienserie des Fonds der Chemischen Industrie 22: Umweltbereich Luft. Frankfurt am Main 1987, S. 45.
2 F. L. Boschke: Die Umwelt ist kein Paradies. Stuttgart 1986, S. 150ff.
3 E. Grandjean: Epidemiologie der Luftverunreinigungen. Schweiz. med. Wochenschrift 102 (1972) 1889–1897.
4 S. R. Koch und F. Vahrenholt: Die Lage der Nation. Hamburg 1983.
5 M. Scherrer: Luftbelastung und Atem- und Kreislauferkrankungen. Schweiz. med. Wochenschrift 115 (1985) 1042–1048.
6 Der Sozialminister des Landes Schleswig-Holstein: Meßbericht Lufthygienische Überwachung 1985.
7 H.-W. Schlipköter und K. Beyen: Gesundheitliche Gefährdung durch Blei und Cadmium. notabene medici 2 (1987) 65–73.
8 H. von der Hardt und J. Wenner: Schadstoffe in der Luft und Erkrankungen des Respirationstraktes im Kindesalter. Deutsche med. Wochenschrift 103 (1978) 1419–1422.

9 P. Schmidt und E. G. Beck: Einfluß der Luftverunreinigung auf den Menschen. In: B. von Devivere und U. Wemmer (Hrsg.): Umweltschutz für Kinder. Frankfurt a. M. 1986, S. 35–50.
10 K. W. Tietze, H. Hoffmeister und B. Junge: Für eine weitere Verminderung von Luftschadstoffen bei vielfältiger Krankheitsentstehung. In: B. von Devivere und U. Wemmer (Hrsg.): Umweltschutz für Kinder. Frankfurt a. M. 1986, S. 96–119.
11 J. Vogt: Gefährlicher Mief auch in der guten Stube? Deutsches Ärzteblatt 82 (1985) 1493–1495.
12 bga-Pressedienst 23/1987.

5 Krebs durch synthetische und natürliche Gifte

1 D. Schmähl: Toxikologie in der Krebsforschung. I. Kanzerogene Substanzen. II. Kanzerogene Arzneimittel. Deutsche med. Wochenschrift 102 (1977) 1015–1018 und 1047–1050.
2 D. Schmähl: Umweltbelastung durch karzinogene Substanzen. In: M. H. Blohmke, H. Schipperges und G. Wagner (Hrsg.): Medizinische Ökologie. Heidelberg 1979, S. 67–76.
3 R. Doll und R. Peto: The causes of cancer: Quantitative estimates of avoidable risks of cancer in the United States today. J. Natl. Cancer Inst. 66 (1981) 1191–1308.
4 T. I. A. Sorensen, G. G. Nielsen, P. K. Andersen und T. W. Teasdale: Genetic and environmental influences on premature death in adult adoptees. New Engl. J. Med., 318 (1988) 727–732.
5 G. Wagner: Umrisse einer geographischen Pathologie des Krebses. In: M. H. Blohmke, H. Schipperges und G. Wagner (Hrsg.): Medizinische Ökologie. Heidelberg 1979, S. 50–66.
6 G. B. Gori und C. J. Lynch: Decline of U.S. cancer mortality rates: Expert estimates of past underreporting. Regul. Toxicol. Pharmacol. 6 (1986) 261–273.
7 G. Eisenbrand und M. Wiesler: Chemische Carcinogene – Konstitution und Wirkung. In: D. Schmähl (Hrsg.): Maligne Tumoren, Entstehung, Wachstum, Chemotherapie. Aulendorf ^{3}1981, S. 90–159.
8 J. Misfeld: Epidemiology. In: G. Grimmer (Hrsg.): Environmental Carcinogens: Polycyclic Aromatic Hydrocarbons, Boca Raton 1983, S. 222–235.
9 Y.-T. Woo und J. C. Arcos: Environmental Chemicals. In: J. M. Sontag (Hrsg.): Carcinogens in industry and the environment. New York 1981, S. 167–281.
10 R. Preussmann: Vorkommen und Bedeutung chemischer Carcinogene in der menschlichen Umwelt: In: D. Schmähl (Hrsg.): Maligne Tumoren. Entstehung, Wachstum, Chemotherapie. Aulendorf ^{3}1981, S. 160–202.
11 K. Soos: The occurrence of carcinogenic polycyclic hydrocarbons in foodstuffs in Hungary. Arch. Toxicol. Suppl. 4 (1980) 446–448.
12 D. Schmähl: Chemische Carcinogene und ihre Bedeutung für die Krebsentstehung beim Menschen. In: D. Schmähl (Hrsg.): Maligne Tumoren. Entstehung, Wachstum, Chemotherapie. Aulendorf ^{3}1981, S. 289–321.
13 G. Eisenbrand: N-Nitrosoverbindungen in Nahrung und Umwelt. Eigenschaften, Bildungswege, Nachweisverfahren und Vorkommen. Stuttgart 1981.
14 N. T. Crosby: Nitrosamines in foodstuffs. Residue Rev. 64 (1976) 77–135.

15 R. Preussmann, G. Eisenbrand und B. Spiegelhalder: N-nitrosamines in food: occurrence and reduction of exposure. In: H. F. Stich (Hrsg.): Carcinogens and mutagens in the environment, Vol. I: Food products. Boca Raton 1982.

16 R. A. Scanlan, J. F. Barbour, J. H. Hotchkiss und L. M. Libbey: N-nitrosodimethylamine in beer. Food Cosmet. Toxicol. 18 (1980) 27–29.

17 E. U. Goff und D. H. Fine: Analysis of volatile N-nitrosamines in alcoholic beverages. Food Cosmet. Toxicol. 17 (1979) 569–573.

18 D. P. Rounbehler, J. Reisch und D. H. Fine: Nitrosamines in new motor-cars. Food Cosmet. Toxicol. 18 (1980) 147–151.

19 S. S. Hecht, C. B. Chen, R. M. Ornaf und D. Hoffmann: Chemical studies on tobacco smoke. LVI. Tobacco specific nitrosamines: origins, carcinogenicity and metabolism. In: E. A. Walker, L. Griciute, M. Categnaro und R. E. Lyle (Hrsg.): Environmental aspects of N-nitroso compounds. Lyon 1978, S. 395–413.

20 K. D. Brunnemann und D. Hoffmann: Chemical studies on tobacco smoke. LIX, Analysis of volatile nitrosamines in tobacco smoke and polluted indoor environments. In: E. A. Walker, L. Griciute, M. Categnaro and R. E. Lyle (Hrsg.): Environmental aspects of N-nitroso compounds. Lyon 1978, S. 343–356.

21 D. H. Fine, R. Ross, D. P. Rounbehler, A. Silvergleid und L. Song: Formation in vivo of volatile N-nitrosamines in man after ingestion of cooked bacon and spinach. Nature 265 (1977) 753–754.
L. Lakritz, R. A. Gates, A. M. Gagger und A. E. Wasserman: Nitrosamine levels in human blood, urine and gastric aspirate following ingestion of foods containing potential nitrosamine precursors of preformed nitrosamines. Food Chem. Toxicol. 20 (1982) 455–460.

22 D. Schmähl: Cancerogen wirkende Arzneimittel. In: D. Schmähl (Hrsg.): Maligne Tumoren. Entstehung, Wachstum, Chemotherapie. Aulendorf [3]1981, S. 203–220.

23 S. R. Tannenbaum, D. Fett, V. R. Young, P. D. Land und W. R. Bruce: Nitrite and nitrate are formed by endogenous synthesis in the human intestine. Science 200 (1978) 1487–1489.

24 R. W. Stephan und P. L. Schuller: The intake of nitrate, nitrite and volatile N-nitrosamines and the occurrence of volatile N-nitrosamines in human urine and veal calves. In: E. A. Walker, L. Griciute, M. Categnaro und R. E. Lyle (Hrsg.): Environmental aspects of N-nitroso compounds. Lyon 1978, S. 443–460.

25 J. P. Velema: Contaminated drinking water as a potential cause of cancer in humans. Envir. Carcino. Rev. (J. Envir. Sci. Hlth.) C5 (1) (1987) 1–28.

26 H. F. Schöler und R. Schulze-Röbbecke: Nitrat in Wasser und Boden. Öffentl. Gesundheitswesen 49 (1987) 176–180.

27 R. Burkard: Trinkwassergewinnung in Baden-Württemberg – regionale Strukturen und Tendenzen der Beschaffenheit. Öffentl. Gesundheitswesen 48 (1986) 259–267.

28 E. Steffen: Nitratbelastung des Trinkwassers aus Eigenwasserversorgungsanlagen sowie von Brunnen für die Trinkwasserförderung der Wasserbeschaffungsverbände im Landkreis Diepholz. Öffentl. Gesundheitswesen 48 (1986) 255–258.

29 D. P. Huang, J. H. C. Ho, K. S. Webb, B. J. Wood und T. A. Gough: Volatile nitrosamines in salt-preserved fish before and after cooking. Food Cosmet. Toxicol. 19 (1981) 167–171.

30 H. C. Grice, D. J. Glegg, D. E. Coffin, M.-T. Lo, E. J. Middleton, E. Sandi, P. M. Scott, N. P. Sen, B. L. Smith und R. R. Withney: Carcinogens in foods. In: J. M. Sontag (Hrsg.): Carcinogens in industry and the environment. New York 1981, S. 439–518.
31 R. Roll: Gesundheitsschäden durch Schimmelpilze? Bundesgesundheitsblatt 15 (1972) 151–152.
32 F. Drawert und H. Barton: Zum Nachweis von Aflatoxinen in Wein. Z. Lebensm. Unters. 154 (1974) 223–224.
33 C. R. Dichter: Risk estimates of liver cancer due to aflatoxin exposure from peanuts and peanut products. Food Cosmet. Toxicol. 22 (1984) 431–438.
34 I. Hirono: Natural carcinogenic products of plant origin. Crit. Rev. Toxicol. 8 (1981) 235–277.
35 A. E. Rogers: Naturally occurring carcinogens in higher plants. In: J. M. Sontag (Hrsg.): Carcinogens in industry and the environment. New York 1981, S. 519–534.
36 T. Hirayana: Diet and Cancer. Nutr. Cancer 1 (1979) 67–81.
37 B. Toth, D. Nagel und A. Ross: Gastric tumorigenesis by a single dose of 4-(hydroxymethyl)benzene-diazonium ion of agaricus bisporus. Br. J. Cancer 46 (1982) 417–422.
38 H. Valentin, G. Lehnert, M. Petry, G. Weber, H. Wittgens und H. J. Woitowitz: Berufskrankheiten, Band 2. Stuttgart 1979.
39 F. Griepentrog, H. E. Haller, L. Laskus, H. G. Moll, H. Uehleke und U. Wosing-Narr: Asbest in der Umwelt. Belastung und Bewertung. BGA-Berichte 2 (1978) 1–68.
40 T. Sugimura und M. Nagao: Mutagenic factors in cooked foods. Crit. Rev. Toxicol. 6 (1979) 189–209.
41 T. Sugimura und S. Sato: Mutagens – carcinogens in foods. Cancer Res. Suppl. 43 (1983) 2415–2421.
42 D. Schmähl, C. Thomas und R. Auer: Iatrogenic carcinogenesis. Berlin/Heidelberg/New York 1977.

Weiterführende Literatur

R. Gross und C. G. Schmidt: Klinische Onkologie. Stuttgart/New York 1985.
W. Sandritter: Allgemeine Pathologie. Lehrbuch für Studierende und Ärzte. Stuttgart/New York ^{2}1981.

6 Gefährliche Lösungsmittel

1 W. Pabst: Gewerbliche Benzol-Vergiftungen. Fühner-Wielands Sammlung von Vergiftungsfällen 8 (1937) 219–224.
2 E. M. Schönenberger: Erneute Benzolvergiftungen in der schweizerischen Uhrenindustrie. Schweiz. med. Wochenschrift 93 (1963) 1469.
3 I. Szabó: Akute orale Benzinvergiftungen. Arch. Toxikol. 22 (1967) 207–208.
4 A. W. von Eiff, M. Ley, W. Pioch und P. Thurn: Ein Beitrag zur intravenösen Benzinvergiftung. Ärztl. Wochenschrift 15 (1960) 30–35.
5 E. Franke: Zur Klinik und Pathologie der Tetrachlorkohlenstoffvergiftung. Das Deutsche Gesundheitswesen 33 (1962) 1403–1406.
6 I. Dvoracková: Ein Fall von tödlicher oraler Tetrachlorkohlenstoffvergiftung. Arch. Toxikol. 20 (1963) 72–78.

7 H. Habs, M. Habs und W. Forth: Zur Toxikologie von Tetrachlorethylen. Deutsche Apotheker Zeitung 128 (1988) 1729–1733.
8 E. Trense und H. Zimmermann: Tödliche Inhalationsvergiftung durch chronisch einwirkende Perchloräthylendämpfe. Zbl. Arbeitsmed. 5 (1969) 131–137.
9 C.-E. Lange, S. Jühe, G. Stein und G. Veltman: Die sogenannte Vinylchlorid-Krankheit – eine berufsbedingte Systemsklerose? Int. Arch. Arbeitsmed. 32 (1974) 1–32.
10 K. T. Müller, A. Buchter, R. Gross und W. Bolt: Ergebnisse einer Studie an 17 Fällen von Langzeitexposition gegenüber Vinylchlorid. Med. Welt 27 (1976) 21–24.
11 H. Altenkirch: Schnüffelstoffe: Lösemittelhaltige Produkte als Rausch- und Suchtmittel. Deutsches Ärzteblatt 82 (1985) 93–101.
12 H. Altenkirch: Schnüffelsucht – medizinische, psychologische und soziale Probleme. notabene medici 4 (1985) 251–254.
13 H. Altenkirch: Toxic polyneuropathies after sniffing a glue thinner. J. Neurol. 214 (1977) 137–152.
14 H.-J. Altmann, W. Grunow, W. Krönert und H. Uehleke: Gesundheitliche Beurteilung von Diethylenglykol in Wein. Bundesgesundheitblatt 29 (5), (1986) 141–145.

7 Pestizide

1 K. H. Höfele: Die Berliner »Kartoffelrevolution«. Damals 1 (1988) 81–87.
2 L. Benzing, G. Bürkle, H. H. Cramer, R. Gutsch, M. Hanf, G. Haug, S. Hombrecher, D. Redlhammer und W. Waldhauer: Die Pflanzen schützen, den Menschen nützen. Eine Geschichte des Pflanzenschutzes. Herausgegeben vom Industrieverband Pflanzenschutz e. V. (IPS), Frankfurt. Offenbach 1987.
3 R. E. Gosselin: How toxic is it? J. Amer. Med. Assoc. 163 (1957) 1333–1337.
4 K. Imo: Behandlung einer E 605-Vergiftung mit Atropin und PAM. Die Medizinische Nr. 44 (1959) 2114–2115.
5 H. J. Prinz: Eine schwere percutane Vergiftung mit Parathion (E 605). Arch. Toxikol. 25 (1969) 318–328.
6 J. Schmidt: Beitrag zur akuten Systox-Vergiftung durch perkutane Resorption. Die Medizinische Nr. 44 (1959) 2116–2117.
7 H. C. Grice, D. J. Clegg, D. E. Coffin, M.-T. Lo, E. J. Middleton, E. Sandi, P. M. Scott, N. P. Sen, B. L. Smith und R. R. Withney: Carcinogens in foods. In: J. M. Sontag (Hrsg.): Carcinogens in industry and the environment. New York 1981, S. 439–518.
8 W. M. B. Deichmann und W. E. Mac Donald: Liver cancer deaths in the continental USA from 1930 to 1972. Amer. Industr. Hyg. Ass. J. 37 (1976) 495–498.
9 W. F. Durham: Body burden of pesticides in man. Ann. NY Acad. Sci. 160 (1969) 183–195.
10 H. Matthew, A. Logan, M. F. A. Woodruff und B. Heard: Paraquat poisoning – lung transplantation. Brit. Med. J. 3 (1968) 759–763.
11 Informationsschrift des Bundesgesundheitsamtes: Vom Umgang mit Holzschutzmitteln, BGA-Veröffentlichung (1983) 1503–11903.
12 S. Pastor: Über die umwelttoxikologische Bedeutung des Pentachlorphenols. Schriftenreihe der Untersuchungsstelle für Umwelttoxikologie des Landes Schleswig-Holstein, Kiel 1979.
13 Deutsche Gesellschaft für Ernährung e. V.: Ernährungsbericht 1984, S. 75–101.

14 A. Rappl und W. Waiblinger: Zur Kontamination von Muttermilch mit Rückständen chlorierter Kohlenwasserstoffe. Deutsche med. Wochenschrift 100 (1975) 228–238.
15 W. Koransky und W. Forth: Fremdstoffe in der Muttermilch. Deutsches Ärzteblatt 82 (1985) 2799–2804.
16 H. Beck, K. Eckart, W. Mathar und R. Wittkowski: Die Belastung des Verbrauchers durch Dioxin in Lebensmitteln und Umwelt. Gesundheit und Umwelt 87, bga-Schriften 4/1987, S. 36–41.

Weiterführende Literatur
Industrieverband Pflanzenschutz e. V.: Wirkstoffe in Pflanzenschutz- und Schädlingsbekämpfungsmitteln. Physikalisch-chemische und toxikologische Daten. Offenbach 1982.
K. Miller: Toxicological Aspects of Food. London/New York 1987.

8 Das »Ultragift« Dioxin

1 W. Forth: 2,3,7,8-Tetrachlorodibenzo-1,4-Dioxin (TCDD): Das Unglück von Seveso. Deutsches Ärzteblatt 74 (1977) 2617–2626.
2 TV und Radio schüren Gift-Hysterie. Deutsches Monatsblatt 10 (1984) 7.
3 W. Sandermann: Dioxin und seine Entdeckungsgeschichte. Geheimhaltung – aus Sorge vor Mißbrauch. Deutsche Apotheker-Zeitung 124 (1984) 1268–1269.
4 G. Vollmer: Dioxin. Fakten zum »Supergift«. Deutsche Apotheker-Zeitung 124 (1984) 1265–1267.
5 Dioxin-Abbau mit Katalysatoren. Frankfurter Allgemeine Zeitung vom 5. August 1987.
6 P. J. Goldmann: Schwerste akute Chloracne, eine Massenintoxikation durch 2,3,6,7-Tetrachlordibenzodioxin. Der Hautarzt 24 (1973) 149–152.
7 P. J. Goldmann: Schwerste akute Chlorakne durch Trichlorphenol-Zersetzungsprodukte. Ein Beitrag zum Perna-Problem. Zeitschrift für Praxis Klinik Forschung Prävention Begutachtung Rehabilitation 1 (1972) 12–18.
8 A. M. Thiess, R. Frentzel-Beyme und R. Link: Mortality study of persons exposed to dioxin in a trichlorophenol-process accident that occurred in the BASF AG on November 17, 1953. Am. J. Ind. Med. 3 (1982) 179–189.
9 P. Mocarelli, A. Marocchi, P. Brambilla, P. Gerthoux, D. S. Young und N. Mantel: Clinical laboratory manifestations of exposure to dioxin in children. A six year study of the effect of an environmental disaster near Seveso, Italy. J. Am. Med. Assoc. 256 (1986) 2687–2695.
10 H. P. Shu, D. J. Paustenbach und F. J. Murray: A critical evaluation of the use of mutagenesis, carcinogenesis and tumor promotion data in a cancer risk assessment of 2,3,7,8-tetrachlorodibenzo-p-dioxin. Regul. Toxicol. Pharmacol. 7 (1987) 57–88.
11 R. D. Kimbrough, H. Falk und P. Stehr: Health implications of 2,3,7,8-tetrachlorodibenzodioxin (TCDD) contamination of residential soil. J. Toxicol. Environ. Health 14 (1984) 47–93.
12 Scientific Review Committee of the American Academy of Clinical Toxicology: Commentary on 2,3,7,8-tetrachlorodibenzo-para-dioxin (TCDD). Clin. Toxicol. 23 (1985) 191–204.
13 D. Neubert: Teratogenes Risiko durch Dioxine? Eine differenzierende Beurteilung. Deutsches Ärzteblatt 82 (1985) 821–829; 2823–2824.

14 H. Rehder, L. Sanchioni, F. Cefis und A. Gropp: Pathologisch-embryologische Untersuchungen an Abortusfällen im Zusammenhang mit dem Seveso-Unglück. Schweiz. med. Wochenschrift 108 (1978) 1617–1625.
15 Council on Scientific Affairs: Health effects of agent orange and dioxin contaminants. J. Am. Med. Assoc. 248 (1982) 1895–1897.
16 K. Ballschmiter: Chemie und Analytik der Polychlor-dibenzodioxine (Dioxine) und Polychlor-dibenzofurane (Furane). Symposium »Dioxin in der Umwelt«, 5. VCI-Pressegespräch mit Wissenschaftlern am 22. Oktober 1984.
17 C. Schlatter: Fakten zur allgemeinen Toxikologie und zur Kanzerogenität von 2,3,7,8-TCDD als Grundlage einer Risikoermittlung. Symposium »Dioxin in der Umwelt«, 5. VCI-Pressegespräch mit Wissenschaftlern am 22. Oktober 1984.
18 Stellungnahme des wissenschaftlichen Beirates der Bundesärztekammer: Polychlorierte Dibenzodioxine und polychlorierte Dibenzofurane. Deutsches Ärzteblatt 83 (1986) 192–193.
19 L. G. Hansen: Environmental toxicology of polychlorinated biphenyls. In: S. Safe und O. Hutzinger (Hrsg.): Environmental toxin series 1: Polychlorinated biphenyls (PCBs): Mammalian and environmental toxicology. Berlin/Heidelberg/New York/London/Tokyo 1987, S. 15–48.
20 S. Safe: PCBs and human health. In: S. Safe und O. Hutzinger (Hrsg.): Environmental toxin series 1: Polychlorinated biphenyls (PCBs): Mammalian and environmental toxicology. Berlin/Heidelberg/New York/London/Tokyo 1987, S. 133–145.

9 Natürliche Gifte in Pflanzen, Pilzen und Tieren

1 Th. Schulte: Tödliche Vergiftung mit Eibennadeln (Taxus baccata). Arch. Toxicol. 34 (1975) 153–158.
2 B.C. Pestalozzi und F. Caduff: Gruppenvergiftung mit Tollkirschentee. Schweiz. med. Wochenschrift 116 (1986) 924–926
3 C.-P. Siegers: Giftpflanzen in unserer Umwelt. I. Vergiftungen durch Pflanzen. Z. Allg. Med. 54 (1978) 1151–1158.
4 D. Frohne und H.J. Pfänder: Giftpflanzen. Ein Handbuch für Apotheker, Ärzte, Toxikologen und Biologen. Stuttgart 1982.
5 F. Esslinger: Knollenblätterpilzvergiftung – ein klinischer Erfahrungsbericht. Med. Welt 17 (1966) 1055–1063.
6 T. Schumacher und K. Hoiland: Mushroom poisoning caused by species of the genus Cortinarius Fries. Arch. Toxicol. 53 (1983) 87–106.
7 R. Flammer: Pilze. In: S. Moeschlin: Klinik und Therapie der Vergiftungen. Stuttgart/New York ^{7}1986, S. 634–666.
8 C.-P. Siegers: Giftpflanzen in unserer Umwelt. II. Vergiftungen durch Pilze. Z. Allg. Med. 54 (1978) 1190–1195.
9 M. Winkelmann, F. Borchard, W. Stangel und B. Grabensee: Tödlich verlaufene immunhämolytische Anämie nach Genuß des Kahlen Kremplings (Paxillus involutus). Deutsche med. Wochenschrift 107 (1982) 1190–1194.
10 H. J. Pfänder, K. U. Seiler und A. Ziegler: Morgendliche »Müsli«-Mahlzeit als Ursache einer chronischen Vergiftung mit Secale-Alkaloiden. Deutsches Ärzteblatt 82 (1985) 2013–2016.
11 H. Persson und B. Irestedt: A study of 136 cases of adder bite treated in Swedish hospitals during one year. Acta med. scand. 210 (1981) 433.

12 G. Schmidt: Giftspinnen und ihre Gifte. Med. Welt 35 (1984) 675–682.
13 V. Hach-Wunderle, D. Mebs, K. Frederking und H. K. Breddin: Vergiftung durch Feuerqualle. Deutsche med. Wochenschrift 112 (1987) 1865–1868.
14 S. Moeschlin: Nahrungsmittelvergiftungen. In: S. Moeschlin: Klinik und Therapie der Vergiftungen. Stuttgart/New York [7]1986, S. 631–633.
15 H. Buhl und V. Hertel: Botulismus. Bericht über 9 Fälle. Med. Welt 22 (1971) 2033–2035.

Weiterführende Literatur

A. Bresinsky und H. Besl: Giftpilze. Ein Handbuch für Apotheker, Ärzte und Biologen. Stuttgart 1985.
O. Gessner: Gift- und Arzneipflanzen von Mitteleuropa. Heidelberg 1974.
G. Habermehl: Gift-Tiere und ihre Waffen. Berlin/Heidelberg/New York/Tokyo 1983.
G. Habermehl: Mitteleuropäische Giftpflanzen und ihre Wirkstoffe. Berlin/Heidelberg/New York/Tokyo 1985.
S. Moeschlin: Klinik und Therapie der Vergiftungen. Stuttgart/New York 1986.
L. Roth, M. Daunderer und K. Kormann: Giftpflanzen – Pflanzengifte. Vorkommen, Wirkung, Therapie. Landsberg am Lech 1984.
B. H. Rumack und E. Salzman: Mushroom Poisoning: Diagnosis and Treatment. Boca Raton, Florida 1978.

10 Alkohol, Tabak und Kaffee

1 M. in der Beeck: Nur eine trunkene – oder eine »versoffene« Gesellschaft? Schlesw.-Holst. Ärzteblatt Nr. 2 (1982) 105–112.
2 H. J. Mallach, I. Pedal und Th. Völz: Über tödliche Alkoholvergiftungen. Med. Welt 31 (1980) 1657–1666.
3 H.-J. Mittermeyer: Alkoholintoxikation im Kindesalter. Med. Welt 32 (1981) 1654–1657.
4 Bildzeitung vom 7. November 1986.
5 H. J. Mallach: Wechselwirkungen zwischen Alkohol und exogenen Wirkstoffen. In: H. J. Mallach, H. Hartmann und V. Schmidt: Alkoholwirkung beim Menschen. Stuttgart/New York 1987, S. 109–140.
6 O. Strubelt, K. Böhme, C.-P. Siegers und P. Bruhn: Der Einfluß von Coffein auf die Resorption und einige zentrale Wirkungen von Äthanol. Z. Ernährungsw. 15 (1976) 125–131.
7 S. Moeschlin: Alkohole. In: S. Moeschlin: Klinik und Therapie der Vergiftungen. Stuttgart/New York 1986, S. 306–320.
8 H. Remmer: Die Wirkungen des Alkohols. Deutsches Ärzteblatt 78 (1981) 2429–2440.
9 P. Wilkinson, A. Kornaczewski, J. G. Rankin und J. N. Santamaria: Physical disease in alcoholism, initial survey of 1000 patients. Med. J. Aust. 58 (1971) 1217–1223.
10 L. Filippini: Leberschäden durch Alkohol. München 1971.
11 W. K. Lelbach: Leberschäden bei chronischem Alkoholismus. Acta hepatosplen. 14 (1967) 9–39.
12 C. S. Lieber: Ethanol and the liver: a decreasing »threshold« of toxicity. Am. J. Clin. Nutr. 32 (1979) 1177–1180.

13 R. Norton, R. Batey, T. Dwyer und S. MacMahon: Alcohol consumption and the risk of alcohol related cirrhosis in women. Br. Med. J. 295 (1987) 80–82.

14 W. Gibel, G. P. Wildner und K. H. Lohs: Untersuchungen zur Frage einer kanzerogenen und hepatotoxischen Wirkung von Fuselöl. Arch. Geschwulstforsch. 32 (1968) 115–125.

15 C.-P. Siegers, O. Strubelt und H. Breining: The hepatotoxic activity of alcoholic beverages and some of their congeners in guinea pigs. Pharmacology 12 (1974) 296–302.

16 O. Strubelt: Kardiotoxische Wirkungen des Äthylalkohols. Kongreßbericht der Deutschen Gesellschaft für Verkehrsmedizin 1977, S. 49–59.

17 H. Kuhn, M. H. Hust. G. Breithardt und E. Wiebringshaus: Studies in cardiodepressive effect of small amounts of alcohol in normal subjects and in patients with coronary heart disease. Z. Kardiol. 65 (1976) 1071–1087.

18 A. Sturm und H. Pfleiderer: Alkohol und arterielle Hypertonie. Deutsche med. Wochenschrift 111 (1986) 1787–1789.

19 K. L. Jones, D. W. Sauth, Ch. Ulleland und A. P. Streissguth: Pattern of malformation in offspring of chronic alcoholic mothers. Lancet 1 (1973) 1267–1271.

20 J. W. Hanson, A. P. Streissguth und D. W. Smith: The effects of moderate alcohol consumption during pregnancy on fetal growth and morphogenesis. J. Pediat. 92 (1978) 457.

21 J. L. Mills, B. I. Graubard, E. E. Harley, G. G. Rhoads und H. W. Berendes: Maternal alcohol consumption and birth weight. How much drinking during pregnancy is safe? J. Am. Med. Assoc. 252 (1984) 1875–1897.

22 Lübecker Nachrichten vom 9. Januar 1988.

23 C. S. Lieber: To drink (moderately) or not to drink? New Engl. J. Med. 310 (1984) 846–848.

24 C. Baum-Baicker: The health benefits of moderate alcohol consumption: a review of the literature. Drug Alcohol Dependence 15 (1985) 207–227.

25 R. Kraul: Tödliche Methylalkohol-Vergiftung. Fühner-Wielands Sammlung von Vergiftungsfällen 7 (1936) 157–158.

26 Frankfurter Allgemeine Zeitung vom 26. Januar 1981.

27 K. Opitz und M. Horstmann: Nicotin. Pharmakologie eines abhängigmachenden Stoffes. Deutsches Ärzteblatt 78 (1981) 1869–1873.

28 J. E. Fielding: Smoking: Health effects and control. New Engl. J. Med. 313 (1985) 491–498; 555–561.

29 D. Schmähl: Das Bronchialkarzinom. Der Arzt im Krankenhaus 9 (1981) 534–552.

30 F. Schmidt: Sind Zigaretten mit herabgesetztem Nikotin- und Teergehalt weniger gesundheitsschädlich? Med. Welt 28 (1977) 1180–1183.

31 F. Schmidt: Zurück zu Ptolemaios? Bemerkungen zu dem Beitrag »Umwelt und Bronchialkrebs«. Med. Welt 27 (1976) 2083–2086.

32 C.-P.-Siegers, J. R. Jungblut, F. Klink und F. Oberheuser: Effect of smoking on cadmium and lead concentrations in human amniotic fluid. Toxicol. Lett. 19 (1983) 327–331.

33 G. Mau: Rauchen und Schwangerschaft. Die Bedeutung der elterlichen Rauchgewohnheiten für das ungeborene und neugeborene Kind. Med. Welt 26 (1975) 28–30.

34 G. Mau und P. Netter: Die Auswirkungen des väterlichen Zigarettenkonsums auf die perinatale Sterblichkeit und die Mißbildungshäufigkeit. Deutsche med. Wochenschrift 99 (1974) 1113–1118.
35 H. Remmer: Tabakrauch: der für den Menschen gefährlichste Schadstoff in der Luft unserer Umwelt. Deutsche med. Wochenschrift 112 (1987) 1054–1059.
36 R. B. Everson: Individuals transplacentally exposed to maternal smoking may be at increased cancer risk in adult life. Lancet 2 (1980) 123–127.
37 M. Stjernfeldt, K. Berglund, J. Lindsten und J. Ludvigsson: Maternal smoking during pregnancy risk of childhood cancer. Lancet 1 (1986) 1350–1354.
38 F. Schmidt: Passivrauchen als wichtigste Schädigung am Arbeitsplatz. Med. Welt 38 (1987) 1084–1089.
39 W. S. Aronow: Effect of passive smoking on angina pectoris. N. Engl. J. Med. 299 (1978) 21–24.
40 R. M. Gilbert: Caffeine Consumption. In: G. A. Spiller: The Methylxanthine Beverages and Foods: Chemistry, Consumption, and Health Effects. New York 1984, S. 185–213.
41 O. Strubelt: Kaffee und Coffein. Pharmakodynamische Wirkungen und therapeutische Anwendung. Deutsche Apotheker-Zeitung 126 (1986) 2025–2032.
42 J. Onrot, M. R. Goldberg, I. Biaggioni, A. S. Hollister, D. Kincaid und D. Robertson: Hemodynamic and humoral effects of caffeine in autonomic failure. Therapeutic implications for postprandial hypotension. N. Engl. J. Med. 313 (1985) 549–554.
43 O. Strubelt: Kaffee – Genußmittel, Arznei, Gift. Medizin und Ernährung 11 (1968) 247–252.
44 G. Czok: Untersuchungen über die Wirkungen von Kaffee. Z. Ernährungsw. Suppl. 5 (1966) 58.
45 O. Strubelt: Die Toxizität von Kaffee und Coffein. Deutsche med. Wochenschrift 112 (1987) 852–858.
46 H. G. Adrian: Lieben Sie Tee? Bremen 1970.
47 R. L. Wickremasinghe: Tea. In: C. O. Cichester (Hrsg.): Advances in Food Research, Vol. 24. New York/San Francisco/London 1978, S. 229–286.
48 D. S. Groisser: A study of caffeine in tea. Am. J. Clin. Nutr. 31 (1978) 1727–1731.
49 V. Marks und J. F. Keely: Absorption of caffeine from tea, coffee, and coca cola. Lancet 1 (1973) 827.

Weiterführende Literatur

M. D. Clee und R. A. Clark: Medical problems associated with tobacco smoking. Pharmac. Ther. 16 (1982) 283–302.
P. B. Dews: Caffeine. Perspectives from recent research. Berlin/Heidelberg/New York/Tokyo 1984.
O. Eichler: Kaffee und Coffein. Berlin/Heidelberg/New York [2]1976.
H. J. Mallach, H. Hartmann und V. Schmidt: Alkoholwirkung beim Menschen. Pathophysiologie, Nachweis, Intoxikation, Wechselwirkungen. Stuttgart/New York 1987.
M. Schär: Gesundheitsschäden durch Tabakgenuß. München 1971.
H. Schievelbein: Nikotin. Pharmakologie und Toxikologie des Tabakrauches. Stuttgart 1968.
H. Wallgren und H. Barry: Actions of alcohol. Vol. I und II, Amsterdam/London/New York 1970.

11 Arzneimittel als Gifte

1 G. Neuhaus und K. Ibe: Klinische Beobachtungen über einen Suicidversuch mit 144 Tabletten Contergan-forte. Med. Klinik 14 (1960) 544–545.
2 T. Moccetti: Kardiotoxische Medikamente unter besonderer Berücksichtigung der Phenothiazine und Imipraminderivate. Bern/Stuttgart/Wien 1977.
3 K. Heilmann: Ein risikofreies Arzneimittel gibt es nicht. Die Neue Ärztliche vom 5. Dezember 1988.

Weiterführende Literatur

M. N. G. Dukes: Meyler's side effects of drugs. Amsterdam/New York/Oxford 1984.
P. D. Hansten: Arzneimittel-Interaktionen. Stuttgart ²1981.
W. Klinger: Arzneimittelnebenwirkungen. Stuttgart/New York ³1977.

12 Zur Behandlung und zur Verhütung von Vergiftungen

1 S. A. Reed: The background and origins of omega-3-nutrition. Br. J. Clin. Pract. 34, Suppl. 31 (1984) 5–9
2 R. Doll und R. Peto: The cause of cancer: Quantitative estimates of avoidable risks of cancer in the United States today. J. Natl. Cancer Inst. 66 (1981) 1191–1308.
3 Katalyse Institut für angewandte Umweltforschung e.V.: Chemie in Lebensmitteln. Frankfurt a. M. ³⁸1986.
4 W. Krämer: Einen Bonus für Raucher? Der Spiegel 17 (1983) 213–215.
5 R. E. Leu: Rauchen und Gesundheit: eine volkswirtschaftliche Analyse. Institut f. Sozialwissenschaften, Institut f. angewandte Wirtschaftsforschung an der Universität Basel, 1981 (unveröffentlicht).
6 F. Beske: Prävention als Aufgabe der gesetzlichen Krankenversicherung. Deutsches Ärzteblatt 85 (1988) 1515–1520.

Glossar

Abusus: mißbräuchliche Anwendung.
ADI: acceptable daily intake; Tages- oder Wochendosis eines Stoffs, die auch bei lebenslanger Aufnahme die Gesundheit des Menschen nicht schädigt.
Aerosol: System feinster in Gas verteilter fester oder flüssiger Teilchen.
Akne: mit Knotenbildung einhergehende Erkrankung der Talgdrüsen und Haarfollikel, teilweise hormonell bedingt.
akzidentell: zufällig, unbeabsichtigt.
Alkaloid: basischer Pflanzenstoff mit pharmakologischer Wirksamkeit.
Amalgam: Legierung aus Quecksilber und einem anderen Metall.
Anämie: Blutarmut, Verminderung der Zahl der roten Blutkörperchen.
Angina pectoris: Syndrom mit anfallsweise auftretenden Herzschmerzen, meist durch Koronarsklerose verursacht.
Arzneimittelinteraktion: die durch ein zweites Medikament ausgelöste Änderung einer Arzneimittelwirkung.
Aspiration: Ansaugen von Luft oder Flüssigkeit in die Atemwege.
Autopsie (syn. Obduktion, Sektion): Leicheneröffnung zur Feststellung der Todesursache.
Colon: Grimmdarm (längster Teil des Dickdarms).
Disposition: Empfänglichkeit für Krankheiten.
DNS (engl. DNA): Desoxyribonukleinsäuren, Träger der Erbanlagen im Chromatin beziehungsweise den Chromosomen des Zellkerns lokalisiert.
Elimination: Ausscheidung (z. B. eines Stoffes aus dem Körper).
Endokrinium: Gesamtheit der hormonproduzierenden Drüsen mit innerer Sekretion.
Euphorie: gehobene Stimmung.
Gastrointestinaltrakt: Magen-Darm-Kanal.
Hämiglobin (syn. Methämoglobin): Eisen III enthaltende, oxydierte Form des Hämoglobins.
Hämoglobin: roter Blutfarbstoff.
in vitro: im Glas, das heißt außerhalb des lebenden Organismus.
in vivo: in einem lebenden Organismus.
Inzidenz: Zahl neuer Erkrankungsfälle.
kanzerogen: krebsauslösend.
karzinogen: krebsauslösend.
Karzinogenese: Krebsentstehung.

Karzinom: vom Epithelgewebe ausgehende bösartige Geschwulst (Krebs im engeren Sinne).
Koronarsklerose: Arteriosklerose der Herzkranzgefäße, häufigste Ursache des Herzinfarkts.
Korrelation: Wechselbeziehung.
LD 50: Letaldosis 50 Prozent; für 50 Prozent der Betroffenen tödliche Dosis.
letal: tödlich.
Letaldosis: zum Tode führende Dosis.
Letalität: Anzahl Verstorbener, bezogen auf die Zahl der an einer bestimmten Krankheit Erkrankten.
Leukämie: Blutkrebs, bösartige Erkrankung der weißen Blutzellen.
LSD: *L*yserg*s*äure*d*iäthylamid; Halluzinationen auslösendes Rauschgift.
MAK: maximale Arbeitsplatz-Konzentration.
Malignom: bösartige Geschwulst.
Metabolismus: Stoffwechsel, Umwandlung von Arzneimitteln und Giften durch Enzymsysteme des Körpers.
Metabolit: Stoffwechselprodukt.
Migration: Wanderung.
MIK: maximale Immissions-Konzentration; für bestimmte Stoffe festgelegte maximal zulässige Abgabe in bodennahe Luftschichten.
Miosis: Engstellung der Pupille.
Morbidität: Erkrankungshäufigkeit; Anzahl Erkrankter bezogen auf die Gesamtzahl der Bevölkerung innerhalb einer Zeitperiode.
Mortalität: Anzahl Verstorbener bezogen auf die Gesamtzahl der Bevölkerung innerhalb einer Zeitperiode.
mutagen: Mutationen auslösend, erbgutverändernd.
Mutation: Änderung der Erbanlagen durch Änderung in der Zusammensetzung der DNS.
NOEL: No observed effect level; Dosis eines Stoffes, die im Tierversuch auch bei langzeitiger Zufuhr zu keiner Gesundheitsschädigung führt.
Noxe: Schadstoff, schädigende Ursache.
oral: durch den Mund.
PAK: Polyzyklische aromatische Kohlenwasserstoffe; zum Teil karzinogen wirksam.
Pathologie: Lehre von den Krankheiten.
PCB: polychlorierte Biphenyle.
PCDD: polychlorierte Dibenzodioxine.
PCDF: polychlorierte Dibenzofurane.
PCP: Pentachlorphenol.
perinatal: die Zeit um die Geburt betreffend.
Pestizide: Schädlingsbekämpfungsmittel.
Plazenta: Mutterkuchen, Nachgeburt; Stoffwechselorgan des Feten, das mit der Wand der Gebärmutter verwachsen ist.
ppb: part per billion (Teil pro Milliarde) z. B. 1 µg/kg.
ppm: part per million (Teil pro Million), z. B. 1 ml/m^3, 1 mg/kg.
ppt: part per trillion (Teil pro Trillion) z. B. 1 ng/kg.
Prodrom: Vorläufer.
prospektiv: vorausblickend.

Prostata: Vorsteherdrüse des Mannes.
Pyrolyse: Zersetzung von Stoffen durch Hitze.
Resorption (engl. absorption): Aufsaugung, Aufnahme von Stoffen durch die Haut oder die Schleimhaut in den Körper.
retrospektiv: zurückblickend.
Richtwerte: vom Bundesgesundheitsamt festgelegte Grenzkonzentrationen der Schadstoffbelastung in Lebensmitteln.
Sarkom: vom Bindegewebe ausgehender bösartiger Tumor.
Sicherheitsfaktor: Faktor, durch den der tierexperimentell gewonnene NOEL-Wert geteilt wird, um die möglicherweise empfindlichere Reaktion des Menschen zu berücksichtigen.
somatisch: körperlich.
Substitution: Ersatz, chemisch: Austausch bestimmter Atome oder Atomgruppen gegen andere.
Suizid: Selbsttötung, Selbstmord.
suizidal: in selbstmörderischer Absicht.
Symptom: Krankheitszeichen.
Syndrom: Gruppe zusammengehörender Krankheitszeichen.
TCDD: 2,3,7,8-Tetrachlordibenzo-1,4-Dioxin, das Gift von Seveso.
teratogen: Mißbildungen erzeugend.
therapeutische Breite: Abstand zwischen der therapeutischen und der toxischen Dosis eines Arzneimittels.
Toleranz: Gewöhnung, Wirkungsabnahme eines wiederholt zugeführten Arzneimittels oder Giftes.
Toxin: pflanzliches, tierisches oder bakterielles Gift.
transplazentar: durch die Plazenta hindurch.
TRK: Technische Richtkonzentration für krebserzeugende Stoffe.
Tumor: Geschwulst.
WHO: Word Health Organization (Weltgesundheitsorganisation).
Zellorganellen: strukturierte Bestandteile der Zelle (Kern, Mitochondrien, endoplasmatisches Retikulum u. a.).
Zytostatika: Substanzen, die die Zellteilung verhindern und in der Tumorbehandlung eingesetzt werden.

Register

Abhängigkeit 214
Acetylcholin 24, 158, 195
Acetylsalicylsäure (Aspirin) 250
Aconitin 188
ADI-Wert 34
Adlerfarn 126
Adonisröschen 189
Äthylalkohol 136, 208–225, 263, 269
Aflatoxin 42f., 123–125
Agaritin 127
Agent Orange 173, 179
Akazie 189
akzidentelle Vergiftungen 22, 265
Aldicarb 159
Alkohol 136, 208–225, 263, 269
Alkoholabhängigkeit 214–216
Alkoholismus 213–217, 221
Alkylphosphate 155
Allergie 256
Amalgam 45f.
Amatoxine 192
Ameisensäure 225
Aminophenazon 119
Aminoplast-Ortschaum 84
Ammoniak 24, 82
Amygdalin 78
Antidote s. Gegengifte
Arsen 27, 67–70, 96, 132
Arsenik 67f.
Arzneimittel 249–259
Arzneimittelinteraktion 40f., 257
Arzneimittelnebenwirkungen 251
Arzneimittelskandal 259
Asbest 96, 127–130
Asbestose 128
Atropin 158, 187, 253
Augenverätzung 262
Auspuffgase 59, 74, 76, 93

Barbiturate 250
Beinwell 126
Benzin 140–142, 262
Benzo(a)pyren 109–112, 244
Benzodiazepine 250
Benzol 138–140
Berglorbeer 189
Besenginster 189
Bhopal 80–82
Biene 201
Bier 115
Bilsenkraut 188
Bioprodukte 268
Biphenyl, polychloriertes 168, 182
Birkenreizker 196
Bittermandelöl 27, 78
Blauer Eisenhut 188f.
Blausäure 24, 77–79
Blei 27, 53–61
Bleitetraäthyl 59
Bohnen, grüne 189
Botulismus 205

Bremsbelag 130
Brennstoffe, fossile 111, 121
Bromophos 155
Brunnenwasser 122
Busch-Tee 126
Buschwindröschen 189

Cadmium 61–66, 235
Carbamate 159
Carbaryl 159
Champignon 127, 192
Chlor 24
Chlorakne 175–177
Chloramphenicol 38, 132
Chlorgas 82
Chloroform 143
Chlorogensäure 242
Chlorphenotan 159
Chlorwasserstoff 82, 88
Cholesterin 245f.
Cholinesterase 158
Christrose 189
Chrom 96, 130
Chromatin 104
Chromosome 104
Clematis 189
Coffein 241–244, 247
Contergan s. Thalidomid
Cortinarius orellanus 193
Cyanid 77f.
Cycasin 126

DDT 15, 159–162, 168
Deiquat 163
Delirium tremens 219
Desoxyribonukleinsäure (DNS) 24, 104f.
Diäthylenglykol 152
Dichlormethan 143
Dichlorvos 155
Dicofol 162
Diethylstilbestrol 132f.
Digitalis 252
Dioxin 168, 170–181
Dipsomanie 220
DNS s. Desoxyribonukleinsäure
Düngung 120

E 605 24, 155, 261
Eberesche, 189
Efeu 189
Eibe 184f.
Eisenhut s. Blauer Eisenhut
Embryopathie, alkoholische 221
Endosulfan 162
Endrin 162
Energiemangel 75
Entzugssymptome 214
Epidemie 30
Epidemiologie 30–32
Erbrechen 260–262
Erdnüsse 124
Ergokristin 197
Ergokryptin 197
Ergotamin 197
Estragol 126
Ethiofencarb 159

Faltentintling 196
Feuerbohne 189
Feuerqualle 204
Fingerhut 189
Fliegenpilz 194
Fluor 27
Fluorid 15, 86, 247
Fluorwasserstoff 86f.
Flußsäure 86
Formaldehyd 82–86, 99, 238
Formalin 83
Freon 143
Frigen 143
Fruchtwasser 65, 235
Frühjahrslorchel 127, 193
Frühstücksspeck 115
Fuselöl 218

Gegengifte (Antidote) 262
Germer 189
Gichtgas 74
Giftentfernung 260
Giftinformationszentrale 264
Giftmord 22
Giftschlangen 200
Giftsumach 188
Glutathion 256
Glycinie 189
Grünkreuz 83
Gyromítrin 127, 193

Haarausfall 68, 71 f.
Hämodialyse 262
Hämoperfusion 262
Hahnenfuß 189
Hallimasch 196
Heckenkirsche 189
Herbstzeitlose 188
Heroin 157
Hexachlorbenzol 168
Hexachlorcyclohexan (Lindan) 162, 164, 167 f.
Holzgeist 224
Holzkohlengrill 113
Hornisse 201
Huflattich 126
Hundspetersilie 188
Hydrazin 127
Hypoxie 75

Ibotensäure 194
Indoor Pollution 98
Isolierschaum 84
Itai-Itai-Krankheit 63

Käse 115, 124
Kaffee 239–247
Kaffeeverbot 242
Karbolegerling 196
Kartoffel 190
Kartoffelsalat 205
Karzinogene 27–29, 100–137
Karzinom 102
Katzentanz-Krankheit 47
Kirschlorbeer 189
Kloakengas 79
Klärschlamm 64 f.
Knollenblätterpilz 191 f.
Kochsalz 26
Kohle 111
Kohlendioxyd 88, 99
Kohlenmonoxyd 24, 73–77, 88, 99
Kohlenschwelgas 74
Konserven 207
Korrelationen 32
Krebs 70, 100–109, 122
Krempling, kahler 196
Kreuzotter 200
Kreuzspinne 202

Laugen 23, 261
LD 50 (Letaldosis 50) 33
Lebensbaum 188
Leuchtgas 73 f.
L-Hyoscyamin 187
Liguster 189
LSD (Lysergsäurediäthylamid) 195
Luftverschmutzung 88
Lungenkrebs 230

MAK-Wert 34, 41
MIK-Wert 35
Maiglöckchen 189
Malaria 159
Malathion 155
Malz 116
Mandeln 124
–, bittere 78
Mandelsäurenitril (Bittermandelöl) 27, 78
Marzipan 124
Mennige 55
Methämoglobin 122, 254
Methoxychlor 162

Methylalkohol 224f., 263
Methylisocyanat 80–82
Methylquecksilberchlorid 47
Milch 142, 263
Milchling 196
Minamata-Erkrankung 46
Mohn 124
Morphin 24
Muscarin 195
Muschel 203
Muscimol 194
Mutation 25, 104
Mutterkorn 197–199, 253
Muttermilch 168, 175

Nesselqualle 203
Nickel 96, 130
Nikotin 227–229
Nitrat 119–122
Nitrit 115, 119–122
Nitrosamide 114–123
Nitrosamine 114–123
Nitrosegase 83, 93
N-Nitroso-Verbindungen 114–123
No-observed-effect-level (NOEL) 33–35

Östrogen 133–135
Oleander 189
Opium 24
Ozon 83, 88

PAK 96, 109–113
Pantherpilz 194
Paracetamol 250f., 255
Paraquat 162, 261, 266
Parathion 155
Passivrauchen 98f., 117, 237f.
Pentachlorphenol 99, 164
Perchloräthylen 144–147
Pernakrankheit 175
Pestizide 153–169
Pestwurz 126
Petermännchen 203
Phallotoxine 192
Phenacetin 132, 254
Phenylbutazon 132
Phosgen 24, 83
Physostigmin 187
Pica-Syndrom 58
Pilzsyndrom, gastrointestinales 196
Plazebo 257
Pökelfleisch 115, 119
Pökelsalz 115
Polyvinylchlorid 147
Proteinpyrolysat 131
Pseudokrupp 96f.
Psilocybin 195
Pyrrolizidinalkaloide 126

Qualle 203
Quartalsäufer 220
Quecksilber 27, 44–53

Räuchern 113
Rauchen 65, 76f., 86, 97–99, 111, 113, 117, 128, 136, 173, 226, 229–239, 269
Raucherbein 234
Rauhkopf 193f.
Reinigung, chemische 144
Reizgase 24, 82
Richtkonzentrationen, technische 34
Richtwerte 49
Riesenrötling 196
Rittersporn 189
Rißpilz 195
Rote-Bete 119

Sadebaum 188
Safrol 126
Salmonellen 205
Sarin 155
Sarkom 102
Sauerstoff 26
Säuren 23, 261

Saxitoxin 203
Schierling 186, 188
Schimmel 123
Schneeball 189
Schnüffelsucht 149–152
Schwarze Witwe 202
Schwefeldioxyd 82, 88, 91, 99, 110
Schwefelwasserstoff 24, 79
Schwellendosis 25, 27–29
Scopolamin 187
Seerose 203
Seidelbast 188
Selbstmord 22, 266f.
Seveso 170
Sicherheit 42
Sicherheitsfaktor 33f., 168
Skorpion 202
Smog 89–94
Solanin 190
Soman 155
Spanplatten 84
Speitäubling 196
Spinat 119, 122
Spinne 202
Staphylokokken 205
Staub 94f.
Stechapfel 188
Stechpalme 189
Stickstoffoxyd 88, 93, 99
Störfaktoren 31f.
Sublimat 45
Systox 157

Tabak 117, 226
Tabakrauch 226
Tabun 155
Täubling 196
Tarantel 202
Taxin 185
TCDD 170–181
Tee 247
Teer 109, 132, 134
Tetrachlorkohlenstoff 142
Tetrachloräthylen 144–147
Tetrodotoxin 203
Thalidomid (Contergan) 37f., 250
Thallium 70–72
Tierversuche 32–39
Tierversuchsgegner 32, 35, 37
Tigerritterling 186
Tollkirsche 186f., 253
Trichloräthan 143
Trichloräthylen 143
Trinkwasser 55, 121f.
Trinkwasserfluoridierung 87
TRK s. Richtkonzentrationen, technische
Tumorpromotor 106

Urbanisationsfaktor 232

Vergiftungen 22f.
–, akzidentelle (versehentliche) 22, 265
–, gewerbliche 22, 55
–, ökologische 23
Veronal 250
Vinylchlorid 147–149
Vogelspinne 202

Wassergas 74
Wasservergiftung 26
Wechselwirkungen 40
Wein 124, 152
Wespe 201

Zelio 71
Zwergholunder 189
Zyankali 78
Zytostatika 132

Bildnachweis

Deutscher Ärzte-Verlag, Köln, aus: »Deutsches Ärzteblatt«: 69, 176, 192
dpa, Bildarchiv Stuttgart: 81, 90, 120, 134, 141, 144, 154, 233
ecomed Verlagsgesellschaft, Landsberg, aus: Roth, Daunderer und Kormann, Giftpflanzen – Pflanzengifte, 1984: 199
Fonds der Chemischen Industrie, Frankfurt am Main, aus: »Umweltbereich Luft«, Folienserie 22, 1987: 89
Fraunhofer-Institut für Umweltchemie und Ökotoxikologie, Schmallenberg (Hochsauerland), aus: »bild der wissenschaft« 8/1988: 129
Germanisches Nationalmuseum, Nürnberg: 240
Hippokrates Verlag, Stuttgart, aus: N. Weger, Vergiftungsfibel, 1980: 260
Georg Thieme Verlag, Stuttgart, aus: S. Moeschlin, Klinik und Therapie der Vergiftungen, [7]1986: 72; »Deutsche medizinische Wochenschrift« 101 (1976): 221
Wissenschaftliche Verlagsgesellschaft, Stuttgart, aus: D. Frohne und H. J. Pfänder, Giftpflanzen, 1982: 185, 187, 188